"十四五"职业教育国家规划教材

国家职业教育物联网应用技术专业
教学资源库配套教材

icve 智慧职教　高等职业教育电类课程
新形态一体化教材

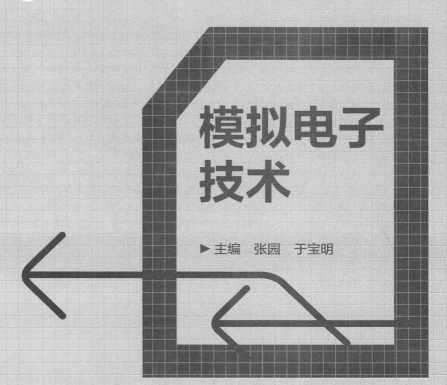

模拟电子技术

▶主编　张园　于宝明

U0311003

中国教育出版传媒集团

高等教育出版社·北京

内容提要

　　本书是"十四五"职业教育国家规划教材,也是国家职业教育物联网应用技术专业教学资源库配套教材之一。

　　国家职业教育专业教学资源库是教育部、财政部为深化高等职业教育教学改革,加强专业与课程建设,推动优质教学资源共建共享,提高人才培养质量而启动的国家级高职教育建设项目。物联网应用技术专业于 2014 年 6 月被教育部确定为国家职业教育专业教学资源库年度立项及建设专业。本书是物联网应用技术专业教学资源库"物联网硬件基础 2"课程的配套教材,是按照高职高专物联网应用技术专业人才培养方案的要求,总结近几年国家示范高职院校专业教学改革经验编写而成的。

　　本次配套教材编写实现了互联网与传统教育的完美融合,采用"纸质教材+数字课程"的出版形式,以新颖的留白编排方式,突出资源的导航,扫描二维码,即可观看微课、动画等视频类数字资源,随扫随学,突破传统课堂教学的时空限制,激发学生的自主学习,打造高效课堂。资源具体下载和获取方式请见"智慧职教"服务指南。

　　本书共分 7 章,内容包括二极管及其应用、直流稳压电源、三极管及放大电路、场效应管及应用电路、功率放大电路、运算放大器及负反馈电路、基本运算放大电路。包含 7 个技能训练项目:LED 节能灯的制作与调试、直流稳压电源充电器的制作与测试、电子助听器的制作与调试、场效应管放大器电路的参数测试、音频功率放大器的设计与测试、负反馈音频放大电路的制作与测试、消歌声电路的制作与调试。书中有丰富的例题和思考题,每章有小结和习题,另配有 126 个微课视频和 90 个 PPT 课件。

　　本书可作为高等职业学校、高等专科学校、成人高等学校的电气电子、信息自动化、机电一体化等专业的专业基础课教材,也可供自学者与工程技术人员学习参考。

图书在版编目(CIP)数据

　　模拟电子技术/张园,于宝明主编. -- 北京:高等教育出版社,2017.9(2023.9重印)
　　ISBN 978-7-04-047663-7

　　Ⅰ.①模… Ⅱ.①张… ②于… Ⅲ.①模拟电路-电子技术-高等职业教育-教材 Ⅳ.①TN710

　　中国版本图书馆 CIP 数据核字(2017)第 112109 号

Moni Dianzi Jishu

策划编辑	孙　薇	责任编辑	孙　薇	封面设计	赵　阳	版式设计	童　丹
插图绘制	杜晓丹	责任校对	高　歌	责任印制	刘思涵		

出版发行	高等教育出版社	网　　址	http://www.hep.edu.cn
社　　址	北京市西城区德外大街 4 号		http://www.hep.com.cn
邮政编码	100120	网上订购	http://www.hepmall.com.cn
印　　刷	北京联兴盛业印刷股份有限公司		http://www.hepmall.com
开　　本	850mm×1168mm　1/16		http://www.hepmall.cn
印　　张	15.75		
字　　数	400 千字	版　　次	2017 年 9 月第 1 版
购书热线	010-58581118	印　　次	2023 年 9 月第 4 次印刷
咨询电话	400-810-0598	定　　价	38.50 元

"智慧职教"(www. icve. com. cn)是由高等教育出版社建设和运营的职业教育数字教学资源共建共享平台和在线课程教学服务平台,与教材配套课程相关的部分包括资源库平台、职教云平台和 App 等。用户通过平台注册,登录即可使用该平台。

● 资源库平台:为学习者提供本教材配套课程及资源的浏览服务。

登录"智慧职教"平台,在首页搜索框中搜索"物联网硬件基础 2",找到对应作者主持的课程,加入课程参加学习,即可浏览课程资源。

● 职教云平台:帮助任课教师对本教材配套课程进行引用、修改,再发布为个性化课程(SPOC)。

1. 登录职教云平台,在首页单击"新增课程"按钮,根据提示设置要构建的个性化课程的基本信息。

2. 进入课程编辑页面设置教学班级后,在"教学管理"的"教学设计"中"导入"教材配套课程,可根据教学需要进行修改,再发布为个性化课程。

● App:帮助任课教师和学生基于新构建的个性化课程开展线上线下混合式、智能化教与学。

1. 在应用市场搜索"智慧职教 icve"App,下载安装。

2. 登录 App,任课教师指导学生加入个性化课程,并利用 App 提供的各类功能,开展课前、课中、课后的教学互动,构建智慧课堂。

"智慧职教"使用帮助及常见问题解答请访问 help. icve. com. cn。

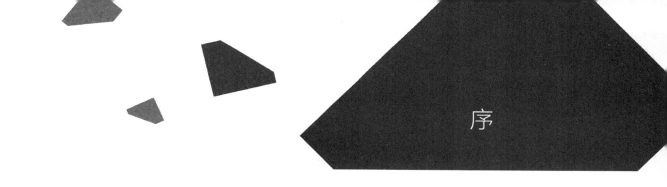

序

　　国家职业教育专业教学资源库建设项目是教育部、财政部为深化高职院校教育教学改革,加强专业与课程建设,推动优质教学资源共建共享,提高人才培养质量而启动的国家级建设项目。2014 年 6 月,物联网应用技术专业被教育部、财政部确定为高等职业教育专业教学资源库立项建设专业,由无锡职业技术学院主持建设物联网应用技术专业教学资源库。

　　2014 年 6 月,物联网应用技术专业教学资源库建设项目正式启动建设。按照教育部提出的建设要求,建设项目组聘请了天津大学姚建铨院士担任首席技术顾问,确定了无锡职业技术学院、重庆电子工程职业学院、北京电子科技职业学院、天津电子信息职业技术学院、常州信息职业技术学院、山东科技职业学院、福建信息职业技术学院、上海电子信息职业技术学院、南京信息职业技术学院、淄博职业学院、威海职业学院、江苏农牧科技职业学院、重庆城市管理职业学院、四川信息职业技术学院、南京工业职业技术学院、辽宁轻工职业技术学院、湖北工业职业技术学院 17 所院校,北京新大陆时代教育科技有限公司、重庆电信研究院、思科系统(中国)网络技术有限公司、山东欧龙电子科技有限公司等 29 家企业,以及工业和信息化部通信行业职业技能鉴定指导中心、全国高等院校计算机基础教育研究会高职高专专业委员会作为联合建设单位,形成了一支学校、企业、行业紧密结合的建设团队。

　　物联网应用技术专业教学资源库整个建设过程遵循系统设计、结构化课程、颗粒化资源的原则,以能学辅教为基本定位,通过整合合作院校、行业协会、企业、政府资源,构建了满足教师、学生、企业员工和社会学习者需要的资源空间和服务空间。资源空间建设了专业建设库、课程资源库、虚拟仿真库、工程案例库、培训认证库、行业企业库、作品展示库、职教立交桥库八个资源子库,服务空间提供微信推送学习相关信息、在线组课、组卷和测试、互动、浏览、智能查询、网上学习、多终端应用八种服务,并于 2016 年年底圆满完成了资源库建设任务。

　　本套教材是"职业教育物联网应用技术专业教学资源库"建设项目的重要成果之一,也是资源库课程开发成果和资源整合应用实践的重要载体。教材体例新颖,具有以下鲜明特色。

　　第一,以物联网系统集成作为专业人才的定位,系统化确定课程体系和教材体系。项目组对企业职业岗位进行调研,分析归纳出物联网应用技术专业职业岗位的典型工作任务,项目组按照逻辑关系、认知规律,进行了物联网应用技术专业课程体系顶层设计。系统化设计课程体系实现了顶层设计下职业能力培养的递进衔接。

　　第二,项目组按照结构化课程的原则,对课程内容进行明确划分,做到逻辑一致,内容相谐,既使各课程之间知识、技能按照专业工作过程关联化、顺序化,又避免了不同课程之间内容的重复,开发了"物联网系统规划与实施"、"物联网设备编程与实施"等课程的教学资源及配套教材。

　　第三,有效整合教材内容与教学资源,打造立体化、线上线下、平台支撑的新型教材。学生不仅可以依托教材完成传统的课堂学习任务,还可以通过"智慧职教"(包含职业教育数字化学习中心、职教云、云课堂 APP)学习与教材配套的微课、动画、技能操作视频、教学课件、文本、图片等资源(在书中相应知识点处都有资源标记)。其中,微课及技能操作视频等资源还可以通过移动终端扫描对应的二维码来学习。

第四,传统的教材固化了教学内容,不断更新的物联网应用技术专业教学资源库提供了丰富鲜活的教学内容,极大丰富了课堂教学内容和教学模式,使得课堂的教学活动更加生动有趣,大大提高了教学效果和教学质量。

第五,本套教材装帧精美,采用双色印刷,并以新颖的版式设计,突出、直观的视觉效果搭建知识、技能与素质结构,给人耳目一新的感觉。

本套教材的编写历时近三年,几经修改,既具积累之深厚,又具改革之创新,是全国 17 所院校和 29 家企业的 250 余名教师、企业工程师的心血与智慧的结晶,也是物联网应用技术专业教学资源库三年建设成果的集中体现。我们相信,随着物联网应用技术专业教学资源库的应用与推广,本套教材将会成为物联网应用技术专业学生、教师、企业员工、社会学习者立体化学习的重要支撑。

国家职业教育物联网应用技术专业教学资源库项目组

2017 年 7 月

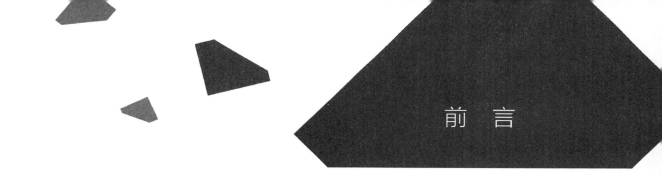

前　言

　　本书依据教育部制定的《高职高专教育模拟电子基础课程教学基本要求》,结合多年的教学改革和实践经验编写而成。

　　"模拟电子技术"是一门理论性与应用性较强的专业基础课程。本书精选内容,面向实际,结构合理,体例完整。根据高职高专的培养目标,以模拟电子技术的基础知识、基本技能及其相应的基本理论为主,以分立元件为基础,以集成电路为重点,结合新技术、新发展,强调应用和实践。突出高职特色,从实际的角度,将基础理论与实践紧密结合,充实了较多工程技术中的应用实例。使学生能够学以致用,满足高职人才培养的要求。

　　本书在内容叙述上深入浅出,将知识和能力有机结合,通过各种应用实例让学生掌握模拟电子技术及在电子系统中的具体应用;并配有近20个可直接填写记录的实验测试与仿真及每个章节的综合技能训练项目,以帮助学生完成知识到技能的转化;每章均配有大量的例题、习题,充分满足教学需要。

　　为贯彻党的二十大"深入实施科教兴国战略、人才强国战略、创新驱动发展战略"精神,本书各单元分别开展了"个体与整体""抓住主要矛盾""量变到质变"等辩证唯物主义,以及"集成电路的发展""场效应管技术新发展""半导体器件的发展"等高新技术发展前景的主题思政教育,从而帮助学生学会运用辩证唯物主义的观点去分析电路设计问题、解决问题,了解国家战略性新兴产业,真正使学生"愿意听""听得懂""会思考"。

　　本书由南京信息职业技术学院张园、于宝明担任主编。王书旺、徐瑞亚、邹传琴、俞金强、马晓阳、季顺宁老师参与了本书的编写,南京电子技术研究所奚松涛高级工程师为本书提供了大量的工程应用案例,并编写了技能训练项目。

　　在本书的编写过程中,得到了工业和信息化职业教育教学指导委员会电子信息与计算机专指委的大力支持,并对编写大纲进行了审定,专指委的专家教授提出了许多宝贵意见。同时,书中部分微课资源由南京信息职业技术学院王晶老师和淮安信息职业技术学院的贾艳丽老师制作,在此一并表示衷心的感谢。

　　由于编者水平有限,书中错误和不妥之处在所难免,恳请读者批评指正。

编者

2022 年 11 月

目　录

第 **1** 章

二极管及其应用

教学目标

知识重点

● PN 结的基本特性

● 二极管的正向偏置和反向偏置

● 二极管的特性

● 整流电路的工作原理

● 限幅电路的工作原理

● 特殊二极管的使用

知识难点

● 比较 P 型和 N 型半导体

● 二极管的理性模型

● 桥式整流电路的工作原理

● 检波电路的工作原理

知识结构图

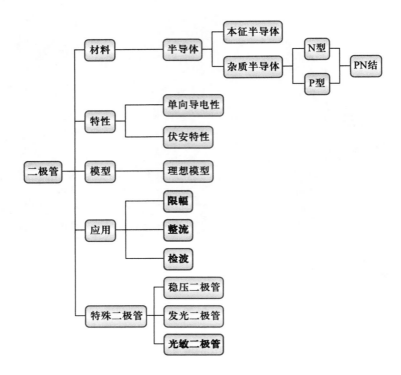

引言

人们在日常生产、生活中会用到很多电子产品。虽然这些电子产品种类繁多,但是它们都是由电子元器件组成的。例如最普通的家电产品——收音机,它能把从天线接收到的高频信号经过检波还原成音频信号,再送到耳机或喇叭变成音波。收音机的正常工作必须有相应的电路支撑,这就需要大量的电子元器件。图 1-0-1 所示为收音机及其电路板。

图 1-0-1 收音机及其电路板

拓展学习
半导体器件的发展

半导体器件是各种电子电路的组成核心,常用的有半导体二极管、半导体三极管、场效应管等。这些器件具有体积小、重量轻、使用寿命长、输入功率小和功率转换效率高等优点,在现代电子技术中应用广泛。

1.1 半导体基础知识

微课
半导体

半导体是指导电能力介于导体和绝缘体之间的一种物质。常用的半导体材料有元素半导体,如硅(Si)、锗(Ge)等;化合物半导体,如砷化镓(GaAs)等;以及掺杂或制成其他化合物半导体的材料。其中硅和锗是目前最常用的半导体材料,而硅的应用更为广泛。图 1-1-1 所示为硅材料。

半导体材料区别于其他物质的独特特性如下:

① 光敏与热敏特性:当半导体受到外界光和热的激发时,其导电能力将发生显著变化。

② 掺杂特性:在纯净的半导体中掺入微量的杂质,其导电能力也会有显著的增加。

1.1.1 本征半导体

图 1-1-1 硅材料

本征半导体是一种完全纯净的、结构完整的半导体晶体。

如图 1-1-2 所示,硅原子的最外层电子称为价电子,每个原子与周围的 4 个相邻原子中的每一个原子共用一个价电子而形成稳定的共价键结构,在 0 K 时,价电子不可移动。但在室温下,具有足够能量的价电子挣脱共价键的束缚而成为自由电子,其在共价键中留下的空位,称为空穴。自由电子又称电子载流子,空穴又称空穴载流子,如图 1-1-3 所示。

教学课件
半导体材料的基本特性

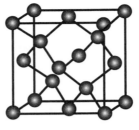

图 1-1-2　硅晶体中原子排列示意图

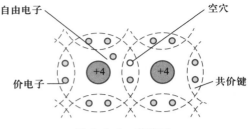

图 1-1-3　载流子

提　示

金属导体中只有一种载流子,即电子载流子,空穴的存在是导体和半导体的一个重要区别。

在产生一个自由电子的同时,都会留下一个空位,即产生一个空穴,所以在本征半导体中,自由电子和空穴总是成对出现,称为电子-空穴对,即自由电子和空穴的数量相等;而且自由电子和空穴在不断地产生,又不断地复合(自由电子在运动中因能量的损失有可能和空穴相遇,电子-空穴对消失,这种现象称为"复合"),因此在本征半导体中,自由电子和空穴的浓度相等。

类　比

打个比方,在影院看电影时(假定是座满的情况),如果观众需接听手机就会离开影院,这个观众就类似于离开共价键的自由电子,他的座位就类似于空穴,显然离去的观众数与空座位数相等。

当在一块本征硅上施加电压时,自由电子很容易向正极移动,从而形成电流,称为电子流。当一个电子移动到附近的空穴,它原来的位置会留下新的空穴,空穴也从一个位置移动到另一个位置,这时形成的电流称为空穴流。所以,半导体中存在两种载流子(运载电荷的粒子):带负电荷的自由电子载流子和带正电荷的空穴载流子。载流子定向移动就形成电流。

教学文档
半导体材料的基本
特性

由于本征激发(受温度或热量影响,具有足够能量的价电子挣脱共价键的束缚而成为自由电子,同时使共价键中留有空位,称为空穴)产生的电子-空穴对的数目很少,载流子浓度很低,因此本征半导体的导电能力很弱。

1.1.2　杂质半导体

为了提高半导体的导电能力,可以通过一定的工艺掺入微量的杂质,从而形成杂质半导体。根据掺入杂质元素的不同,杂质半导体分为 N 型和 P 型两大类。

1. N 型半导体

教学课件
N 型半导体的形成

如图 1-1-4 所示,在本征半导体中,掺入 5 价元素磷(或砷、锑等)就形成 N 型半导体。这些杂质原子称为施主原子,它们具有 5 个价电子,每个 5 价原子与周围 4 个硅原子形成共价键,留下一个额外的电子,这个多出的额外电子因为在晶体中没有受到任何原子的束缚,就形成了自由电子。所以,自由电子数量较多,成为这种半导体的多数载流子,简称多子;空穴数量较少,则是少数载流子,简称少子。杂质半导体主要靠多数载流子导电,其多子数量取决于掺杂浓度,掺入的杂质越多,杂质半导体的导电性能越好。

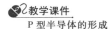
微课
N 型半导体的形成

2. P 型半导体

如图 1-1-5 所示,在本征半导体中掺入 3 价元素硼(或铝、铟等)就形成 P 型半导体,这些杂质原子称为受主原子,它们只有 3 个价电子,每个 3 价原子与周围的 4 个硅原子形成共价键,由于缺少一个电子,因此产生了一个空穴,所以空穴是多子,自由电子是少子。同样,其多子,即空穴数量取决于掺杂浓度。

教学课件
P 型半导体的形成

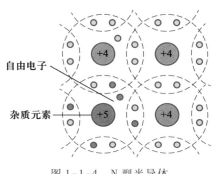

图 1-1-4　N 型半导体

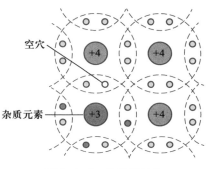

图 1-1-5　P 型半导体

微课
P 型半导体的形成

微课
PN 结

提　　示

由于电子带负电,故用 N(negative)表示自由电子为多子的杂质半导体,而空穴视为带正电,故用 P(positive)表示空穴为多子的杂质半导体;在杂质半导体中,多子的浓度取决于掺杂浓度,但 P、N 型半导体本身均为电中性。

思考与讨论

1. 在 N 型半导体中如果掺入足够量的 3 价元素,可将其改型为 P 型半导体,对吗?
2. 在杂质半导体中,温度变化时,载流子的数量变化吗?

1.1.3　PN 结

PN 结,又称为耗尽层、阻挡层等,是半导体器件的最基本单元结构之一。如图 1-1-6所示,采用特定的工艺,在同一块本征半导体基片上,可使其一边成为 P 型半导体,另一边成为 N 型半导体,在 P 型半导体和 N 型半导体交界面两侧,由于 P 区和 N 区多子浓度的差异会产生多子的定向扩散运动(物质因浓度差而产生的运动)。P 区的多子(空穴)扩散到 N 区,与 N 区的自由电子复合而消失;N 区的多子(自由电子)扩散到 P 区,与 P 区的空穴复合而消失,形成了由不能移动的带电离子构成的空间电荷区,即 PN 结,如图 1-1-7所示。由于 PN 结中存在正负离子,因此有从 N 指向 P 的内电场。

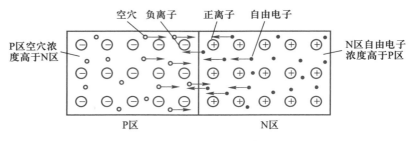

图 1-1-6   扩散运动

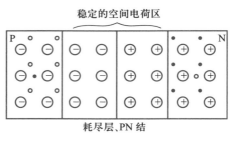

图 1-1-7   PN 结

类   比

扩散运动是指物质从浓度高的方向向浓度低的方向扩展。例如,一滴红墨水,滴入一杯清水中,红墨水就会向清水中渗透,这其实就是扩散,最终,这滴红墨水均匀融入清水中,形成均匀的淡红色的水。

1.2   半导体二极管

1.2.1   二极管结构

教学课件
普通二极管的结构

教学文档
普通二极管的结构

微课
普通二极管的结构

1. 二极管的结构与符号

二极管的结构示意图如图 1-2-1(a)所示。其核心组成就是一个 PN 结,在两端引出电极引线或贴片焊接区(贴片元器件),并加以封装。由 P 区引出的电极称为阳极(或称正极),由 N 区引出的电极称为阴极(或称负极)。二极管的图形符号如图 1-2-1(b)所示,其箭头方向表示正向电流的方向,即由阳极指向阴极的方向。

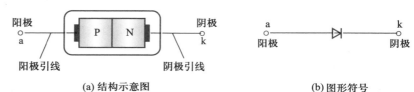

(a) 结构示意图   (b) 图形符号

图 1-2-1   二极管的结构和图形符号

提　示

二极管的阳极和阴极可从外壳标注或特定的外形结构来判定,如图1-2-2所示。

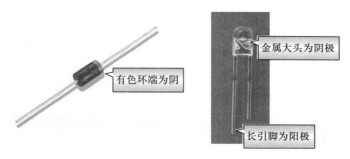

图1-2-2　部分二极管外形

2. 二极管的类型

二极管的种类很多,按所用的半导体材料可分为硅管(大部分采用)和锗管;按功能可分为整流管、开关管、稳压管、变容管、发光管和光电(敏)管等,其中整流管和开关管统称为普通二极管,其他则统称为特殊二极管;按工作电流大小可分为小电流管和大电流管;按耐压高低可分为低压管和高压管;按工作频率高低可分为低频管和高频管等。各种二极管如图1-2-3所示。具体型号及选择可查阅有关手册。

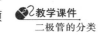
教学课件
二极管的分类

微课
二极管的分类

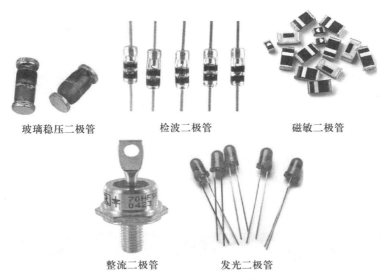

玻璃稳压二极管　　　　检波二极管　　　　磁敏二极管

整流二极管　　　　发光二极管

图1-2-3　各种二极管

1.2.2　二极管单向导电性

把二极管接成如图1-2-4所示的电路,二极管阳极接电源正极,阴极接电源负极,这种情况称为二极管正向偏置,简称正偏。这时,灯亮,电流表中显示出较大的电流,称此时的状态为导通状态,流过二极管的电流I_F称为正向电流。

教学课件
测试二极管单向导
电性

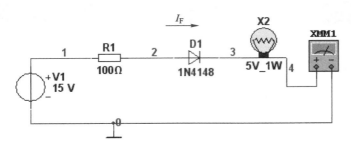
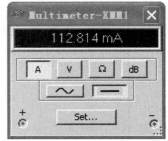

图 1-2-4   二极管正向偏置[1]

> **提   示**
>
> 在一定范围内,外加电压越大,正向电流 I_F 越大,为防止电流过大而损坏二极管,常在电路中串联适当大小的限流电阻。

微课
测试二极管单向导
电性

把二极管接成如图 1-2-5 所示的电路,二极管阳极接电源负极,阴极接电源正极,这种情况称为二极管反向偏置,简称反偏。这时,灯不亮,电流表中显示出很小(一般为微安级)的电流,该电流称为反向电流,几乎不随外加电压而变化(又称反向饱和电流)。称此时的状态为截止状态。

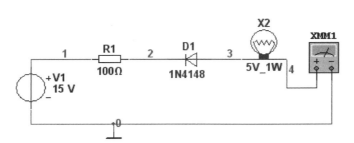

图 1-2-5   二极管反向偏置

二极管正向偏置导通、反向偏置截止的这种特征称为单向导电性。二极管可以控制电流的方向,类似于开关。

> **类   比**
>
> 二极管的单向导电性与单向推拉门很相似,当我们用力推门,门可以打开,但如果反过来拉门,则打不开门如图 1-2-6 所示。

---

[1] 本书中有部分仿真图采用软件绘制原图,因此在元器件的图形符号和文字符号方面与国标有一些出入,特此说明。

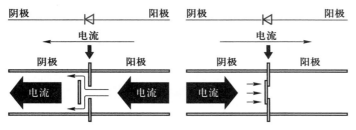

图 1-2-6 二极管单向导电性类比

教学文档
测试二极管单向导电性

思考与讨论

如果将图 1-2-5 中的直流电压改换成足够大的交流电压,则灯泡会如何变化?

【实验测试与仿真 1】——二极管单向导电性的测试

职业素养
工匠精神

测试设备: 模拟电路综合测试台 1 台,0 ~ 30 V 直流稳压电源 1 台,数字万用表 1 块,毫安表 1 只,1N4148 二极管 1 个,1 kΩ 电阻 1 个。

测试电路: 二极管单向导电性测试电路如图 1-2-7 所示。D 为 1N4148,R 为 1 kΩ。

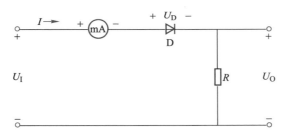

图 1-2-7 二极管单向导电性测试电路

测试程序:

① 按图 1-2-7 接好电路。

② 由直流稳压电源输出 10 V 电压接入输入端,即 U_I = +10 V(此时二极管两端所加的电压为正向电压),测量输出电压和电流的大小,并记录 U_{O1} = _____ V;I_1 = _____ mA,测量此时二极管两端的电压为 U_D = _____ V。

③ 保持步骤②,将二极管反接(此时二极管两端所加的电压为反向电压),测量输出电压和电流的大小,并记录 U_{O2} = _____ V;I_2 = _____ mA。

④ 用万用表直接测量二极管的正、反向电阻,比较大小并记录:正向电阻 = _____ kΩ,反向电阻 = _____ kΩ。

结论与体会:

① 当二极管两端所加的电压为正向电压时,二极管将 _____(导通/截止,截止即不导通)。

② 当二极管两端所加的电压为反向电压时,二极管将 _____(导通/截止)。

③ 二极管_____(具有/不具有)单向导电性,且正向导通时,管压降约为_____V。

【实操技能 1】——数字万用表测试二极管

教学课件
万用表测试二极管

微课
万用表测试二极管

在使用二极管时需要注意二极管的两极,一旦接错,电路可能出现故障。利用单向导电性,通过数字万用表可以帮助我们对二极管的引脚极性进行判断。

将数字万用表拨到二极管测量挡,将表笔与二极管的阳极、阴极相连,如图 1-2-8 所示。

图 1-2-8　数字万用表测试二极管

如果读数在 200 ~ 700 之间,说明红表笔连接电极为阳极,黑表笔连接电极为阴极,此时测得数据为二极管加正向电压导通后的管压降。若交换表笔,则会显示"1",部分型号的万用表会显示"0L"。如果反复交换表笔,均没有测得数据,说明二极管可能损坏。其他类型的二极管均可采用类似的方式进行检测。

1.2.3　二极管的伏安特性

教学课件
测试二极管的伏安特性

微课
测试二极管的伏安特性

单向导电性是二极管的基本特性。在有些场合,仅仅考虑单向导电性还不够,需要用伏安特性来进行分析。伏安特性用流过电子元器件的电流 I 与它两端电压 U 的关系来描述。伏安特性在 I-U 坐标平面上以曲线的形式描绘出来,称为伏安特性曲线。

图 1-2-9 所示为典型二极管的伏安特性曲线。可以看出其具有以下特点:

1. 正向特性

图 1-2-9 曲线的右上部为二极管正向偏置时的情况,称为正向特性曲线,开始部分变化很平缓,在外加正向电压小于 A 点电压时,电流几乎为零,好像有一个门槛,这时二极管实际上没有导通,这一部分称为"死区"。A 点电压称为死区电压或开启电压,用 U_{on} 表示。在室温下,硅管的 $U_{on} \approx 0.5$ V,锗管的 $U_{on} \approx 0.1$ V。

教学文档
测试二极管的伏安特性

当 $U > U_{on}$ 以后的正向特性曲线上升较快,电流显著增大,二极管才真正处于导通状态。当正向电流稍大时,正向特性几乎与横轴垂直,说明这时电流在较大范围变化时,二极管两端电压变化很小,工程上定义这一电压为导通电压,用 U_D 表示。通常,硅管的导通电压约为 0.7 V,锗管的导通电压约为 0.2 V。

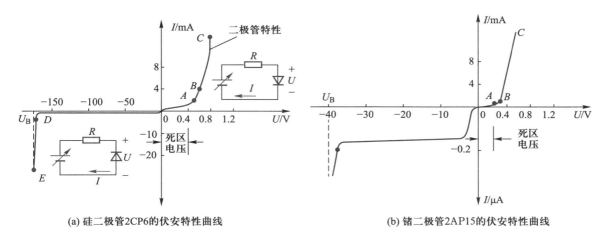

(a) 硅二极管2CP6的伏安特性曲线　　　　　　　(b) 锗二极管2AP15的伏安特性曲线

图1-2-9　二极管的伏安特性曲线

提　示

为了使曲线清晰,横轴所代表的电压在 $U>0$ 和 $U<0$ 两部分采用不同的比例,纵轴所代表的电流在 $I>0$ 和 $I<0$ 采用不同的单位。

---

2. 反向特性

图1-2-9曲线左下部分表示二极管外加反向电压时的情况,反向电流很小,管子处于反向截止状态,呈现出很大的电阻,而且反向电流几乎不随反向电压的增大而变化(称为反向饱和电流),在电路中相当于一个断开的开关,如图1-2-9(a)中 0 至 D 段。小功率硅管的反向电流一般小于 0.1 μA,而锗管通常为几 μA。

3. 击穿特性

在图1-2-9中,当反向电压增大到 U_B 后,反向电流急剧增加,这种现象称为二极管的反向击穿,图中 DE 段称为反向击穿区。发生击穿时所加的电压称为反向击穿电压,记做 U_B。这时电压的微小变化会引起电流很大的变化,表现出很好的恒压特性。

普通二极管的反向击穿电压较高,一般在几十伏到几百伏(高反压管可达几千伏)。普通二极管在实际应用中不允许工作在反向击穿区。

提　示

由于所加的反向电压太大引起的击穿,称为电击穿,这种击穿是可逆的。也就是说,若反向电压下降到小于击穿电压后,其性能可能恢复到原有情况。若反向击穿电流过大,则会导致 PN 结温度过高而烧坏,这种击穿是不可逆的,称为热击穿。

---

4. 温度对特性的影响

温度对二极管特性影响的规律是:在室温附近,温度每升高 1 ℃,正向压降减小 2～2.5 mV;温度每升高 10 ℃,反向电流约增大一倍。如图1-2-10所示,环境温度升高,二极管的正向特性曲线将左移,反向特性曲线将下移。显然,二极管的反向特性受温度的影响较大,这一点对二极管的实际应用是不利的。

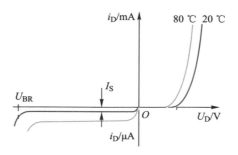

图 1-2-10 温度对二极管特性影响

提　示

二极管的正向特性曲线不是直线,而是近似的指数曲线,所以二极管是非线性器件。

思考与讨论

温度对二极管的正向特性影响小,对其反向特性影响大,为什么?

【实际电路应用 1】——二极管降压电路

由于二极管导通时有一个正向压降,且该压降为固定值,因此在一些电路中可以采用二极管对电压进行降压以供后级电路使用。

图 1-2-11 所示为 3 个串联的二极管将 5 V 电压降到 3 V 左右为 MCU 供电。

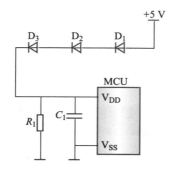 

图 1-2-11 降压电路

例如 CPU 风扇供电是 12 V,需要降压到 7 V 左右来使风扇降速降低能耗,可以选用 6 个 1N4001 或 1N4007 串联,每个二极管的导通压降为 0.721 V,则二极管压降为 $6 \times 0.721 \ V = 4.326 \ V$,$12 \ V - 4.326 \ V = 7.674 \ V$,可以起到降速要求。再用开关并接二极管,可以在 12 V 和 7.674 V 之间进行转换。

【实际电路应用 2】——二极管极性保护电路

有些负载不允许接错电源极性,此时可采用图 1-2-12 所示的电路进行报警,如果电源极性所接与图中所示相反,则 D₁ 截止,防止负载通电;而 D₂ 导通,使蜂鸣器鸣响。

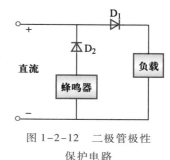

图 1-2-12   二极管极性
保护电路

【实验测试与仿真 2】——二极管伏安特性的测试

测试设备:模拟电路综合测试台 1 台,0~30 V 直流稳压电源 1 台,数字万用表1 块,毫安表 1 只,1N4148 二极管 1 个、200 Ω 滑动变阻器 1 个。

测试电路:二极管的伏安特性测试电路如图 1-2-13 所示。

微课
操作直流稳压电源

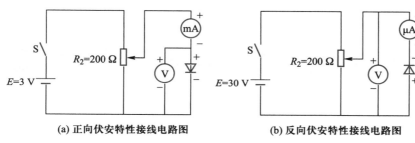

(a) 正向伏安特性接线电路图   (b) 反向伏安特性接线电路图

图 1-2-13   二极管的伏安特性测试电路

测试程序:

1. 测试二极管的正向伏安特性

① 按图 1-2-13(a)接好电路。预置滑动变阻器,使电压表的读数为零。电压表和电流表的量限选择要适当,并注意电压表和电流表的极性。

② 接通电源,改变滑动变阻器的阻值,缓慢增加电压,使电压 U 在 0.06~0.6 V 之间变化,并读出相应的电流值,实验从 0.06 V 开始,每隔 0.06 V 读数一次,直到电流达到 30 mA 为止,并记入表 1-2-1 中,最后断开电源。

表 1-2-1   测试结果 1

U/V	0.06	0.12	0.18	0.24	0.30	0.36	0.42	0.48	0.54	0.60
I/mA										

2. 测试二极管的反向伏安特性

① 按图 1-2-13(b)接好线路,电流表改为微安表,预置滑动变阻器,使电压表的读数为零。

② 接通电源,改变滑动变阻器的阻值,逐渐增加电压,使电压 U 在 1.5~15 V 之间变化,并读出相应的电流值,实验从 1.5 V 开始,每隔 1.5 V 读数一次,并记入表 1-2-2 中。

表 1-2-2   测试结果 2

U/V	1.5	3	4.5	6	7.5	9	10.5	12	13.5	15
I/μA										

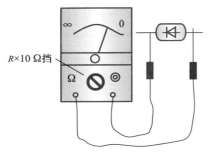

图 1-2-14   脱开电路正向检测

【实操技能 2】——二极管故障分析与维修

二极管的四种检测方法如下:

1. 脱开电路正向检测法

如图 1-2-14 所示,选择指针万用表的 $R×10\ \Omega$ 挡,黑表笔接二极管的阳极,红表笔接二极管的阴极,此时表针应向右偏转一个很大的角度,所指示阻值较小。此时阻值越小越好。具体所测量的数据对应的情况说明见表 1-2-3。

表 1-2-3   测量数据与情况说明 1

测量正向电阻	说明
几十到几 kΩ	说明二极管正向电阻正常
正向电阻为零或远小于几 Ω	说明二极管已经击穿
几百 kΩ	正向电阻很大,说明二极管已经开路
几十 kΩ	二极管正向电阻较大,正向特性不好
测量时表针不稳定	测量时表针不能稳定在某一阻值上,二极管稳定性能差

2. 脱开电路反向检测法

如图 1-2-15 所示,选择万用表的 $R×10\ k$ 挡,黑表笔接二极管的阴极,红表笔接二极管的阳极,此时表针应向右偏转一个很小的角度,所指示阻值较大。此时阻值越大越好。具体所测量的数据对应的情况说明见表 1-2-4。

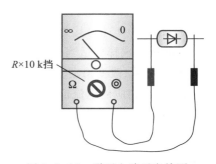

图 1-2-15   脱开电路反向检测

表 1-2-4   测量数据与情况说明 2

测量反向电阻	说明
数百 kΩ	说明二极管反向电阻正常
反向电阻为零	说明二极管已经击穿
远小于几百 kΩ	二极管反向电阻小,反向特性不好
表针不动	稳压管已开路,开关和整流管正常
测量时表针不稳定	二极管稳定性能变差

3. 断电在路检测法

该方法与测量阻值判断方法、二极管脱开电路检测方法基本相似。

① 测量正向电阻受外电路的影响低于测量反向电阻受外电路的影响。

② 当测量结果受到怀疑时,应脱开电路后测量。

4. 通电在路检测法

在通电情况下,测量二极管的导通管压降。电路通电后,万用表选择直流电压 2.5 V 挡,红表笔接二极管的阳极,黑表笔接二极管的阴极。具体所测量的数据对应的情况说明见表 1-2-5。

微课
测试二极管电容效应

表 1-2-5　测量数据与情况说明

类型、管压降	说明
0.7 V/0.2 V	说明二极管工作正常,处于正向导通状态
远大于 0.6 V/0.2 V	二极管没有导通,如果导通则二极管有故障
接近 0 V	二极管处于击穿状态,无单向导电性,所在回路的电流会剧增

微课
二极管的主要参数

1.3　二极管的应用

教学课件
二极管的理想模型

1.3.1　二极管的电路模型

在实际电路分析中,为简化计算,希望将二极管理想化,认为当二极管具有正向偏置时导通,电压为零,即当二极管的偏置电压大于 0 V,就认为二极管导通,此时电流无穷大,将二极管看成短路;反向偏置时截止,电流为零,即当二极管的偏置电压小于 0 V,二极管截止,电流为 0,呈现断路;反向击穿电压为无穷大。具有这样特性的二极管称为理想二极管,其伏安特性曲线如图 1-3-1 所示,图中右侧浅色线为实际二极管的伏安特性曲线,左侧深色线为理想化之后的简化伏安特性曲线。

微课
二极管的理想模型

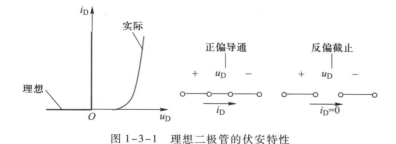

图 1-3-1　理想二极管的伏安特性

这种等效模型称为理想模型。此时,二极管可以等价于一个受电压控制的开关,正向偏置时开关打开,反向偏置时开关关闭。

教学文档
二极管的理想模型

1.3.2　二极管整流电路及整流桥堆

由于二极管在一个方向上允许电流通过,而在另一个方向上阻止电流通过,因此二极管常用在整流电路中把交流电压转换成直流电压。交流电由电力公司提供,交流电流有两个流动方向,而多数电路需要直流电,直流电流只有一个流动方向。利用二极管的单向导电性,将交流电转换成单向脉动直流称为整流。电动自行车充电器中也用到二极管进行整流,如图 1-3-2 所示。

整流二极管

图 1-3-2   电动自行车充电器

在小功率直流电源中,经常采用单相半波整流电路和桥式整流电路。

为简化分析,假定二极管是理想的,正向电压作用时,作为短路处理;反向电压作用时,作为开路处理。

提　示

整流有两种方式,即半波整流和全波整流,如图 1-3-3 所示。半波整流是把负半轴信号直接除去,而全波整流是将负半周信号进行对折,与原来的正半周信号合在一起。

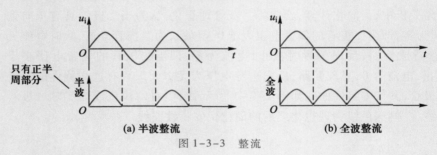

只有正半周部分

(a) 半波整流   (b) 全波整流

图 1-3-3   整流

---

1. 半波整流电路

半波整流电路如图 1-3-4(a)所示。理想二极管在整流电路中相当于一只开关,设变压器二次电压为 u_2,当 u_2 为正半周期时,二极管 D 正向导通,输出电压 $u_L = u_2$;当 u_2 为负半周期时,二极管 D 反向截止,输出电压 $u_L = 0$。u_2 和 u_L 的波形分别如图 1-3-4(b)所示,由于二极管的阻挡,负半周信号丢失了,这个波形称为半波脉动直流电。显然,输入电压是双极性,而输出电压是单极性,且是半波波形,输出电压与输入电压的幅值基本相等。

设变压器二次电压 $u_2 = U_{2m} \sin \omega t = \sqrt{2} U_2 \sin \omega t$,其中 U_{2m} 为其幅值,U_2 为其有效值。由理论分析可得,输出单向脉冲电压的平均值即直流分量为

$$U_{O(AV)} = U_{2m}/\pi = \frac{\sqrt{2}}{\pi} U_2 \approx 0.45 U_2$$

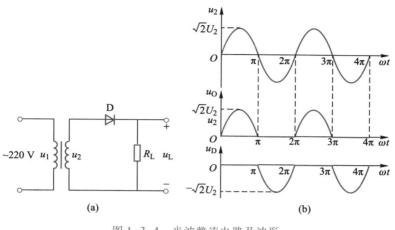

图 1-3-4　半波整流电路及波形

说明一个周期内,负载上电压平均值只有变压器二次电压有效值的 45% ,电源利用率明显较低。

提　示

半波整流电路虽然元器件少,结构简单,但其输出波形脉动大,直流成分低,变压器只有半个周期导通,利用率低。所以,半波整流电路只能用于输出电流小,要求不高的场合,大功率应用中一般不使用半波整流器。

【实际电路应用 3】——调温电热毯电路

市场上销售的简易可调温电热毯原理图如图 1-3-5 所示,S 为拨动调温开关,有关断、高温、低温三挡,D 为整流二极管,通过电热丝(阻值为 R)加热。当拨动开关 S 置高温挡时,加热元件发出的功率为 $P_1 = \dfrac{220^2}{R}$;当拨动开关 S 置低温挡时,电路为半波整流,加热元件发出的功率为 $P_1 = \dfrac{(0.45 \times 220)^2}{R}$,此时发出的功率约为高温挡的五分之一,从而实现高、低温调控。

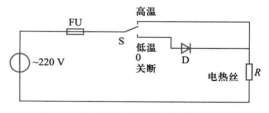

图 1-3-5　简易可调温电热毯原理图

【实验测试与仿真 3】——二极管半波整流电路的测试

测试设备:模拟电路综合测试台 1 台,低频信号发生器 1 台,双踪示波器 1 台,
　　　　　1 kΩ 电阻 1 个,1N4148 二极管 1 个。

测试电路:二极管整流电路如图 1-3-6 所示。

测试程序:

① 按图 1-3-6 接好电路。

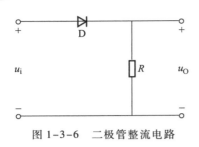

图 1-3-6　二极管整流电路

微课
操作示波器

微课
操作函数信号发
生器

教学课件
测试二极管桥式整
流电路

② 由低频信号发生器输出 3 V/1 kHz 的正弦波加到电路输入端,用示波器同时观察输入和输出波形,画出此时的测试电路并记录输入和输出电压波形。

③ 保持步骤②,将二极管反接,用示波器同时观察输入和输出波形,画出此时的测试电路并记录输入和输出电压波形。

④ 保持步骤③,将二极管与电阻互换位置,用示波器同时观察输入和输出波形,画出此时的测试电路并记录输入和输出电压波形。

⑤ 保持步骤④,将二极管反接,用示波器同时观察输入和输出波形,画出此时的测试电路并记录输入和输出电压波形。

结论与体会:该整流电路可将_____(双向/单向)交流电变为_____(双向/单向)脉动交流电。

2. 全波桥式整流电路

全波桥式整流电路如图 1-3-7 所示,其中 4 个二极管接成电桥的形式,故有桥式整流之称,是使用最广泛的整流电路。

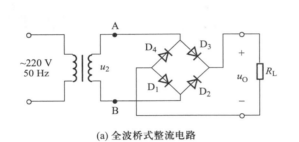

(a) 全波桥式整流电路

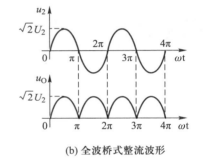

(b) 全波桥式整流波形

图 1-3-7　全波桥式整流电路及波形

4 只整流二极管接成桥式电路,在阳极与阴极相连的两个连接点处输入交流电压,如图 1-3-8 所示。在阴极与阴极相连处为正极性电压输出端,在阳极与阳极相连处接地,这是正极性桥式整流电路的电路特征。可以采用口诀帮助记忆:"单相桥式 4 个管,两两串联再并联;并联两端出直流,两管连点进电源"。任意一个二极管接反均会影响电路输出。

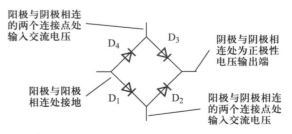

图 1-3-8　正极性桥式整流电路接线特征示意图

在电压 u_2 的正半周期,二极管 D_1、D_3 导通,D_2、D_4 截止,电流从 A 端流出,经过

D_3、R_L、D_1 回到 B 端,在 R_L 上得到一个上正下负的半波电压。在电压 u_2 的负半周期,二极管 D_2、D_4 导通,D_1、D_3 截止,电流从 B 端流出,经过 D_2、R_L、D_4 回到 A 端,在 R_L 上仍得到一个上正下负的半波电压。u_2 和 u_O 的波形如图 1-3-9 所示。显然,输入电压是双极性,而输出电压是单极性,且是全波波形,输出电压与输入电压的幅值基本相等。

微课
测试二极管桥式整流电路

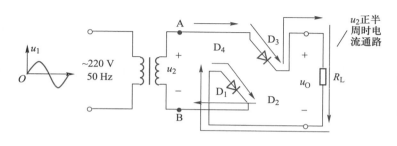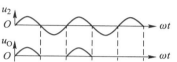

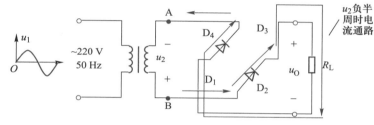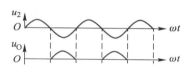

图 1-3-9　全波桥式整流电路工作原理

设变压器二次电压 $u_2 = U_{2m} \sin \omega t = \sqrt{2}\, U_2 \sin \omega t$,其中 U_{2m} 为其幅值,U_2 为有效值。由理论分析可得,输出全波单向脉冲电压的平均值即直流分量为

$$U_{O(AV)} = 2U_{2m}/\pi = \frac{2\sqrt{2}}{\pi} U_2 \approx 0.9 U_2$$

微课
单向桥式整流电路

可以看出,全波桥式整流电路负载上电压平均值是变压器二次电压有效值的90%,电源利用率明显提高。

类　比

半波与全波,关系到能量效率问题。全波检波好比跑运输,白天、晚上都带货,一天交两次过路费。如果信号很强,货物多得带不完,那就全波检波吧。如果信号不强,那就应该半波检波,把晚上的货物留到明天白天再带。

提　示

需要特别指出的是,二极管作为整流器件,要根据不同的整流方式和负载大小加以选择。如选择不当,则可能无法安全工作,甚至烧坏管子;或者大材小用,造成浪费。

思考与讨论

当全波桥式整流电路中任意一个二极管出现①短路,②开路,③接反的情况,试分析各会出现什么现象和危害?

【实验测试与仿真 4】——全波桥式整流电路的测试

测试设备:模拟电路综合测试台 1 台,0~30 V 直流稳压电源 1 台,数字万用表 1 块,双踪示波器 1 台,1N4001 二极管 1 个、100 Ω/2 W 电阻 1 个。

测试电路:全波桥式整流电路如图 1-3-10 所示。变压器 u_1 为 220 V(有效值),u_2 为 15 V(有效值),功率为 15 W;R_L 为 100 Ω/2 W,二极管为 1N4001。

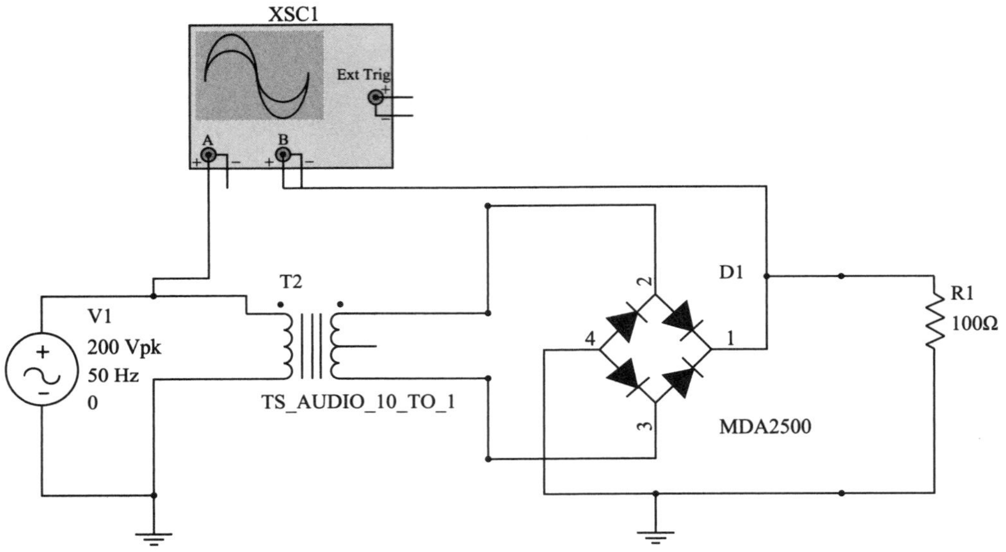

图 1-3-10   全波桥式整流电路

测试程序:

① 按图 1-3-10 接好电路。

② 同时观察输入电压(u_2)和输出电压(u_o)电压波形,并记录(画在坐标纸上)。

③ 观察该电路并记录:u_2 是_____(双极性/单极性),u_o 是_____(双极性/单极性),且是_____(全波/半波)波形。

结论与体会:输出电压与输入电压的正向幅值_____(基本相等/相差很大)。

【实操技能 3】——全波桥式整流电路故障检测方法

全波桥式整流电路故障检测可采用如图 1-3-11 所示的方法,利用数字万用表测试这一整流电路输出端直流电压。红表笔接两只整流二极管阴极相连接处。如果测量结果没有直流输出电压,再用万用表电阻挡在路测量 D_1 和 D_2 相连接处的接地是否

教学课件
桥式整流电路故障
诊断

开路。如果这一接地没有开路,再测量电源变压器二次绕组两端是否有交流电压输出。

微课
桥式整流电路故障诊断

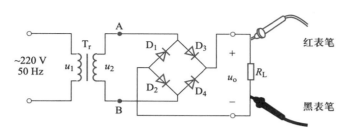

图 1-3-11　全波桥式整流电路输出端直流电压测试接线示意图

如果全波桥式整流电路中的一个二极管断开,在输入的半周期期间,断开的二极管将阻止电流流过 R_L,所以输出波形就是半波输出,如图 1-3-12 所示。

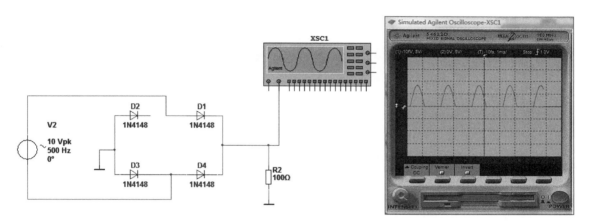

图 1-3-12　二极管断开故障现象

如果全波桥式整流电路中的一个二极管短路,短路的二极管是失效的二极管,具有非常低的阻抗,正常情况下,电路保护会启动,熔丝熔断或者变压器的二次绕组被烧断。

如果其中一个二极管反接,如图 1-3-13 所示,电流不再通过电阻,近似将变压器的二次绕组短接,所以变压器和二极管可能均被烧坏。

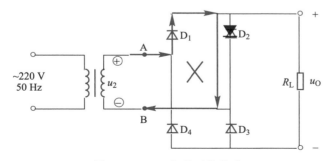

图 1-3-13　二极管反接故障

3. 整流全桥

因为全波桥式整流电路应用的太多,许多厂家就制作集成器件整流全桥,其符号和外形如图 1-3-14(a)所示。使用时,只需将交流电压接到标有"～"或"AC"的引脚上,从标有"+""-"的引脚上引出的就是整流后的直流电压。

教学课件
整流桥器件的分类

微课
整流桥器件的分类

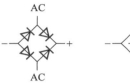 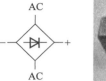  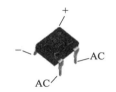

(a) 整流全桥符号和外形

(b) 电路中的整流模块

图 1-3-14   整流全桥

桥堆的外形有许多种。桥堆的体积大小不一,一般情况下整流电流大的桥堆其体积也大。全桥堆为 4 根引脚,半桥堆为 3 根引脚。

4. 倍压整流电路

通常,电路工作运行只需要较低的电压,但有时也需要用到高压。获得高压的一种方法是使用升压变压器,但是变压器价格昂贵,并且体积大、质量大。而倍压器可以用来产生较高的电压信号。图 1-3-15 所示是经典的二倍压整流电路。电路中的 u_i 为交流输入电压,是正弦交流电压,u_0 为直流输出电压,D_1、D_2 和 C_1 构成二倍压整流电路,R_1 是二倍压整流电路的负载电阻。

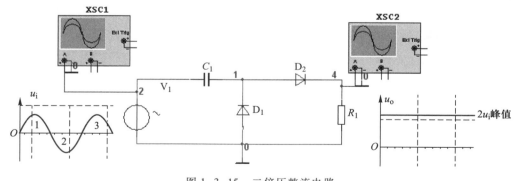

图 1-3-15   二倍压整流电路

这一电路的工作原理是:交流输入电压 u_i 为正半周 1 时,这一正半周电压通过 C_1 加到 D_1 阴极,给 D_1 反向偏置电压,使 D_1 截止。同时,正半周 1 电压加到 D_2 阳极,给

D_2 正向偏置电压,使 D_2 导通。二极管 D_2 导通后的电压加到负载电阻 R_1 上,其 D_2 导通时的电流回路为:交流输入电压 $u_i \to C_1 \to D_2$ 阳极 $\to D_2$ 阴极 $\to$ 负载电阻 R_1。这一电流从上而下地流过电阻 R_1,所以输出电压 u_0 是正极性的直流电压。

当交流输入电压 u_i 变化到负半周 2 时,负半周 2 电压通过 C_1 加到 D_1 阴极,给 D_1 正向偏置电压,使 D_1 导通,这时的等效电路如图 1-3-16 所示。

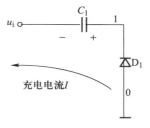

由于 D_2 导通时,在负载电阻 R_1 上是两个电压之和,即为交流输入电压 u_i 峰值电压和 C_1 上原充上的电压,所以在 R_1 上得到了交流输入电压峰值两倍的直流电压,所以称此电路为二倍压整流电路。

倍压整流电路的特点是在交流输入电压不高的情况下,通过多倍压整流电路,可以获得很高的直流电压。例如,在音响电路中用于对音频信号的整流,在电平指示器电路中就常用二倍压整流电路。

图 1-3-16　输入电压 u_i 变化到负半周时的等效电路

【实际电路应用 4】——单级发光二极管指示器

图 1-3-17 所示是单级发光二极管指示器。LED_1 是发光二极管,T_1 是电路中发光二极管 LED_1 的驱动三极管,D_1、C_1 和 T_1 发射结构成二倍压整流电路,R_1 是发光二极管 LED_1 的限流保护电阻。

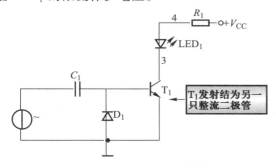

图 1-3-17　单级发光二极管指示器

这是一个标准的二倍压整流电路,只是第二只整流二极管采用了驱动管 T_1 的发射结。二倍压整流电路整流输出的直流电压加到了三极管 T_1 的基极,这一直流电压作为 T_1 的直流偏置电压,使 T_1 导通。在 T_1 导通之后,T_1 有了基极电流,也有了集电极电流,其集电极电流流过了发光二极管 LED_1,使发光二极管发光指示,表示有交流输入信号。交流输入信号的幅度越大,二倍压整流电路输出的直流电压越大,使 T_1 基极电流越大,其集电极电流越大,流过 LED_1 的电流越大,LED_1 发光越强。

由上述电路分析可知,通过 LED_1 发光亮度的强弱变化,可以指示交流输入信号的幅度大小。这就是单级发光二极管电平指示器的电路功能。

【实操技能 4】——整流桥堆全桥的极性判别方法

全桥堆共有 4 根引脚,这 4 根引脚除标有 "～" 符号的两根引脚之间可以互换使用外,其他引脚之间不能互换使用。可通过下列方式进行整流桥的极性判别。

1. 外观判别法

全桥由 4 只二极管组成,共 4 只引脚。两只二极管阴极的连接点是全桥直流输出端的 "正极",两只二极管阳极的连接点是全桥直流输出端的 "负极"。如图 1-3-18 所示,大多数的整流全桥上,均标注有 "+" "-" "～" 符号(其中 "+" 为整流后输出电压的正极;"-" 为输出电压的负极;"～" 为交流电压输入端),但这些标记不一定是标在桥堆的顶部,也可以标在侧面的引脚旁。在其他电子元器件中,像桥堆这样的引脚标记

图 1-3-18　桥堆引脚标记

方法是没有的,所以在电路中能很容易确定出各电极。

2. 万用表检测法

如果全桥整流组件的型号和标记不清,可以用数字万用表的二极管检测挡来测量判别引脚极性和全桥整流组件的好坏。

首先,寻找正输出端引脚。将万用表置于二极管检测挡,用红表笔接全桥整流组件的任意一只引脚,黑表笔分别接其余 3 只引脚进行测量,如图 1-3-19 所示。当一只引脚与其余 3 只引脚测试时都显示溢出符号"1"时,红表笔所接的引脚即为正输出端引脚。

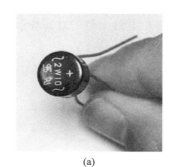

(a)　　　　　　　　　　　(b)

图 1-3-19　万用表检测全桥整流组件

其次,寻找负输出端引脚。在余下的 3 只引脚中,将红表笔接任意一个引脚,黑表笔分别测量其余两只引脚,当测出的值(二极管正向导通压降 U_F 值)都为 600(万用表显示数字)左右时,红表笔接的引脚为负输出端。最后剩下的另外两只引脚是全桥的交流输入端。

如果按照上述检测步骤进行测量,均无所述的情况发生,则可以判定被测的全桥整流组件已损坏。

1.3.3　二极管限幅电路

限幅电路是用来限制信号电压范围的电路,它能按限定的范围削平信号电压的波形,又称限幅器、削波器等。限幅电路应用非常广泛,常用于整形、波形变换、过压保护等电路。

限幅电路按功能可分为上限幅电路、下限幅电路和双向限幅电路 3 种。上限幅电路在输入电压高于某一上限电平时产生限幅作用;下限幅电路在输入电压低于某一下限电平时产生限幅作用;双向限幅电路则在输入电压过高或过低的两个方向上均产生限幅作用。

1. 二极管下限幅电路

在图 1-3-20 所示的限幅电路中,因二极管串接在输入、输出之间,故称它为串联限幅电路。图中,若二极管具有理想的开关特性,那么,当 u_i 低于 E(V_2 的电动势)时,D_1 不导通,$u_o=E$;当 u_i 高于 E 以后,D_1 导通,$u_o=u_i$。其限幅特性如图 1-3-20 所示。可见,该电路将输出信号的下限电平限定在某一固定值 E 上,所以称这种限幅器为下限幅器。如果将图中二极管极性对调,则得到将输出信号上限电平限定在某一数值上的上限幅器。

教学课件
二极管限幅电路的应用

微课
二极管限幅电路的应用

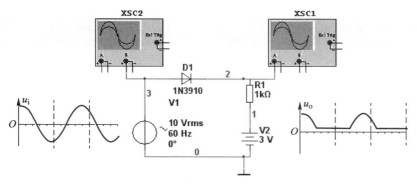

图 1-3-20 二极管下限幅电路

2. 二极管上限幅电路

在图 1-3-21 所示的二极管上限幅电路中,当输入信号电压低于某一事先设计好的上限电压时,输出电压将随输入电压的增减而增减;但当输入电压达到或超过上限电压时,输出电压将保持为一个固定值,不再随输入电压的变化而变化,这样信号幅度即在输出端受到限制。

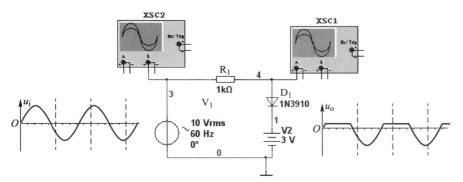

图 1-3-21 二极管上限幅电路

3. 二极管双向限幅电路

将上、下限幅电路组合在一起,就组成了如图 1-3-22 所示的双向限幅电路。原理请读者自行分析。

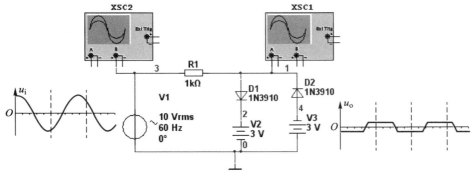

图 1-3-22 双向限幅电路

思考与讨论

　　在含有多个二极管的电路中,如果出现两个或两个以上的二极管,并承受大小不相等的正向电压(可通过计算各二极管未导通时阳极和阴极之间的电位差)。试问:这些二极管是否均能导通?如何判断它们是导通还是截止?

1.3.4　二极管检波电路

　　收音机有调频和调幅两种。从调幅收音机天线上接收的信号就是调幅信号,是调幅收音机中要处理和放大的信号。信号的中间部分是频率很高的载波信号,它的上下端是调幅信号的包络,其包络就是收音机所需的音频信号。由二极管构成的检波电路就可以实现这一功能。

　　二极管包络检波器主要由二极管和 RC 低通滤波电路组成。如图 1-3-23 所示,u_i 加于 D 的阳极,正半周使 D 导通,输入信号向 C_1 充电,充电时常数为 R_1C_1;负半周使 D 截止,C_1 向 R_1 放电,放电快。在输入信号作用下,二极管导通和截止不断重复,直到充放电达到平衡后,输出信号跟踪了输入信号的包络,在 R_1 上就能得到正半周信号的包络电压 u_D。

教学课件
二极管检波电路的应用

微课
二极管检波电路的应用

微课
测试二极管钳位电路

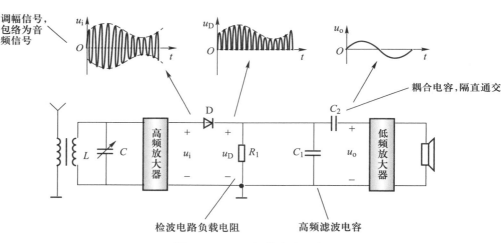

图 1-3-23　二极管检波电路

仿真源文件
测试二极管钳位电路

　　检波二极管导通后的 3 种信号电流回路如图 1-3-24 所示:高频电容构成高频负载波电流;负载电阻构成直流回路;耦合电容取出交流音频信号。

微课
二极管开关电路的应用

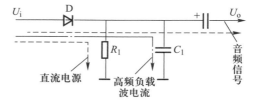

图 1-3-24　3 种信号电流回路

1.4 特殊二极管

1.4.1 稳压二极管

稳压二极管(简称稳压管)是通过半导体特殊工艺处理后,使它具有陡峭的反向击穿特性的二极管。稳压二极管又称为齐纳二极管,其图形符号如图 1-4-1(b)所示,其正向特性部分与普通二极管类似。

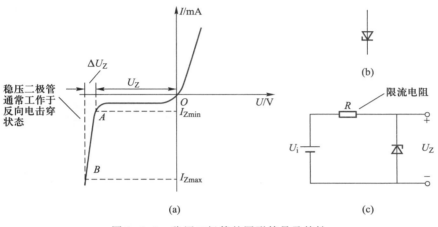

教学课件
稳压二极管的稳压原理

微课
稳压二极管的稳压原理

仿真源文件
测试稳压二极管伏安特性

微课
测试稳压二极管

教学文档
测试稳压二极管

图 1-4-1　稳压二极管的图形符号及特性

稳压二极管稳压的原理,实际上是利用稳压二极管反向击穿后,在一定的电流范围内,端电压基本不变的特点而实现的。图 1-4-1(a)中 U_Z 为稳压二极管的击穿电压(市场上常见的稳压二极管的击穿电压在 1.8～200 V 之间),为保证稳压作用所需流过稳压二极管的最小稳定工作电流为 I_{Zmin},为防止电流过大从而造成管子损坏所容许流过稳压二极管的最大稳定工作电流为 I_{Zmax}。在 I_{Zmin} 到 I_{Zmax} 之间变化时,电压变化很小,基本不变,起到了稳压的效果。

稳压二极管与其他普通二极管的不同之处是其反向击穿是可逆性的,但如果反向电流超过允许范围,稳压二极管将会发热击穿,所以在其应用电路中常常串联适当阻值的限流电阻配合使用以限制电流大小,如图 1-4-1(c)所示。

类　　比

稳压二极管的原理类似给茶杯倒水,刚开始,茶杯未满,水不会外流;随着水的增加,当茶杯加满水时,水向外溢出,但杯子的水位却保持不变。给茶杯倒水类似给稳压二极管加上反向电压。当反向电压不够大时,稳压二极管不工作,当茶杯加满水时相当于反向电压达到击穿电压值,此时电流增大,如同水向外溢出,之后不断增大电压,稳压二极管两端电压不变,类似杯子的水位却保持不变。

【例1-1】 简单稳压二极管稳压电路如图1-4-2所示。电路中,R为限流电阻,D_Z为稳压二极管。稳压二极管在电路中应为反向偏置,它与负载电阻R_L并联后,再与限流电阻串联,属于并联型稳压电路,试讨论R的取值范围。

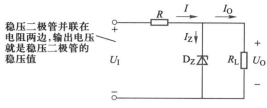

稳压二极管并联在电阻两边,输出电压就是稳压二极管的稳压值

图1-4-2 稳压二极管稳压电路

解:因为$I_{Zmin} < I_Z < I_{Zmax}$。当$U_I$最大和$R_L$开路时,流过稳压二极管的电流最大,此时应有$R \geqslant \dfrac{U_{Imax}-U_Z}{I_{Zmax}}$;当$U_I$最小(不小于$U_Z$)和$R_L$最小(不允许短路)时,流过稳压二极管的电流最小,此时应有$R \leqslant \dfrac{U_{Imin}-U_Z}{I_{Zmin}+U_Z/R_{Lmin}}$。

一般来说,在稳压二极管安全工作的条件下,R应尽可能小,从而使输出电流范围增大。

思考与讨论

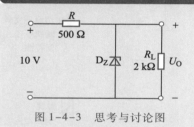

图1-4-3 思考与讨论图

1. 已知稳压二极管的稳压值$U_Z = 6$ V,稳定电流的最小值$I_{Zmin} = 5$ mA。求图1-4-3所示电路中U_O的值。

2. 现有两只稳压二极管,它们的稳定电压分别为5 V和8 V,正向导通电压为0.7 V。试问:

(1) 若将它们串联相接,则可得到几种稳压值?各为多少?

(2) 若将它们并联相接,则又可得到几种稳压值?各为多少?

提 示

从元器件手册(见图1-4-4)上查到的稳压二极管稳定电流I_Z为最小稳压电流,为使稳压二极管正常稳压且不过流损坏,应加接限流电阻。

Electrical Characteristics

Device	V_Z(V)@$I_{Z(Note 1)}$			Test Current I_Z(mA)	Max.Zener Impedance			Leakage Current		Non-Repetitive Peak Reverse Current I_{ZSM}(mA)(Note 2)
	Min.	Typ.	Max.		Z_Z@I_Z (Ω)	Z_{ZK}@ I_{ZK}(Ω)	I_{ZK} (mA)	I_R (μA)	V_R (V)	
1N4728A	3.135	3.3	3.465	76	10	400	1	100	1	1 380
1N4729A	3.42	3.6	3.78	69	10	400	1	100	1	1 260
1N4730A	3.705	3.9	4.095	64	9	400	1	50	1	1 190
1N4731A	4.085	4.3	4.515	58	9	400	1	10	1	1 070
1N4732A	4.465	4.7	4.935	53	8	500	1	10	1	970
1N4733A	4.845	5	5.355	49	7	550	1	10	1	
1N4734A				45	5	600	1	10	2	
1N4735A				41	2	700	1	10	3	
1N4736A				37	3.5	700	1	10	4	
1N4737A				34	4	700	0.5	10	5	
1N4738A	7.79	8.2	8.61	31	4.5	700	0.5	10	6	
1N4739A	8.645	9.1	9.555	28	5	700		10		
1N4740A	9.5	10	10.5	25	7	700		10		
1N4741A	10.45	11	11.55	23	8	700		10		414
1N4742A	11.4	12	12.6	21	9	700		10		380

最大齐纳阻抗

稳压二极管稳压值,端电压超过才能稳压

I_{ZK}表示稳压二极管反向击穿拐点处的电流

稳压二极管的反向电压U_R(相当于其他普通二极管就是正向电压)3 V时,漏电流I_R为10 μA

图1-4-4 稳压二极管元器件手册

1.4.2 发光二极管

发光二极管（LED）是一种将电能转换为光能的半导体器件。其图形符号如图 1-4-5 所示。

其 PN 结采用特殊材料构成，正向导通时，由于空穴与电子的复合而释放出能量，发出一定波长的光。LED 的正向开启电压与材料有关。例如，GaP 绿色的 LED 开启电压约为 2.3 V；GaAsP 红色的 LED 开启电压约为 1.7 V。使用 LED 时必须串联限流电阻以控制流过 LED 的电流。

图 1-4-5　图形符号

图 1-4-6 为 LED 的直流驱动电路。通过元器件手册查得 LED 的导通电压 U_F 和正向工作电流 I_F，于是 $R = \dfrac{U - U_F}{I_F}$。

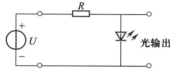

图 1-4-6　LED 的直流驱动电路

LED 具有体积小、可靠性高、转换效率高、寿命长等优点，在各种电路中得到广泛应用，特别是近年来出现的白色 LED，在照明方面应用很广。十字路口的交通灯，是由一个个的发光点组成的，每一个发光点就是一只 LED。一些汽车的尾灯使用的也是 LED。车站、商场中的一些大屏幕显示器也是由 LED 点阵组成的。

微课
LED 指示灯

如图 1-4-7 所示，常见的 LED 显示器是数码管，显示的每段都是一个 LED，当数码管特定的段加上电压后，这些特定的段就会发亮，以形成人眼看到的字样。这些段分别由字母 a、b、c、d、e、f、g、h 来表示。例如，显示一个"2"字，那么应当是 a、b、g、e、d 段亮，f、c、h 段不亮。

教学课件
LED 的结构

微课
LED 的结构

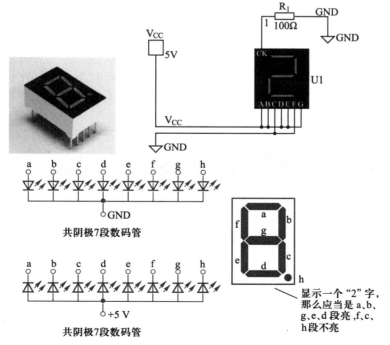

共阴极7段数码管

共阴极7段数码管

显示一个"2"字，那么应当是 a、b、g、e、d 段亮，f、c、h 段不亮

图 1-4-7　LED 数码管

微课
测试 LED 特性

仿真源文件
测试 LED 特性

LED 的阳极连接到一起,并连接到电源正极的称为共阳极数码管;LED 的阴极连接到一起,并连接到电源负极的称为共阴极数码管。

【实际电路应用 5】——熔断器熔断指示电路

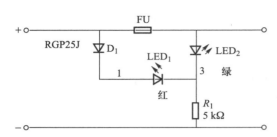

图 1-4-8   直流低压熔断器熔断指示电路

LED 主要用于指示电路。图 1-4-8 所示为直流低压熔断器熔断指示电路。当熔断器 FU 完好时,绿色发光二极管 LED_2 亮,由于 D_1 和 LED_2 的共同作用,使 LED_1 两端等电位,故红色发光二极管 LED_1 不亮。当熔断器 FU 熔断后,LED_2 因无电压熄灭,LED_1 由于 D_1 和 R 的共同作用而发光。因此,根据灯的亮灭可判断熔断器 FU 是否熔断。

【实验测试与仿真 5】——LED 特性测试

测试设备:模拟电路综合测试台 1 台,0 ~ 30 V 直流稳压电源 1 台,数字万用表 1 块,毫安表 1 只。

测试电路:LED 特性测试电路如图 1-4-9 所示。其中 LED 为发光二极管,R 为1 kΩ。

测试程序:

① 直接用数字万用表测量 LED 的正反向电阻值,并记录:$R_正 = $ _____ $R_反 = $ _____ 。

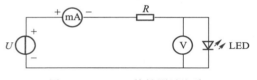

图 1-4-9   LED 特性测试电路

② 按图 1-4-9 接好电路,并串入毫安表。

③ 接入电源电压 U,并使 U 由 0 V 逐渐增大,直至 LED 开始发光,并记录此时 LED 的正向压降 U_{LED} 和正向电流 I:$U_{LED} = $ _____;$I = $ _____。

④ 保持步骤③,继续增大 U,观察 LED 的发光强度随 U 增大而变化的情况,并记录:_____ 。

⑤ 将 LED 反接,并观察此时的 LED 有无发光,并记录 _____ 。

思考与讨论

1. LED 正常工作时,其偏置是正偏还是反偏?或者两种情况都有可能?为什么?

2. LED 的正向电阻和普通二极管比较,谁大?

3. 如果让数码管显示"5",应该怎样在数码管引脚上接电压?

1.4.3   光敏二极管

半导体具有光敏特性,利用二极管的光敏特性,可将其制成一种特殊二极管,即光敏二极管。光敏二极管又称光电二极管,是工作在反向偏置状态下的 PN 结器件,能把光信号转换为电信号。为了便于接受光照,光敏二极管的管壳上有一个玻璃窗口,让光线透过窗口照射到 PN 结的光敏区。光敏二极管的外形和图形符号分别如图 1-4-10 和图 1-4-11 所示。

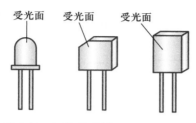

教学课件
光电二极管的应用

微课
光电二极管的应用

图 1-4-10 各种光敏二极管外形图　　图 1-4-11 光敏二极管的符号

光敏二极管工作在反向状态,即无光照时,处于截止状态;有光照时,形成光电流,处于导通状态。光线越强,其形成的电流越大,如图 1-4-12 所示。

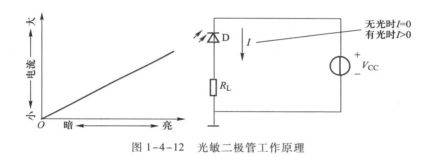

图 1-4-12 光敏二极管工作原理

思考与讨论

1. 光敏二极管正常工作时,其偏置是正偏还是反偏?或者两种情况都有可能?为什么?
2. 普通二极管"正向导通,反向截止"的基本特性描述是否适用于光敏二极管?为什么?

【实际电路应用 6】——红外线报警电路

图 1-4-13 为一个红外线报警电路,当人们误入禁区时,它就会发出报警信号。红外光源设置在距红外接收器一定距离处,形成了一条用肉眼看不见的红外警戒线。无人遮挡红外线时,红外线直接照射在光敏二极管上,其电阻变小,接通电路,T_1 导通,T_2 截止,继电器 K 不工作,不报警。当有人通过红外警戒线时,光线被遮挡,光敏二极管没有光照,电阻增大,T_1 截止,T_2 导通,继电器 K 工作,报警。

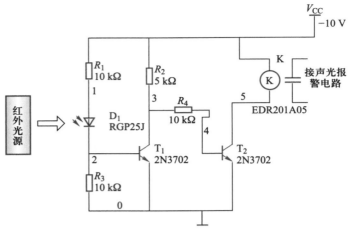

图 1-4-13　红外线报警电路

1.5　技能训练项目——LED 节能灯的制作与调试

目前,白色 LED 的发光效率已经突破 120 lm/W,可以正常使用 20 年,器件寿命一般都在 10 万 h 以上,是荧光灯寿命的 10 倍,是白炽灯寿命的 100 倍,基本不会损坏,这种灯具具有非常好的节能长寿命特性。随着白色 LED 价格的不断降低,LED 照明灯逐步延伸到路面照明、民用照明等低照度要求的领域,全面进入实用化,是国家重点发展的产业项目。

1. 目的

(1) 熟悉整流电路和 LED 的性能和使用方法。

(2) 学习电子电路焊接方法,提高实训综合能力。

2. 元器件

24 只散光型白色高亮度 LED,塑料外壳,螺口灯座,均光板各一块,400 V/0.33 μF 降压电容 1 个,100 V/4.7 μF 滤波电容 1 个,集成整流全桥 1 个,1 MΩ 高压泄放电阻 1 个,100 Ω 限流保护电阻 1 个,电源板 PCB1 片,LED 灯板 PCB1 片。

3. 参考电路

LED 节能灯参考电路如图 1-5-1 所示。

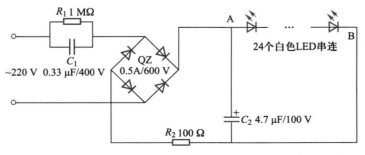

图 1-5-1　LED 节能灯参考电路

4. 技能训练要求

工作任务书

任务名称	LED 节能灯的制作与调试
课时安排	课外焊接,课内调试
设计要求	制作 LED 节能灯,使其可以实现正常照明
制作要求	正确选择器件,按电路图正确连线,按布线要求进行布线、装焊并测试
测试要求	1. 正确记录测试结果 2. 与设计要求相比较,若不符合,请仔细查找原因
设计报告	1. LED 节能灯电路原理图 2. 列出元器件清单 3. 焊接、安装 4. 调试、检测电路功能是否达到要求 5. 分析数据

知识梳理与总结

半导体是导电能力介于导体和绝缘体之间的一种材料,其晶体结构和导电机理与金属有很大不同,并具有光敏、热敏和掺杂特性。

二极管的基本结构是 PN 结。PN 结是由杂质半导体(即 P 型半导体和 N 型半导体)有机结合而形成的。

二极管具有单向导电性。

二极管的伏安特性(曲线),即电流随电压变化而变化的特性(曲线),形象地反映出二极管的工作状态。

利用二极管的单向导电性、光电效应、光敏、温度等特性,可以构成日常生活中的很多应用电路。其中应用最为广泛的就是二极管整流电路。

在整流电路中,是利用二极管的单向导电性将交流电转换为脉动的直流电。

限幅电路可以将超过或低于指定电平的电压波形削去。

习   题

1.1   当输入直流电压波动或外接负载电阻变动时,稳压二极管稳压电路的输出电压能否保持稳定? 若能保持稳定,这种稳定是否是绝对的?

1.2   光电器件为什么得到越来越广泛的应用? 试举例说明。

1.3   二极管电路如图 1-1 所示,试判断图中的二极管是导通还是截止,并求出各电路的输出电压值(设二极管是理想的)。

1.4   在图 1-2 所示电路中,设二极管为理想的,且 $u_i = 5\sin \omega t$(V)。 试分别画出 u_o 的波形。

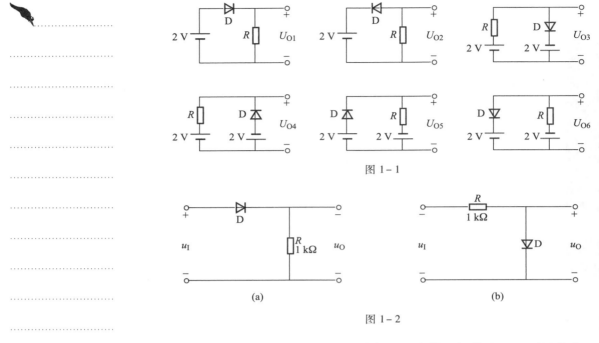

图 1-1

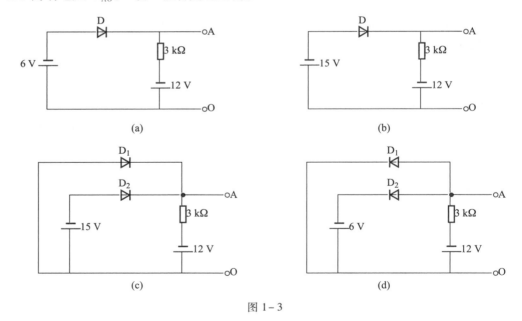

图 1-2

1.5 二极管电路如图 1-3 所示,试判断图中的二极管是导通还是截止,并求出 AO 两端电压 U_{AO}。 设二极管是理想的。

图 1-3

1.6 电路如图 1-4 所示,设输入电压为纯交流信号,且 $U_i = 12\sin \omega t$(V),稳压二极管的稳定电压 $U_Z = 5$ V,R_L 为开路。 试画出 U_O 波形。

1.7 在图 1-4 电路中,设输入电压 15 V,稳压二极管的 $I_{Zmax} = 20$ mA,$I_{Zmin} = 5$ mA,$U_Z = 7$ V。 求:

（1）R_L 开路时的限流电阻 R 的取值范围；

（2）接入负载的最小值 R_{Lmin}（设 $R = 800$ Ω）。

1.8　已知稳压二极管的稳压值 $U_Z = 6$ V，稳定电流的最小值 $I_{Zmin} = 5$ mA。求图 1-5 所示电路中 U_{O1} 和 U_{O2} 各为多少伏。

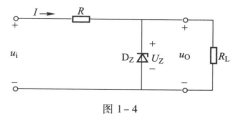

图 1-4

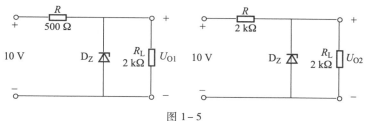

图 1-5

1.9　电路如图 1-6（a）、（b）所示，稳压二极管的稳定电压 $U_Z = 3$ V，R 的取值合适，u_I 的波形如图 1-6（c）所示。试分别画出 u_{O1} 和 u_{O2} 的波形。

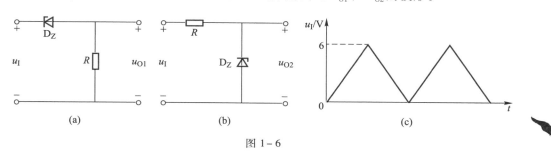

图 1-6

1.10　电路如图 1-7 所示，设所有稳压二极管均为硅管（正向导通电压为 $U_D = 0.7$ V），且稳定电压 $U_Z = 8$ V，已知 $u_i = 15\sin \omega t$（V），试画出 u_{o1} 和 u_{o2} 的波形。

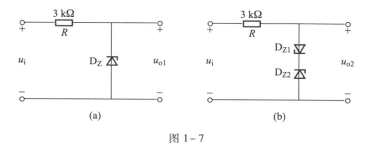

图 1-7

第 2 章

直流稳压电源

教学目标

知识重点

- 理解直流稳压电源的结构组成
- 理解直流稳压电源的工作原理
- 集成稳压电源的工作原理

知识难点

- 掌握整流电路、滤波电路的组成结构和工作原理
- 掌握三端集成稳压器的应用
- 串联稳压电源的工作原理
- 开关式稳压电路的结构

知识结构图

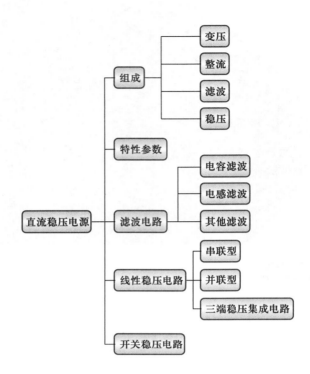

引言

几乎所有的电子电路都需要稳定的直流电源,在检定检修指示仪表时,除了要有合适的标准仪器外,还必须要有合适的直流电源及调节装置。当由交流电网供电时,则需要把电网供给的交流电转换为稳定的直流电。交流电经过整流、滤波后变成直流电,虽然能够作为直流电源使用,但是,由于电网电压的波动,会使整流后输出的直流电压也随着波动。同时,使用中负载电流也是不断变动的,有的变动幅度很大,当它流过整流器的内阻时,就会在内阻上产生一个波动的电压降,这样输出电压也会随着负载电流的波动而波动。负载电流小,输出电压就高;负载电流大,输出电压就低。直流电源电压产生波动,会引起电路工作的不稳定,对于精密的测量仪器、自动控制或电子计算装置等,将会造成测量、计算的误差,甚至根本无法正常工作。因此,通常都需要电压稳定的直流稳压电源供电。直流稳压电源电路如图 2-0-1 所示。

电源类型按输出可分为直流稳压电源和交流稳压电源;按稳压电路与负载连接方式可分为串联稳压电源和并联稳压电源;按调整管工作状态可分为线性稳压电源和开关稳压电源;按电路类型可分为简单稳压电源和反馈稳压电源等。比较简单的电子设备使用线性稳压电源,例如收音机、音响等;复杂的电子设备使用开关稳压电源,例如电视机、计算机等。

图 2-0-1　直流稳压电源电路

教学课件
直流稳压电源的组成

2.1　小功率直流稳压电源

2.1.1　直流稳压电源组成和性能指标

1. 直流稳压电源组成

直流稳压电源由电源变压器、整流电路、滤波电路、稳压电路等部分组成,其组成框图如图 2-1-1 所示。各部分的作用如下:

微课
直流稳压电源的组成

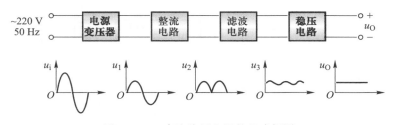

图 2-1-1　直流稳压电源的组成框图

教学文档
直流稳压电源的组成

电源变压器:由于交流电网提供的 220 V(有效值)电压相对较大,大多数电子设备所需的直流电压一般为几至几十伏,电源变压器的作用是将输入的 220 V 交流电压 u_i 进行降压,降到变压器的二次电压和电路的输出直流电压同一个数量级的电压 u_1。另外,变压器还可以起到将直流电源与电网隔离的作用。

整流电路:把方向、大小都不断变化的正弦交流电 u_1 变成单一方向的脉动电压

职业素养
辩证地看问题

u_2。这种脉动电压中包含较大的直流电压成分,但是这种单向脉动电压往往同时包含很大的交流成分,需要进一步滤除交流量。

滤波电路:为了减小电压 u_2 的脉动,需通过低通滤波,使输出电压平滑。理想情况下,应将交流分量全部滤掉,使滤波电路的输出电压仅有直流电压。然而,由于滤波电路为无源电路,所以接入负载后势必影响其滤波效果。对电源电压稳定性要求不高的电子电路,整流、滤波后的直流电压 u_3 可以作为供电电源,但是当电网电压或负载电流波动时滤波电路输出电压的幅值也将随之变化,因此还需要稳压措施,使输出电压能基本保持不变。

稳压电路:交流电压通过整流、滤波后虽然变为交流分量较小的直流电压,但是当电网电压波动或负载变化时,平均值也将随之变化。因此稳压电路的功能是:使输出直流电压 u_0 基本不受电网电压波动和负载电阻变化的影响,从而获得足够高的稳定性。

【实际电路应用 7】——恒流充电器

如图 2-1-2 所示的恒流充电器可以为 2 节镍氢电池充电,有三挡不同大小的充电电流可选,充满后指示灯自动点亮。主要由整流电源、恒流源、充满指示电路等部分组成。变压器 Tr 和整流桥、滤波电容 C_1 组成整流滤波电路,为充电电路提供约 12 V 直流电压。R_2 和 LED$_1$ 组成电源指示电路,接通后 LED$_1$ 一直点亮。

集成稳压器 LM7805 与 $R_3 \sim R_5$ 分别构成 50 mA、100 mA、200 mA 恒流源,由开关 J1 进行选择,以适应不同容量电池充电的需要,二极管 D_2 的作用是防止被充电池电流倒灌。

集成运放 U2 和发光二极管 LED$_2$ 等组成充满指示电路,其中,集成运放构成电压比较器,刚开始充电时,被充电电池电压很低,运放输出高电平,LED$_2$ 不亮。当被充电电池充满电时,运放输出低电平,LED$_2$ 导通点亮。

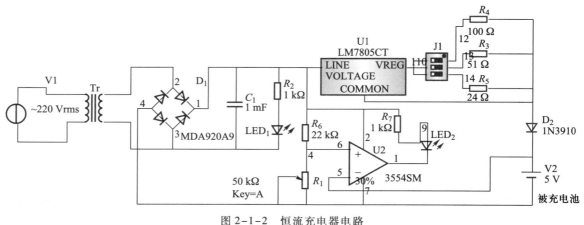

图 2-1-2 恒流充电器电路

2. 电源特性

决定电源质量的参数有负载调整率、电源电压调整率和输出电阻等,它们是器件手册中描述电源特性的常用参量。

（1）负载调整率

负载调整率表示当负载电流变化时负载电压的变化情况，通常改变负载电阻将会改变负载电压。如果负载电阻减小，则在电源变压器绕组和二极管上产生更大的额外压降。所以负载电流的增加通常会使负载电压降低。

$$负载调整率 = \frac{U_{NL} - U_{FL}}{U_{FL}} \times 100\%$$

式中，U_{NL} 是无负载电流时的负载电压，U_{FL} 是满负载电流时的负载电压。

负载调整率越小，电源的特性越小，一个稳压特性良好的电源的负载调整率低于 1%，即当负载电流变化量达到满量程时，负载电压的变化小于 1%。

（2）电源电压调整率

如果输入电源电压的标称值为 120 V，实际电压的有效值在 105～125 V 之间变化，具体的数值取决于时间、地点和其他因素。描述电源质量的另一个参量是电源电压调整率，其定义为

$$电源电压调整率 = \frac{U_{HL} - U_{LL}}{U_{LL}} \times 100\%$$

式中，U_{HL} 是最高电源电压的负载电压，U_{LL} 是最低电源电压的负载电压。

与负载调整率一样，电源电压调整率越小，电源的特性越好，一个稳压性能良好的电源的电源电压调整率可以低于 0.1%，即电源电压的有效值在 105～125 V 之间变化时，负载电压的变化小于 0.1%。

（3）输出电压 u_0 和电压调节范围

有些场合需要使用输出电压固定的电源，而有些场合则需要使用输出电压可调的电源，视具体情况而定。对于需要固定电源的设备，其稳定电压的调节范围最好小一些，即电压值一旦调好就不再改变。对于通用电源其输出范围一般从 0 V 起调，且连续可调。

（4）保护特性

直流稳压电源必须设有过流保护和过压保护电路，防止负载电流过载或短路以及电压过高时，对电源本身或负载产生危害。

（5）效率 η

这里是指稳压电源将交流能量转换为直流能量的效率。降低调整管的功耗可以有效地提高效率，并提高电源工作的可靠性。

（6）过冲幅度

由于交流供电电源和负载的瞬变而引起输出电压超出稳定区，称为过冲。输出电压偏高额定值的最大幅度称为过冲幅度。

（7）输出电阻 R_0

输出电压变化量与负载电流变化量之比，定义为输出电阻。

（8）温度系数 S_T

单位温度变化所引起的输出电压变化就是稳压值的温度系数或称温度漂移。

（9）纹波电压 u_γ

在额定工作电流的情况下，输出电压中交流分量总和的有效值称为纹波电压 u_γ。

2.1.2　滤波电路

滤波电路是利用电容和电感元件的储能元件特性,在电路中达到降低交流成分,保留直流成分的目的。能够实现滤波的电路很多,有电容滤波电路、电感滤波电路、LC滤波电路。

1.电容滤波电路

电容滤波电路如图 2-1-3(a)所示,图中滤波电容接在整流电路的后面与负载电阻直接并联,是一种并联滤波电路,负载两端的电压等于电容器 C 两端电压,利用电容器的充放电作用使输出的直流电压趋于平稳。由于市电交流电频率较低(50 Hz),电路中的电容 C 一般取值较大,约 1000 μF 以上。

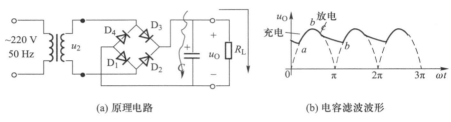

(a) 原理电路　　　　　　　　　　(b) 电容滤波波形

图 2-1-3　电容滤波电路

设二极管为理想二极管,$u_2 = U_{2m}\sin \omega t = \sqrt{2}\,U_2\sin \omega t$,由于是桥式全波整流,电压 u_2 一方面向 R_L 供电,另一方面对电容 C 进行充电,由于充电时间常数很小(二极管导通电阻和变压器内阻很小),所以,很快充满电荷,使电容两端电压 u_C 基本接近峰值电压 U_{2m},即图 2-1-3(b)中 b 点。此后 u_2 的下降使得 $u_2 < u_0$,二极管 D_1,D_2,D_3,D_4 管均截止,滤波电容 C 通过 R_L 放电,由于放电时常数 $\tau_d = R_L C$ 很大(R_L 较大时),在放电的 bc 段。u_C 基本按 u_2 的规律下降,但到了 c 点后,u_0 按指数规律下降,而 u_2 仍按 $\sqrt{2}\,U_2\sin \omega t$ 的规律变化,u_2 比 u_0 下降得快,即曲线 cd 段。一旦当 $u_2 > u_0$ 时,即图 2-1-3(b)中 d 点时,D_1,D_3 又导通,U_2 对 C 充电。然后,u_2 又按 $\sqrt{2}\,U_2\sin \omega t$ 的规律下降,当 $u_2 < u_0$ 时,二极管均截止,故 C 又经 R_L 放电。于是输出电压按图 2-1-3(b)中 $a \to b \to c \to d$ 点的规律不断循环变化。这样在 u_2 的不断作用下,电容上的电压不断进行充放电,周而复始,从而得到一近似于锯齿波的电压 u_0,如图 2-1-3(b)中实线波形所示。使负载电压的纹波大为减小。

以上分析可得:经过电容滤波之后,不但使输出电压的交流分量减小,而且使得输出电压的直流成分提高,脉动成分减小,并且电容 C 的放电时间常数越大,放电过程越慢,则输出电压越高,脉动成分越小,滤波效果越好。

提　　示

滤波电容需要采用电解电容,这种电容有正负极,使用时必须使正极的电位高于负极的电位,否则会被击穿。

电容滤波电路适用于负载电压较高、负载变化不大的场合。

2. 电感滤波电路

电感滤波电路如图 2-1-4 所示,由于市电交流电频率较低(50 Hz),电路中电感 L 一般取值较大,约几 H 以上。

电感滤波电路是利用电感的储能来减小输出电压纹波的。当电感中电流增大时,自感电动势的方向与原电流方向相反,自感电动势阻碍了电位增加的同时也将能量储存起来,使电流的变化减小;反之当电感中电流减少时,自感电动势的作用是阻碍电流的减少,同时释放能量,使电流变化减小,因此,电流的变化小,电压的纹波得到抑制。

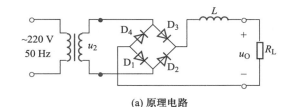

(a) 原理电路

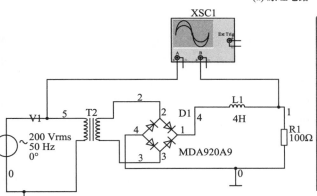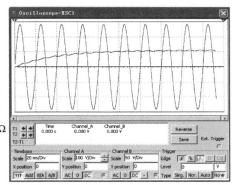

(b) 仿真电路

图 2-1-4　电感滤波电路

提　示

电感滤波电路适用于低电压、大电流的场合。

---

3. 其他滤波电路

为了进一步减小负载电压中的纹波,电感后面可再接一电容而构成倒 L 形滤波电路或采用 π 形滤波电路,分别如图 2-1-5 和图 2-1-6 所示。

倒 L 形滤波电路的带负载能力较强,在负载变化时,输出电压比较稳定。同时由于滤波电容接在电感 L 的后面,因此整流二极管不产生浪涌电流冲击。为了进一步提高滤波效果,可以在倒 L 形滤波电路的输入端再并联一个电容,这就形成了 LC-π 形滤波电路,如图 2-1-6 所示。它能使输出直流电的纹波更小。因为脉动电流先经过电容 C_1 滤波,然后经 L 和 C_2 的滤波,使交流成分大大降低,在负载 R_L 上得到平滑的直流电压。

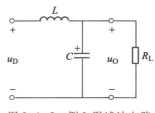

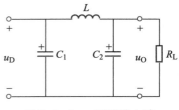

图 2-1-5 倒 L 形滤波电路 　　　　图 2-1-6 π 形滤波电路

　　LC-π 形滤波电路的滤波效果好,但带载能力较差,对整流二极管存在着浪涌电流冲击。它适合于要求输出电压脉动小,负载电流不大的场合。

　　在电流较小、滤波要求不高的情况下,常用电阻 R 代替 LC-π 形滤波电路的电感 L,构成 RC-π 形滤波电路。RC-π 形滤波电路成本低、体积小、滤波效果好。但由于 R 的存在,会使输出电压降低,该电路一般用于输出小电流的场合。

2.2　线性稳压电路

　　整流滤波电路的输出电压并非是理想的直流电压,它还会随电网电压波动(一般有 ±10% 左右的波动),以及负载和温度的变化而变化。为了获得更加稳定的直流电压,在整流、滤波电路之后,还需要稳压电路,以维持输出电压的稳定。

　　常见的稳压电路有线性稳压电路和开关稳压电路。而线性稳压电路有两种基本类型,一种是串联式稳压电路,一种是并联式稳压电路。

2.2.1　并联式稳压电路

　　稳压二极管稳压电路是最简单的并联式稳压器,如图 2-2-1 所示。稳压二极管在电路中反接,与负载电阻并联,由稳压二极管 D_Z 的电流调节作用和电阻 R_Z 的电压调节作用互相配合来实现稳压。

　　稳压二极管稳压电路尽管电路简单,使用方便,但在使用时存在两方面的问题。一是电网电压和负载电流变化较大时,电路将失去稳压作用,适应范围小;二是稳压值只能由稳压二极管的型号决定,不能连续可调,稳压精度不高,输出电流也不大,很难满足对电压精度要求高的负载的需要。为了解决这一问题,往往采用串联反馈式稳压电路。

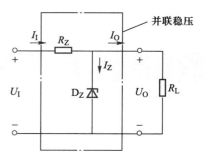

图 2-2-1　稳压二极管稳压电路

2.2.2　基本串联式稳压电路

1. 电路组成

　　并联式稳压电路的缺点是效率低,优点是结构简单,可用于对效率指标要求不高的场合。而当效率成为重要指标要求时,就需要采用串联式稳压电路或开关式稳压电路,在所有稳压电路中,开关式稳压电路的效率是最高的。串联式稳压电路更易于设计和实现,其全负载效率在 50% ～ 70% 之间,对于负载功率在 10 W 以内的大部分应用已经足够。

串联式稳压电源方框图如图 2-2-2 所示，电路如图 2-2-3 所示，主要由基准电压源、比较放大电路、取样电路和调整管等四部分组成。

图 2-2-3 中 U_I 是整流滤波电路的输出电压，T 为调整管，是电路的核心，接成射极输出器形式，主要起电压调整作用，电路中 U_{CE} 随 U_I 和负载产生变化以稳定 U_O；A 为比较放大电路，将 U_O 的取样电压与基准电压比较后放大，决定电路的稳压性能；U_{REF} 为基准电压，是 U_O 的参考电压，它由稳压二极管 D_Z 与限流电阻 R_Z 串联所构成的简单稳压电路获得；R_1 与 R_2 组成反馈网络，是用来反映输出电压变化的取样环节。这种稳压电路的主回路是将起调整作用的三极管 T 与负载电阻 R_L 串联，故称为串联型稳压电路。

微课
串联稳压电源的构成

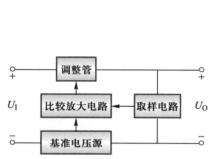

图 2-2-2 串联式稳压电源方框图

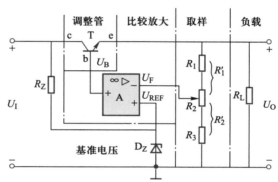

图 2-2-3 串联式稳压电路

2. 稳压原理

输出电压的变化量由反馈网络取样经过比较放大电路（A）放大后去控制调整管 T 的 c-e 极间电压降，从而达到稳定输出电压 U_O 的目的。

当输入电压 U_I 增大（或负载电流 I_O 减小）时，导致输出电压 U_O 增大，随之反馈电压 $U_F = \dfrac{U_O R_2'}{(R_1' + R_2')} = F_u U_O$ 也增大 $\left(F_u = \dfrac{R_2'}{R_1' + R_2'}\right)$。$U_F$ 与基准电压 U_{REF} 相比较，其差值电压经比较放大电路放大后使 U_B 减小，调整管 T 的 c-e 极间电压 U_{CE} 增大，使 U_O 下降，从而维持 U_O 基本恒定。

同理，当输入电压 U_I 减小（或负载电流 I_O 增加）时，也能使出电压 U_O 基本保持不变。

从反馈放大电路的角度来看，这种电路属于电压串联负反馈电路，调整管 T 连接成电压跟随器，因此可得

$$U_B = A_u(U_{REF} - F_u U_O) \approx U_O$$

或

$$U_O = U_{REF} \frac{A_u}{1 + A_u F_u}$$

式中，A_u 是比较放大电路的电压增益，是考虑了所带负载的影响，与开环增益 A_{uo} 不同。在深度负反馈条件下，$|1 + A_u F_u| \gg 1$ 时，可得

$$U_O \approx \frac{U_{REF}}{F_u} = U_{REF}\left(1 + \frac{R_1'}{R_2'}\right)$$

上式表明,输出电压 U_0 与基准电压 U_{REF} 近似成正比,与反馈系数 F_u 成反比。当 U_{REF} 及 F_u 已定时,U_0 也就确定了,因此它是设计稳压电路的基本关系式。从结果可以看出,输出电压由基准电压和反馈系数决定,它与输入电压无关,因此只有输入电压和负载电流在规定的限流范围内,就可以实现稳压。

提　示

值得注意的是,调整管 T 的调整作用是依靠 U_F 和 U_{REF} 之间的偏差来实现的,必须有偏差才能调整。如果 U_0 绝对不变,调整管的 U_{CE} 也绝对不变,那么电路也就不能起调整作用。所以 U_0 不可能达到绝对稳定,只能是基本稳定。

应当指出的是,基准电压 U_{REF} 是稳压电路的一个重要组成部分,它直接影响稳压电路的性能。为此要求基准电压输出电阻小,温度稳定性好,噪声低。

在实际的稳压电路中,如果输出端过载或者短路,将使调整管的电流急剧增大,为使调整管安全工作,还必须加过流保护电路。

2.2.3　三端线性集成稳压电路

随着半导体集成电路工艺的迅速发展,现在已能把串联型稳压电路中的调整管、比较放大电路、基准电压源等集成在一块硅片内,构成线性集成稳压组件。它具有体积小,重量轻,使用方便可靠等一系列优点,因而得到广泛应用,尤其以三端集成稳压器应用最为广泛。三端集成稳压器封装如图 2-2-4 所示。

1. 固定式三端稳压器

稳压器由于只有输入、输出和公共引出端,故称为三端稳压器。固定式三端稳压器可以分为输出正电压(78××系列)和输出负电压(79××系列)两类。其稳压性能良好,外围元件简单,安装调试方便,价格低廉,如图 2-2-5 所示。

教学课件
三端稳压器

微课
三端稳压器

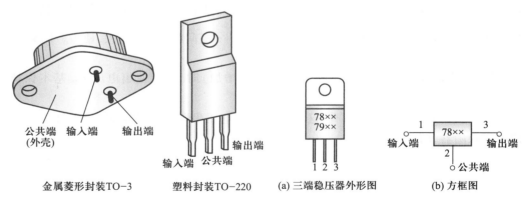

金属菱形封装TO-3　　　塑料封装TO-220　　(a) 三端稳压器外形图　　(b) 方框图

图 2-2-4　三端集成稳压器封装　　　　　图 2-2-5　三端稳压器

78××系列输出固定正电压、79××系列输出固定负电压。××(两位数字)表示输出电压值(例如 7805 是输出为+5 V 的器件,7912 是输出为−12 V 的器件)。输出电流以78(或79)后面加字母来区分,L 表示 0.1 A,M 表示 0.5 A,无字母表示 1.5 A。如

78L05 表示输出电压为 +5 V,输出电流为 0.1 A。

78××系列,79××系列的输出电压等级如表 2-2-1 所示。

表 2-2-1　电压等级表

类型号	输出电压	类型号	输出电压
7805	+5.0 V	7905	-5.0 V
7806	+6.0 V	7905.2	-5.2 V
7808	+8.0 V	7906	-6.0 V
7809	+9.0 V	7808	-8.0 V
7812	+12.0 V	7912	-12.0 V
7815	+15.0 V	7915	-15.0 V
7818	+18.0 V	7918	-18.0 V
7824	+24.0 V	7924	-24.0 V

图 2-2-6(a)所示为以 78××系列为核心组成的典型直流稳压电路,正常工作时,稳压器的输入、输出电压差为 2~3 V。电路中接入电容 C_1,是在输入线较长时抵消其电感效应,以防止产生自激振荡;C_2 是为了消除电路的高频噪声;C_3 是电解电容,以减小稳压电源输出端由输入电源引入的低频干扰。D 是保护二极管,当输入端短路时,C_2 将从稳压器输出端向稳压器放电,易使稳压器损坏,因此,可在稳压器输出端和输入端跨接一个二极管,给输出电容器 C_2 一个放电通路,如图 2-2-6(a)中虚线所示。

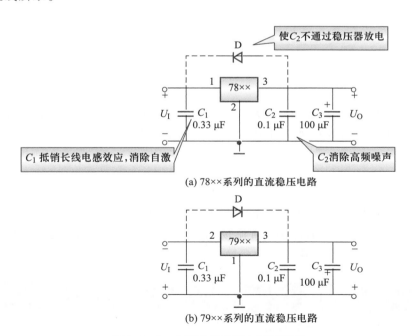

(a) 78××系列的直流稳压电路

(b) 79××系列的直流稳压电路

图 2-2-6　典型直流稳压电源原理图

79××系列是与 78××系列相对应的三端固定负输出集成稳压器,其外形与 78××系列完全相同,但它们的引脚有所不同,两者的输出端相同(均为第③脚),而输入端及接地端恰好相反。图 2-2-6(b)所示为以 79××系列为核心组成的典型直流稳压电路。注意输出较大电流时需加装散热器。

前面介绍的稳压电路,包括分立元件组成的串联型稳压电路和三端集成稳压器,由于它们的调整管工作在线性放大区,因此都属于线性稳压电路。线性稳压器的优点是结构简单,调整方便,输出电压脉动较小,但由于负载电流连续通过调整管,因此调整管的集电极损耗相当大,电源效率低,一般只有 40%~60%,有时还要配备庞大的散热装置,导致电源的体积和重量增大。

2. 可调式三端稳压器

可调式三端稳压器的主要应用是要实现输出电压可调的稳压电路。W117 系列可调式三端稳压器包括 W117、W217、W317,它们具有相同的外形与引出端和相似的内部电路。只是参数的细小差别。但它们的工作温度范围不同,依次为 -55~150 ℃ 、-25~150 ℃ 、0~150 ℃。具体参数可以查手册得到。

可调式三端稳压器的典型应用电路如图 2-2-7 所示。

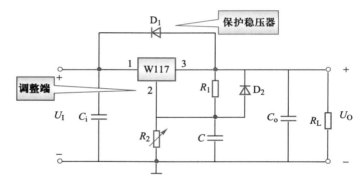

图 2-2-7   可调式三端稳压器的典型应用电路

W117 系列三端稳压器的输出端和调整端之间(③-②脚之间)的电压为 1.25 V,称为基准电压。即电阻 R_1 两端电压为 1.25 V。输出电流最大可达 1.5 A。可得输出电压为

$$U_0 = \left(1 + \frac{R_2}{R_1}\right) \times 1.25 \ \text{V}$$

可知,调节电阻 R_2 的大小,可以调节输出电压 U_0 的大小。

W117 因为调整端没有连接到直流接地,而是浮在 R_2 两端电压之上,这就允许了输出电压远高于固定稳压器的输出。

思考与讨论

1. 稳压电路有哪几种电路形式? 分别利用了什么技术?
2. 三端稳压器由哪几部分电路组成?

【实际电路应用 8】——电源适配器

电源适配器是小型便携式电子设备及电子电器的供电电源变换设备,把适配器插到 220 V 电源插座上,它就可以向电器提供直流电。

利用 CW7812 和 CW7912 组成可同时输出正、负对称两组电压的稳压电路,如图 2-2-8 所示。

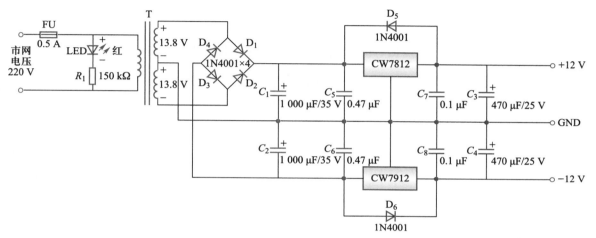

图 2-2-8 ±12 V 直流稳压电源电路

【实验测试与仿真 6】——三端稳压电路的测试

测试设备:模拟电路综合测试台 1 台,0 ~ 30 V 双路直流稳压电源 1 台;数字万用表 1 块,双踪示波器 1 台。

测试电路:三端稳压电路如图 2-2-9 所示,其中三端稳压器为 LM7812,R_L 为滑动变阻器。

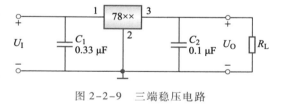

图 2-2-9 三端稳压电路

测试程序:

① 按表 2-2-2 的要求改变输入电压,并记录实验结果。

表 2-2-2 输入电压变化的结果($R_L = 10\ \Omega$)

U_I/V	30	25	20	15	9	5	1
U_O/V							

结果表明,当输入电源电压变化时三端稳压器_____(可以/不可以)实现稳压作用。

② 按表 2-2-3 的要求改变负载电阻,并记录实验结果。

表 2-2-3 负载电阻 R_L 变化的结果（$U_1 = 20$ V）

R_L/Ω	5000	1000	200	100	50
U_0/V					

结论与体会：

结果表明，当负载电阻变化时串联式稳压电路_____（可以/不可以）实现稳压作用；结果还表明，实际的三端稳压电路的稳压作用_____（是完全理想的/不是完全理想的）。

【实验测试与仿真 7】——可调式三端集成直流稳压电源的测试

测试设备：装有 Multisim 平台的计算机 1 台。

测试电路：可调式三端集成直流稳压电源测试电路如图 2-2-10 所示。

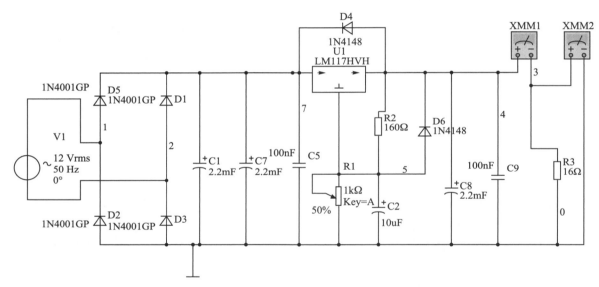

图 2-2-10 可调式三端集成直流稳压电源测试电路

测试程序：

① 搭建仿真电路，如图 2-2-10 所示，运行仿真，观察输出电压读数。

② 调整滑动变阻器阻值，在 U_1 变化的情况下，使输出电流基本保持额定值不变（取基准参考量 $U_1 = 12$ V，$R_L = 16$ Ω，$I_0 \approx 570$ mA）

③ 调节 U_1，测量数据，完成表 2-2-4 的记录，并观察输出电压稳压情况。

表 2-2-4 测量结果

输入电压/V	负载电阻/Ω	输出电压/V	输出电流/mA
13.2			
12.6			

续表

输入电压/V	负载电阻/Ω	输出电压/V	输出电流/mA
12			
11.4			
10.8			

【实操技能 5】——78 系列三端集成稳压器的检测

1. 测量各引脚之间的电阻值

用万用表测量,可粗略判断好坏。用 $R×1k$ 挡测试,若测得结果与正常值相差较大,则性能不良。若测得某两脚之间的正、反向电阻值均很小或接近 0 欧,则可判断该集成稳压器内部已经击穿。若均为无穷大,则说明它已经开路损坏。若测得阻值不稳定,随温度变化而改变,则说明该集成稳压器的热稳定性能不良。具体情况参看表 2-2-5。

表 2-2-5　78×× 系列集成稳压器各引脚间电阻值

黑表笔所接引脚	红表笔所接引脚	正常阻值/kΩ
U_I	U_o	28 ~ 50
U_o	U_I	4.5 ~ 5.5
GND	U_o	2.3 ~ 6.9
GND	U_I	4 ~ 6.2
U_o	GND	2.5 ~ 15
U_I	GND	23 ~ 46

2. 测量稳压值

即使测量它的电阻值正常,也不能确定它就是完好的,还应进一步测量其稳压值是否正常。测量时,可在被测集成稳压器的 U_I 与 GND 之间加一个直流电压(正极接 U_I),此电压应比被测稳压器的标称输出电压高 3 V 以上,但不能超过其最大输入电压。

若测得集成稳压器输出端与接地端之间的电压值输出稳定,且在集成稳压器标称稳压值的 ±5% 范围内,则集成稳压器性能良好。

思考与讨论

三端稳压器 78×× 系列和 79×× 系列有什么区别?

2.3　开关稳压电路

传统的线性稳压电路虽然电路结构简单、工作可靠,但它存在着效率低、体积大、工作温度高及调整范围小等缺点。为了提高效率,人们研制出了开关式稳压电路,它的效率可达 85% 以上,稳压范围宽,除此之外,还具有稳压精度高、不使用电源变压器等特点,正因为如此,开关式稳压电源已广泛应用于各种电子设备中,如计算机或平板电脑。

2.3.1　基本电路

开关式稳压电源的基本电路方框图如图 2-3-1 所示。

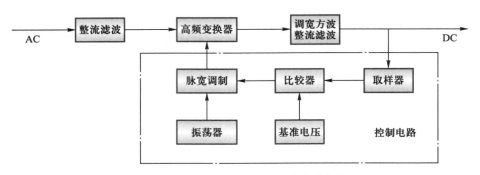

图 2-3-1　开关式稳压电源的基本电路方框图

构成开关式稳压电源的基本思路是交流电压经整流电路及滤波电路整流滤波后,变成含有一定脉动成分的直流电压,控制调整管按一定频率开关,含有一定脉动成分的直流电压进入高频变换器被转换成所需电压值的方波,最后再将这个方波电压经整流滤波变为所需要的直流电压。

控制电路为脉冲宽度调制器,它主要由取样器、比较器、振荡器、脉宽调制及基准电压等电路构成。这部分电路目前已集成化,制造了各种开关电源用集成电路。控制电路用来调整高频开关元件的开关时间比例,以达到稳定输出电压的目的。

2.3.2　基本原理

开关稳压电路有三种基本结构:降压、升压和逆变。下面对降压结构进行说明。在降压结构中,输出电压小于输入电压,其简化等效电路如图 2-3-2 所示。

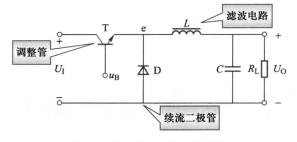

图 2-3-2　开关电源工作原理

开关电源采用功率半导体器件作为开关元件,通过周期性通断开关,控制开关元件的占空比来调整输出电压。因为 MOSFET 比 BJT 管的切换速度快,所以一般使用 MOSFET 管作为开关元件。开关元件以一定的时间间隔重复地接通和断开,在开关元件接通时输入电源 U_I 通过开关管 T 和滤波电路向负载 R_L 提供能量;当开关管 T 断开时,电路中的储能装置(L、C、二极管 D 组成的电路)向负载 R_L 释放在开关接通时所储存的能量,使负载得到连续而稳定的能量。

电路中 T、D 均工作在开关状态,当 $u_B = U_H$(高电平)时,T 饱和导通,D 截止,$u_E \approx U_I$,L 储能,C 充电,如图 2-3-3 所示。

当 $u_B = U_L$(低电平)时,T 截止,D 导通,$u_E \approx -U_D$,L 释放能量,C 放电,如图 2-3-4 所示。

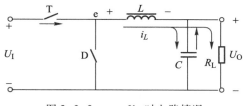

图 2-3-3 $u_B = U_H$ 时电路情况

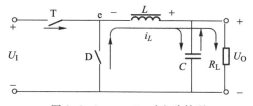

图 2-3-4 $u_B = U_L$ 时电路情况

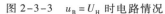

开关电源有以下特点：

① 效率高。开关电源的功率开关调整管工作在开关状态，所以调整管的功耗小、效率高。调整管的效率一般为 80% ~ 90%，高的可达 90% 以上。

② 重量轻。由于开关电源省掉了笨重的电源变压器，节省了大量的漆包线和硅钢片，所以电源的重量只是同容量线性电源的 1/5，体积也大大缩小。

③ 稳压范围宽。开关电源的交流输入电压在 90 ~ 270 V 范围变化时，输出电压的变化在 ±2% 以下。合理设计电路还可使稳压范围更宽，并保证开关电源的高效率。

④ 安全可靠。在开关电源中，由于可以方便地设置各种形式的保护电路，所以当电源负载出现故障时，能自动切断电源，保护功能可靠。

⑤ 元件数值小。由于开关电源的工作频率高，一般在 20 kHz 以上，所以滤波元件的数值可以大大减小。

⑥ 功耗小。功率开关管工作在开关状态，其损耗小；电源温升低，不需要采用大面积散热器。采用开关电源可以提高整机的可靠性和稳定性。

2.4　技能训练项目——直流稳压电源充电器的制作与测试

1. 目的

（1）熟悉直流稳压电源的组成和结构。

（2）理解整流、滤波、稳压等部分电路的工作原理。

（3）学习电子电路焊接方法，提高实训综合能力。

2. 性能指标

（1）稳压电源：输入电压：交流 220 V，输出电压：直流 3 V、6 V（可切换）；最大输出电流 500 mA。

（2）电池充电器：左通道（E1、E2）充电电流 60 ~ 70 mA（普通充电），右通道（E3、E4）充电电流 120 ~ 130 mA（快速充电），两通道可以同时使用，各可以充 5 号或 7 号电池两节（串联）。稳压电源和充电器可以同时使用，只要两者电流之和不超过 500 mA。

3. 参考电路

直流稳压电源充电器原理图如图 2-4-1 所示。其装配示意图如图 2-4-2 所示。

4. 元器件

元器件清单如表 2-4-1 所示。

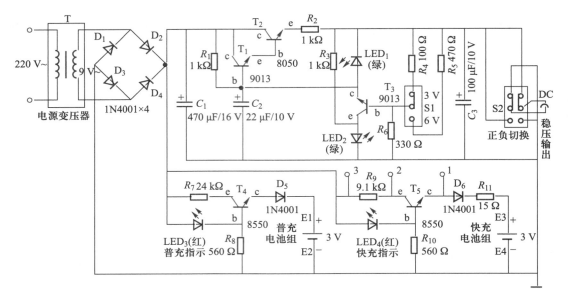

图 2-4-1   直流稳压电源充电器原理图

图 2-4-2   直流稳压电源充电器装配示意图

表 2-4-1   元器件清单

序号	名称	型号规格	位号	数量	序号	名称	型号规格	位号	数量
1	二极管	1N4001	$D_1 \sim D_6$	6只	5	电源变压器	交流 220 V/9 V	T	1只
2	三极管	9013	T_1、T_3	2只	6	直脚开关	1×2、2×2	S1、S2	2
3	三极管	8050、8550	T_2、T_4、T_5	3只	7	发光二极管		$LED_1 \sim LED_4$	4只
4	电解电容	470 μF/16 V、22 μF/10 V、100 μF/10 V	C_1、C_2、C_3	3只	8	电阻	330 Ω、470 Ω、15 Ω、24 Ω、560 Ω、1 kΩ、1 Ω、9.1 Ω、100 Ω	$R_1 \sim R_{11}$	11只

装配注意:首先对电子元器件引脚进行整形,使之与电路板过孔距离相匹配,电解电容都采用卧式安装。

5. 技能训练要求

工作任务书

任务名称	直流稳压电源充电器的制作与测试
课时安排	课外焊接,课内调试
设计要求	制作直流稳压电源充电器,使其可以实现正常供电
制作要求	正确选择器件,按电路图正确连线,按布线要求进行布线、装焊并测试
测试要求	1. 正确记录测试结果 2. 与设计要求相比较,若不符合,请仔细查找原因
设计报告	1. 直流稳压电源充电器原理图 2. 列出元件清单 3. 焊接、安装 4. 调试、检测电路功能是否达到要求 5. 分析数据

知识梳理与总结

在电子系统中,经常需要将交流电网电压转换为稳定的直流电压,为此,要通过整流、滤波和稳压等环节来实现。

在整流电路中,利用二极管的单向导电性将交流电转变为脉动的直流电。为抑制输出电压中的纹波,通常在整流电路后接有滤波环节。滤波电路一般可分为电容输入式和电感输入式两大类。在直流输出电流较小且负载变化不大的场合,宜采用电容输入式;而负载电流大的大功率场合,宜采用电感输入式。

为保证输出电压不受电网电压、负载和温度的变化而产生波动,需再接入稳压电路,在小功率系统中,多采用串联反馈式稳压电路,而中大功率稳压电源一般采用开关式稳压电路。

三端集成稳压器由于体积小、可靠性高以及温度特性好等优点,得到了广泛应用。

开关式稳压电路的调整管工作在开关状态,利用控制调整管导通与截止时间的比例来改变输出电压。

习　题

2.1　电路如图 2-1 所示,合理连线,构成 5 V 的直流电源。

2.2　分别判断图 2-2 所示各电路能否作为滤波电路,简述理由。

2.3　在整流滤波电路中,采用滤波电路的主要目的是什么? 就其结构而言,滤波电路有电容输入式和电感输入式两种,各有什么特点? 各应用于何种场合?

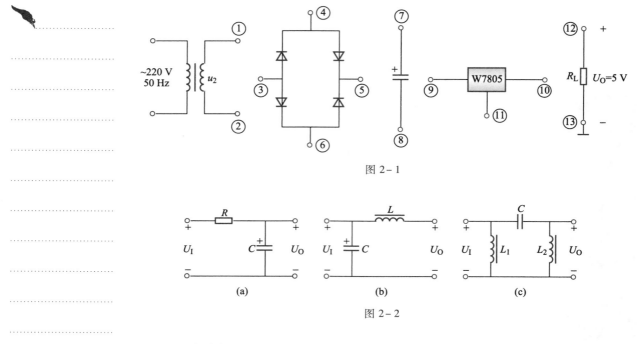

图 2-1

图 2-2

2.4　电路如图 2-3 所示，稳压二极管 D_Z 的稳定电压 $U_Z = 6$ V，$U_I = 18$ V，$C = 1000$ μF，$R = 1$ kΩ，$R_L = 1$ kΩ。

① 电路中稳压二极管接反或限流电阻 R 短路，会出现什么现象？

② 求变压器二次电压有效值 U_2 和输出电压 U_O 的值。

③ 将电容器 C 断开，试画出 U_I，U_O 及电阻 R 两端电压 U_R 的波形。

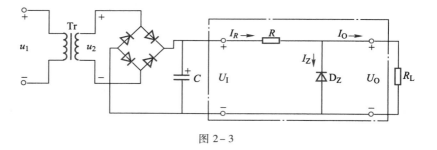

图 2-3

2.5　在图 2-4 中，试分析该电路出现下述故障时，电路会出现什么现象？（1）二极管 D_1 的阴阳极性接反；（2）D_1 击穿短路；（3）D_1 开路。

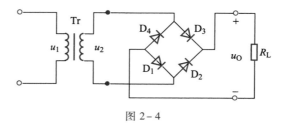

图 2-4

2.6 分别列举出两种输出电压固定和输出电压可调的三端稳压器应用电路，并说明电路中接入元器件的作用。

2.7 图 2-5 所示为一小功率稳压电源，试说明整流、滤波和稳压等电路都由哪些元件构成，并说明其作用。

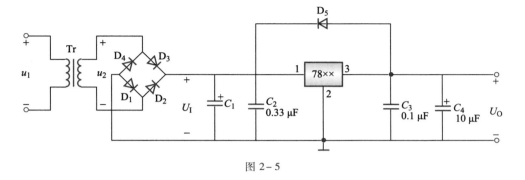

图 2-5

第 **3** 章

三极管及放大电路

知识结构图

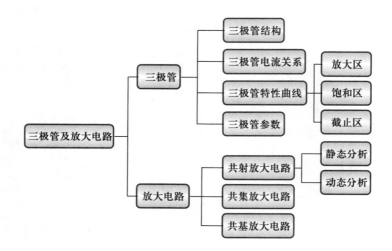

引言

当我们在大礼堂听演唱会时,为了声音的更好传输,在礼堂的四周都安装有扬声器,通过一种叫放大电路的电路结构将话筒中的微弱声音进行放大,如图 3-0-1 所示。

图 3-0-1　放大电路

在坐车通过收费站时,我们发现不同的车辆收费不同,因为收费多少是根据车辆的重量来计算的,那么收费站是如何在较短的时间内就计算出车辆的重量呢?

同样,这需要使用放大电路,如图 3-0-2 所示,在车辆通过测量传感器后,传感器将重量变化转换为电压变化,通过放大电路将这个微弱的电压变化放大再通过一定程序计算出收费多少,最后通过 LED 显示出来。

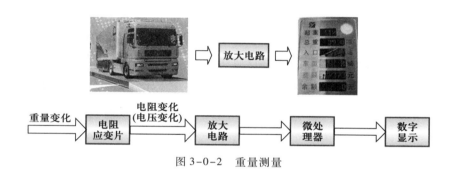

图 3-0-2　重量测量

放大是电子学最基本的内容之一,而半导体三极管就具有放大作用,它构成的基本放大电路是组成各种复杂电路的单元和基础。

3.1　双极型半导体三极管

3.1.1　三极管的结构、图形符号及分类

1. 三极管概述

三极管(简写为 BJT)是一种具有电流放大作用的半导体器件,它由空穴和自由电子两种载流子参与导电,因此称为双极型三极管或晶体三极管。

图 3-1-1　第一只晶体管

世界上第一只晶体管于 1947 年问世。它是美国贝尔电话实验室的肖克利、巴丁、布拉坦等人在对半导体性质进行广泛研究的基础上,做出的一项发明,如图 3-1-1 所示。

三极管有多种分类方法:按半导体材料分,有硅管、锗管等;按频率分,有高频管、低频管;按功率分,有大、中小功率管。各种三极管的外形图及封装形式如图 3-1-2 所示。

开孔的小
散热片

金属外壳是
散热部件

图 3-1-2   三极管的外形图及封装形式

2. 三极管的结构及分类

三极管按结构可分为 NPN 型和 PNP 型两类。

NPN 型三极管的结构如图 3-1-3(a)所示,PNP 型三极管的结构如图 3-1-3(b)所示。

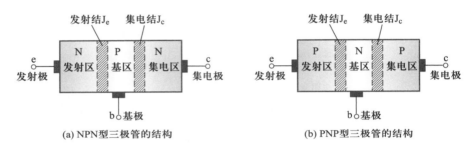

(a) NPN型三极管的结构   (b) PNP型三极管的结构

图 3-1-3   三极管的结构

它有 3 个区(三明治结构):

① 基区:中间的这一层称为基区,基区很薄(仅零点几微米至几微米)。

② 发射区:发射区掺杂浓度高,发射载流子。

③ 集电区:集电区的面积很大,收集发射区发射过来的载流子。

从这 3 个区引出的电极分别称为基极 b、发射极 e 和集电极 c。

它有 2 个 PN 结:

① 发射结 J_e:发射区和基区之间的 PN 结。

② 集电结 J_c:基区和集电区之间的 PN 结。

提   示

1. 三极管不是两个 PN 结的简单组合,不能用 2 个二极管简单代替。

2. 发射极 e 和集电极 c 不能互换使用,否则轻则电路无法工作,重则烧毁三极管。

教学课件
万用表测试三极管

BJT 的电路符号如图 3-1-4 所示,图(a)为 NPN 型三极管,其中箭头方向表示发射结正偏时发射极电流的实际方向。图(b)为 PNP 型三极管,其箭头方向与 NPN 型相反,但意义相同。

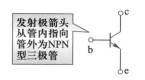

微课
万用表测试三极管

(a) NPN型三极管　　　(b) PNP型三极管

图 3-1-4　BJT 的电路符号

提　示

符号中的箭头十分重要:

1. 区分 PNP 型和 NPN 型三极管:箭头指向基极代表 PNP 型;反之,代表 NPN 型。
2. 识别电极:箭头所在为发射极,中间为基极。
3. 表示发射极电流方向。

思考与讨论

查阅手册,指出三极管 3DG6C 的结构类型、工作频率、功率大小和所用半导体材料等信息。

3.1.2　三极管的电流放大作用及其放大基本条件

1. 三极管的放大基本条件

为了使三极管具有放大作用,在实际使用时,必须使其发射结处于正向偏置、集电结处于反向偏置。

对于 NPN 型管,必须集电极电压高于基极电压,基极电压又高于发射极电压,即 $U_C > U_B > U_E$,需保证 $U_{BE} > 0$,$U_{BC} \leqslant 0$(忽略 PN 结开启电压)。如图 3-1-5 所示,由于发射极是输入回路和输出回路的公共端,所以该电路接法称为共射接法。外加直流电源 V_{BB} 通过 R_B 给发射结加正向电压;外加直流电源 V_{CC} 通过 R_C 给集电极加反向电压(V_{CC} 大于 V_{BB}),它们的极性如图 3-1-5(a)所示。

对于 PNP 型管,与之相反。

微课
测试三极管放大作用

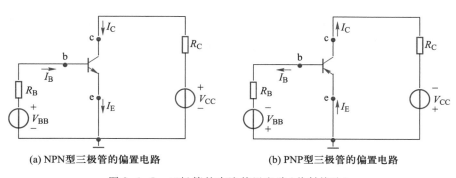

(a) NPN型三极管的偏置电路　　　(b) PNP型三极管的偏置电路

图 3-1-5　三极管的直流偏置电路(共射接法)

教学课件
测试三极管放大作用

2. 三极管的电流分配关系

通过分析共射放大电路三极管的各极电流试验测试数据,如表 3-1-1 所示,可见:

① $I_E = I_B + I_C$,表明发射极电流等于基极电流和集电极电流之和。

② $I_C \approx I_E$,发射极电流与集电极电流几乎相等。

③ 比较集电极与基极电流的关系,有 $\bar{\beta} = \dfrac{I_C}{I_B}$。其中,$\bar{\beta}$ 为共射直流电流放大系数,其值一般在几十至几百之间。

④ 比较集电极变化量与基极电流变化量的关系,有 $\beta = \dfrac{\Delta i_C}{\Delta i_B}$。其中,$\beta$ 为共射交流放大系数。

近似分析时,可以认为 $\beta \approx \bar{\beta}$。在以后的讨论和计算中,本书不加区分统一使用 β,可以认为三极管制作完成后,其共射电流放大系数 β 是一个定值。

由实验数据可见,基极电流的微小变化,将使集电极电流产生较大变化,即 I_B 的微小变化控制了 I_C 的较大变化,这就是三极管的电流放大作用。

表 3-1-1   三极管的电流测试数据

I_B/mA	-0.001	0	0.01	0.02	0.03	0.04	0.05
I_C/mA	0.001	0.01	0.56	1.14	1.74	2.33	2.91
I_E/mA	0	0.01	0.57	1.16	1.77	2.37	2.96

类   比

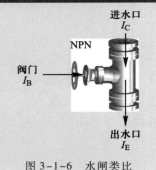

图 3-1-6   水闸类比

如图 3-1-6 所示,三极管的放大作用可以理解为一个水闸,水闸上方流下的水可以看成集电极电流,基极电流看成冲击阀门的小水流,阀门打开,则大量的水从水箱向下流出,使得 c,e 极出现较大电流 I_C,I_E。而当 I_B 消失后,就好像阀门关上一样,c,e 极没有电流。所以在 BJT 中,I_B 微小变化引起 I_C 较大变化,"以小控大"。

图 3-1-7 表明了三极管各极的电流分配关系及方向。PNP 型管的电流分配关系与 NPN 型管完全相同,但各极电流方向与 NPN 型管正好相反。

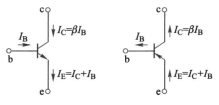

(a) NPN型   **(b) PNP型**

图 3-1-7   三极管各极的电流分配关系及方向

教学课件
测试三极管电流
关系

在三极管放大作用中,被放大的集电极电流 I_c 是由电源 V_{cc} 提供的,并不是三极管自生生成能量,它体现了用小信号控制大信号的能量控制作用,三极管是一种电流控制器件。

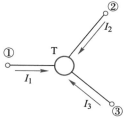

图 3-1-8　例 3-1 图

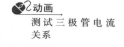

微课
三极管的电流关系

【例 3-1】　某放大电路中,三极管 3 个电极电流如图 3-1-8 所示,已知 $I_1 = -1.23$ mA,$I_2 = 0.03$ mA,$I_3 = 1.2$ mA,试判断 e、b、c 3 个电极,该三极管的类型以及计算电流放大系数 β。

解:因为 $I_1 = -(I_2 + I_3)$,所以 I_1 为发射极电流,因为 $I_1 \approx I_3$,所以 I_3 为集电极电流,I_2 为基极电流。根据发射极电流方向判断,三极管为 NPN 型管计算。

$$\beta = \frac{1.2 \text{ mA}}{0.03 \text{ mA}} = 40$$

动画
测试三极管电流关系

3. 三极管的 3 种基本组态

组态就是电路连接的方式,三极管有 3 个电极,在放大电路中,其中一个电极作为输入信号端,一个电极作为输出信号端,另一个电极用作输入、输出公共端。哪一个电极与输入输出回路的公共端相接,就称为共什么组态。所以共有三种组态,如图 3-1-9 所示,图(a)发射极与输入输出回路的公共端相接,称为共发射极(简称共射)电路;图(b)集电极与输入输出回路的公共端相接,称为共集电极(简称共集)电路;图(c)基极与输入输出回路的公共端相接,称为共基极(简称共基)电路。

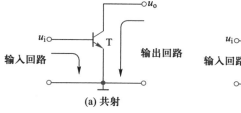
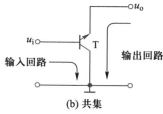
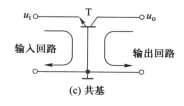

图 3-1-9　三种组态

分析时可以根据输入输出快速判断连接形式,见表 3-1-2。

表 3-1-2　输入输出端

组态	输入电极	输出电极	公共端
共射	b	c	e
共集	b	e	c
共基	e	c	b

无论哪种连接,要使三极管具有放大作用,都必须使发射结正偏,集电结反偏,并且各极电流不随连接方式变化而变化。

3.1.3 三极管的共射特性曲线

三极管的共射特性曲线是指三极管在共射接法下各电极之间电压、电流之间的关系,常用的有输入特性和输出特性曲线,一般都是由专用的图示仪直接测量显示或由实验方法逐点描绘出来。

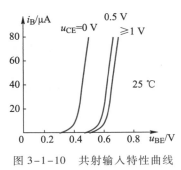

图 3-1-10 共射输入特性曲线

1. 共射输入特性曲线

共射输入特性曲线是当三极管的输出电压 u_{CE} 为常数时,基极电流 i_B 与发射结压降 u_{BE} 之间的关系曲线,即 $i_B = f(u_{BE})|_{u_{CE}=常数}$。

图 3-1-10 是典型的小功率 NPN 型硅管的共射输入特性曲线。$u_{CE} = 0$ 的输入特性曲线与二极管的伏安特性相类似,当 $u_{CE} = 0$ 时,发射极与集电极短路,相当于两个 PN 结并联。

随着 u_{CE} 的增大,特性曲线右移,但当 $u_{CE} \geq 1$ V 以后的特性曲线基本重合了,在以后的讨论中,$u_{CE} \geq 1$ V 的各条输入特性曲线只用 $u_{CE} = 1$ V 时的这一条输入特性曲线来表示。

提　示

三极管正常工作时,与二极管相似,发射结电压 u_{BE} 也存在一个死区电压(或门槛电压)U_{on},对于小功率管,硅管 $|U_{on}| \approx 0.5$ V,锗管 $|U_{on}| \approx 0.1$ V。

此外,当三极管完全导通后 u_{BE} 具有恒压特性,工程上一般取小功率硅管 $|U_{BE}| \approx 0.7$ V。小功率锗管 $|U_{BE}| \approx 0.2$ V。这一数据是工程上用以判断三极管是否工作在放大模式的重要依据之一。

教学课件
测试三极管输入特性曲线

微课
测试三极管输入特性曲线

教学课件
测试三极管输出特性曲线

2. 共射输出特性曲线

当三极管的基极电流 i_B 为常数时,集电极电流 i_C 与管压降 u_{CE} 之间的关系曲线称为三极管的共射输出特性曲线,即 $i_C = f(u_{CE})|_{i_B=常数}$。

图 3-1-11 是典型的硅 NPN 型三极管的共射输出特性曲线,各条特性曲线的形状

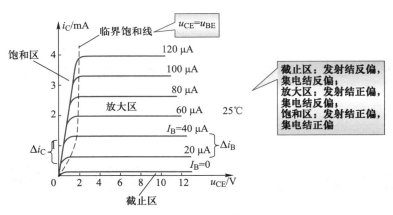

图 3-1-11 共射输出特性曲线

基本上是相同的,对于某一条曲线,曲线的起始部分很陡,u_{CE}略有增加时,i_C增加很快,当u_{CE}超过某一数值(约 1 V)后,曲线变得比较平坦。

微课
测试三极管输出特性曲线

可将图 3-1-11 所示的三极管共射输出特性曲线分为以下 3 个区域:

(1)截止区

一般将 $i_B=0$ 所对应的曲线以下的区域称为截止区。

截止区满足发射结零偏或反偏和集电结反偏的条件,即 $u_{BE} \leqslant 0$ 和 $u_{BC} \leqslant 0$。此时,$i_C \approx 0$。截止时,三极管各极之间可以近似看成断路。

提 示

$i_B=0$(基极开路)时的集电极电流 i_C 即为穿透电流 I_{CEO}。

微课
三极管工作状态

(2)饱和区

确切地说 $u_{CE} < u_{BE}$ 以下的所有曲线的陡峭变化部分称为饱和区。

饱和区满足发射结和集电结均正偏的条件,即 $u_{BE}>0$ 和 $u_{BC}>0$ 的条件。

在饱和区,$i_C \neq \beta i_B$,失去放大作用。

当 $u_{CE}=u_{BE}$(即 $u_{BC}=0$,集电结零偏)时的状态称临界饱和,如图 3-1-11 中的虚线所示,该线称为临界饱和线。

在饱和区,三极管集电极与发射极之间的电压降称为饱和压降,用 $U_{CE(sat)}$ 表示。对于小功率三极管,$U_{CE(sat)}$ 很小,小功率硅管 $|U_{CE(sat)}| \approx 0.3$ V,小功率锗管 $|U_{CE(sat)}| \approx 0.1$ V,工程上近似为 0,即将集电极和发射极之间近似为短路。

(3)放大区

$i_B>0$ 以上的所有曲线的平坦部分称为放大区。

放大区满足发射结正偏和集电结反偏的条件,即 $u_{BE}>0$ 和 $u_{BC} \leqslant 0$ 的条件。

在放大区有 $i_C=\beta i_B$,相邻曲线间的间隔大小反映出 β 的大小,即管子的电流放大能力。

提 示

这里的讨论针对 NPN 型管。由于电源电压极性和电流方向不同,PNP 型管的特性曲线和 NPN 型管是相反的。

在实际工作中,常可利用测量三极管各极之间的电压来判断它的工作状态是处于放大区、饱和区或截止区。

思考与讨论

能否通过共射输出特性曲线近似估算三极管的电流放大系数 β?

【实际电路应用 9】——光控报警器

三极管交替工作在截止和饱和的状态时,可以作为开关使用,如图 3-1-12 所示光控报警器,其中 R_3 为光敏电阻,与电阻 R_1、电位器 R_2 构成一个分压器。当光线变暗至一定程度时,三极管处于饱和状态,类似开关闭合,则蜂鸣器 U_1 发出警报声,反之则三极管处于截止状态,类似开关打开,不予报警。

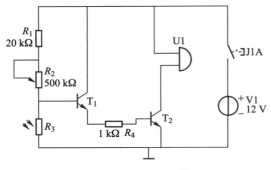

图 3-1-12   光控报警器

【例 3-2】   若测得某电路中的 3 个三极管的 3 个引脚对地电位 V_B,V_E,V_C 分别为下述数值,已知电路中三极管为 NPN 型硅管,试说明管子的工作状态(放大、饱和、截止)。

① $V_B = 0.7$ V,$V_E = 0$ V,$V_C = 5$ V

② $V_B = 2.7$ V,$V_E = 2$ V,$V_C = 2.3$ V

③ $V_B = -6$ V,$V_E = -5.3$ V,$V_C = 0$ V

解:① 由于 $U_{BE} = 0.7$ V>0,发射结为正偏;而 $U_{BC} = -4.3$ V<0,集电结为反偏,因此三极管工作在放大区。

② 由于 $U_{BE} = 0.7$ V>0,发射结为正偏;而 $U_{BC} = 0.4$ V>0,集电结也为正偏,因此三极管工作在饱和区。

③ 由于 $U_{BE} = -0.7$ V<0,发射结为反偏;而 $U_{BC} = -6$ V<0,集电结也为反偏,因此三极管工作在截止区。

【例 3-3】   在三极管放大电路中,测得 3 个三极管的各个电极的电位如图 3-1-13 所示,试判断各三极管的类型(PNP 型管还是 NPN 型管,硅管还是锗管),并区分 e、b、c 三个电极。

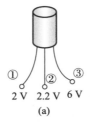

2 V   2.2 V   6 V
(a)

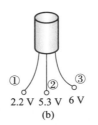

2.2 V   5.3 V   6 V
(b)

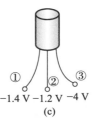

−1.4 V −1.2 V −4 V
(c)

图 3-1-13   例 3-3 图

解:放大电路中的三极管(正常放大)具有发射结正偏、集电结反偏的特点,其规律如下:

NPN 类型,发射结正偏 $V_B > V_E$,集电结反偏 $V_C > V_B$;

PNP 类型,发射结正偏 $V_E > V_B$,集电结反偏 $V_B > V_C$。

电路中正常放大的三极管基极电位始终居中,先根据电位大小判断基极,例如图 3-1-13(a)中②脚为 b 极,再利用小功率硅管 $|U_{BE}| \approx 0.7$ V,小功率锗管 $|U_{BE}| \approx 0.2$ V,判断发射极,即可区分 3 个电极和材料,例如图 3-1-13(a)中①脚为 e 极,$|U_{BE}| \approx 0.2$ V,所以为锗管,并且③脚为 c 极,最后根据各电极大小顺序即可判断管

子类型,例如图3-1-13(a)中由于$V_C > V_B > V_E$,所以三极管为NPN型管。

答案:(a)锗NPN,①e,②b,③c;(b)硅PNP,①c,②b,③e;(c)锗PNP①b,②e,③c。

【实操技能6】——数字万用表检测BJT

由于三极管内部也有PN结,两个PN结把三极管分成3个区域,不同的排列方式就构成NPN型和PNP型。可将三极管看成两个二极管,如图3-1-14所示。因此可以利用二极管特性进行电极判断。

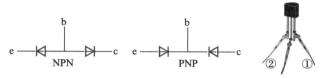

图3-1-14　将三极管看成两个二极管

1. 判断基极和管型

如图3-1-15所示,将万用表挡位调至二极管挡,红表笔测试中间电极,黑表笔测试左、右两侧电极,观察有没有读数,若有,说明红表笔端为P,黑表笔端为N,该读数为PN结导通压降,约为0.7 V,此时中间电极为基极,三极管为NPN型管;若没有读数,显示为"1",则将红黑表笔反过来再测一次,此时中间电极为基极,三极管为PNP型管。注意,若两次都没有示数,则三极管可能损坏。

图3-1-15　测试电极

若一次测试显示0.7 V左右,另一次测试显示"1",说明红表笔接触的不是基极,需要更换引脚,重新测量。

2. 测试集电极和发射极

如图3-1-16所示,数字万用表上有三极管插座和直流放大倍数$h_{FE}(\beta)$的测量挡,直流放大倍数h_{FE}衡量的是三极管对电流的放大能力,取值一般在10以上,绝大部分在100~1000。将万用表调至h_{FE}挡,将已确认基极和管型的三极管插入对应的位置,若读数在几十~几百之间,三极管的电极与对应的插孔相同;如果读数为几到几十之间,说明集电极与发射极插反,交换三极管引脚再插入测试。

3.1.4　三极管的主要参数

三极管的参数是用来表征其性能优劣和适用范围的特征数据,是在实际电路设计、制作、维修等过程中合理选用三极管的基本依据。通常可以通过手册或专业网站查出某一特定型号三极管的参数。三极管的主要参数见表3-1-3。

教学课件
测试三极管放大系数

微课
测试三极管放大系数

仿真源文件
测试三极管放大
系数

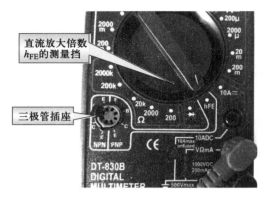

图 3-1-16   万用表检测 BJT 直流放大倍数 $h_{FE}(\beta)$

表 3-1-3   三极管的主要参数

参数	名称	定义
β	共射电流放大系数	表征三极管电流放大能力的参数
α	共基电流放大系数	
I_{CBO}	极间反向电流	表征管子工作稳定性的参数
I_{CM}	集电极最大允许电流	三极管的极限参数
P_{CM}	集电极最大允功耗	
$U_{(BR)CEO}$	反向击穿电压	

微课
三极管的主要参数

从三极管的稳定性和安全性考虑,在实际应用时要注意以下几点。

① 三极管的集电极工作电流 $I_C \leqslant$ 集电极最大允许电流 I_{CM};三极管的额定消耗功率 $P_C \leqslant$ 集电极最大允功耗 P_{CM};三极管的 c、e 极间的反向电压 $\leqslant$ 反向击穿电压 $U_{(BR)CEO}$。

② 在温度变化较大的场合,尽可能选用硅管;在信号小和电压低(1.5 V)的情况下,尽可能选用锗管。

教学课件
三极管的主要参数

③ 用于放大电路中的三极管的放大倍数 β 不宜太高,一般在 50～100 之间,这样有利于放大器的稳定性。

三极管安全工作区如图 3-1-17 所示。

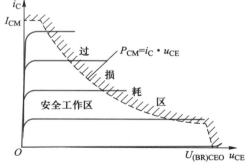

图 3-1-17   三极管安全工作区

3.2   共射基本放大电路

微课
基本放大电路

3.2.1   放大电路的基本要求及主要性能指标

1. 放大电路的组成

所谓放大,就是通过放大电路将微弱的电信号不失真地放大到所要求的数值。当你听不到收音机的输出信号时,可以调节音量,将一个微弱信号调节成一个较强的信号,从表面上看,放大电路是把输入信号放大了,但事实上,是在放大它的功率等级,放大的实质是能量的放大。因此放大电路中必须外加直流电源才能工作。

放大电路的输出信号最后作用在负载上,放大电路组成示意图如图 3-2-1 所示。

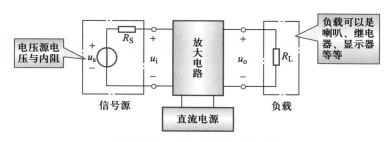

教学课件
放大倍数的计算

微课
放大倍数的计算

图 3-2-1　放大电路组成示意图

2. 放大电路主要性能指标

（1）放大倍数

放大倍数是衡量放大电路放大能力的指标,又称增益。放大倍数(增益)有电压放大倍数(A_u)和电流放大倍数(A_i)和功率放大倍数(A_p)。字母 A 表示增益及放大倍数,下标用于指定增益的类型。

电压放大倍数定义为输出电压与输入电压之比:

$$\dot{A}_u = \frac{\dot{U}_o}{\dot{U}_i}$$

使用示波器测量放大电路输入和输出信号电压,就可以确定电压增益。例如,在一放大电路中,$u_i = 400\ \mu V$,$u_o = 250\ mV$,电压增益为 $A_u = u_o/u_i = 250\ mV/400\ \mu V = 625$。

提　示

电压增益是个比值,量纲为一。

源电压放大倍数 A_{us} 定义为输出电压与信号源电压之比:

$$A_{us} = \frac{u_o}{u_s} = \frac{U_o}{U_s} = \frac{U_{om}}{U_{sm}}$$

微课
测量电压放大倍数

一般信号源总是存在一定的内阻,所以放大器的实际输入电压 U_i 必然小于 U_s,A_{us} 亦小于 A_u。

电流放大倍数定义为输出电流与输入电流之比:

$$\dot{A}_i = \frac{\dot{I}_o}{\dot{I}_i}$$

仿真源文件
测量电压放大倍数

功率放大倍数 A_p 定义为输出功率 P_o 与输入功率 P_i 之比:

$$A_p = \frac{P_o}{P_i} = \left| \frac{U_o I_o}{U_i I_i} \right| = \left| \frac{U_o}{U_i} \cdot \frac{I_o}{I_i} \right| = |A_u A_i|$$

即电压增益和电流增益都知道,就可以确定功率增益。

【例 3-4】   一个放大电路电压增益为 0.5,电流增益为 100,试计算功率增益。

解:$A_p = A_u \cdot A_i = 0.5 \times 100 = 50$

可以看到,放大电路的电压虽然减小了,但仍然可以有很大的功率增益。同样,如果电流增益很小,也可以有很大的功率增益。

提   示

工程上常用对数来表示放大倍数的大小,单位为分贝(dB),常用的有:

$$A_u(\mathrm{dB}) = 20\lg |A_u|$$

$$A_i(\mathrm{dB}) = 20\lg |A_i|$$

$$A_p(\mathrm{dB}) = 10\lg A_p$$

这种表示法在工程的计算上会带来很多方便,例如,多级放大器的增益,如果用倍数表示则是许多倍数的乘积,而用 dB 表示,则为各分量对数之和,即化乘法为加法。

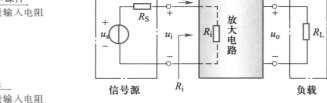

图 3-2-2   输入电阻的电路

(2)输入电阻

向放大电路输入端看进去的等效电阻即为输入电阻,用 R_i 来表示。由图 3-2-2 可知:

$$R_i = \frac{u_i}{i_i} = \frac{U_i}{I_i}$$

对于输入电路,由于信号源内阻 R_S 和放大电路输入电阻 R_i 的分压作用,使放大电路输入端的实际电压为 $u_i = \dfrac{R_i}{R_S + R_i} u_s$,在 R_S 一定的条件下,R_i 越大,u_i 就越接近于 u_s,且放大电路对信号源的影响越小,放大器输入端得到的有效信号越强。

提   示

由于大多数信号源都是电压源,因此一般都要求放大电路的输入电阻要高。

---

(3)输出电阻

输出电阻 R_o 是从放大电路的输出端看进去的等效电阻。其电路图及测量电路图分别如图 3-2-3 和图 3-2-4 所示。

由戴维南定理,可将输出电阻 R_o 定义为

$$R_o = \frac{u_o}{i_o}\bigg|_{U_i = 0, R_L \to \infty} = \frac{U_o}{I_o}\bigg|_{U_i = 0, R_L \to \infty}$$

在信号源短路和负载 R_L 开路的情况下,测出开路输出电压为 U_o,可得输出电阻 R_o。

R_o 越小,接上负载 R_L 后输出电压下降越小,说明放大电路带负载能力越强。因此,输出电阻反映了放大电路带负载能力的强弱。

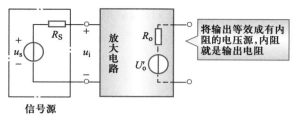 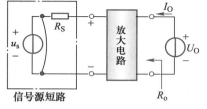 

图 3-2-3　输出电阻的电路图 　　　　　　图 3-2-4　测量输出电阻的电路

微课
测量输出电阻

提　示

　　根据输入电阻和输出电阻的定义,计算输入电阻 R_i 时不应含有信号源内阻 R_S,而计算输出电阻 R_o 时不应含有负载电阻 R_L。

思考与讨论

　　在电压放大电路中,为什么希望输入电阻大一些、输出电阻小一些好? 电压放大倍数是不是越大越好?

（4）通频带

　　在图 3-2-5 所示的放大电路幅频特性曲线中,通频带用来衡量放大电路对不同频率信号的适应能力。由于电容、电感及放大管 PN 结的电容效应,使放大电路在信号频率较低和较高时电压放大倍数数值下降。

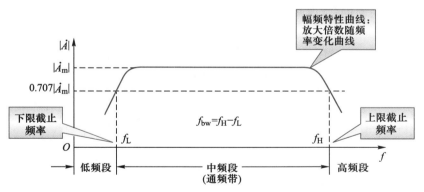

图 3-2-5　放大电路幅频特性曲线

【实操技能 7】——输出电阻实验求取

　　在不知道电路参数的情况下,可以先测量负载开路时的输出电压 U_o',然后再测出接入负载 R_L 时的输出电压 U_o,则有

$$R_o = \frac{U_o' - U_o}{\dfrac{U_o}{R_L}} = \left(\frac{U_o'}{U_o} - 1 \right) R_L$$

例如,若空载时测得放大电路输出电压为 5 V,接入 2 kΩ 负载电阻后,测得输出电压为 2.5 V,则可得 R_o 为 2 kΩ。

3.2.2　共射基本放大电路的组成及工作原理

共射基本放大电路如图 3-2-6 所示,这是最常用的一种电路结构。图中各元器件作用如下:

① 三极管 T,是放大电路的核心器件,用来实现信号放大,能够控制能量的转换,将直流供电电源 V_{CC} 转换成输出信号的能量。

② 直流电源 V_{CC},基极偏置电阻 R_B,集电极电阻 R_C 共同作用使三极管发射结正向偏置,集电结反偏,并提供一个合适的基极电流 I_B,使三极管集电极电流的变化转化为电压的变化送到负载 R_L 上输出。

③ 耦合电容 C_1 和 C_2,"隔直通交",对直流的容抗为无限大,相当于开路;对交流的容抗很小,相当于短路。因此,输入交流电压 u_i 可顺利通过电容 C_1 加到三极管发射结两端,由于电容 C_1 的隔直作用,使直流电流不会流入交流回路,交、直流电路之间互不影响。在输出端,由于电容 C_2 的隔直作用,输出电压 u_o 为纯交流信号。因为 C_1 和 C_2 具有隔断直流、传送交流的作用,所以称为隔直电容。

提　示

通常 C_1 和 C_2 选用容量大的电解电容,它们有正、负极性,不可反接。

由于这种电路是利用电容实现信号源与输入端(呈电阻性)、集电极输出端与负载(呈电阻性)之间的耦合,因此又称为阻容耦合共射放大电路。

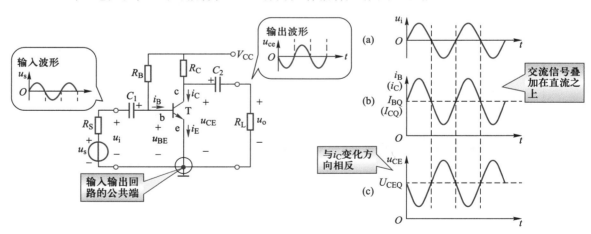

图 3-2-6　共射基本放大电路

提　示

若为 PNP 型三极管,直流电源的极性必须反接,才能满足放大条件。

由图 3-2-6 可以看出,输入信号 u_i 通过 C_1 加至三极管的基极,通过三极管放大后,经过电容 C_2 从集电极传送到输出端成为输出电压 u_o。若参数选择得当,输出电压 u_o 的幅度可比输入电压 u_i 大得多。因此,该电路具有电压放大作用。

教学课件
测试交直流叠加电路

提　　示

输出电压 u_o 恰好与输入电压 u_i 相位相反,放大器的这种现象,称为放大器的"反相"作用。

共射基本放大电路的放大过程可描述为:

$$u_i \xrightarrow{\text{(三极管工作在放大区)}} i_b \xrightarrow{\text{(R_C 的作用和 C_2 的隔直作用)}} i_c \longrightarrow u_o$$

阻容耦合共射基本放大电路中电流、电压通常总是既有直流量,又有交流量。为防止理解上的错误和概念上的混淆,这里有必要对电压和电流符号的使用规定预先作一个说明,如表 3-2-1 所示。

微课
测试交直流叠加电路

表 3-2-1　符号的使用规定

物理量	表示	举例
直流量	大写变量+大写下标	I_I
交流量	小写变量+小写下标	i_i
交直流叠加量	小写变量+大写下标	i_I

微课
共射放大电路工作原理

在放大电路中,未加信号($u_i=0$)时电路各处的电压、电流都是直流,这时称电路的状态为直流状态或静止工作状态,简称静态。当放大电路输入交流信号后,电路中各处的电压和电流是变动的,这时电路处于交流状态或动态工作状态,简称动态。因此放大电路的分析包括静态分析和动态分析,在分析放大电路时,应遵循"先静后动"的原则。

仿真源文件
测试交直流叠加电路

【实际电路应用 10】——音调控制电路

许多电子设备如收音机、音响等都要用到放大器。在音频放大器中,前置放大器(又称电压放大器)的作用是对输入它的各种音频节目源信号进行选择和放大,以美化音质。

其中,音调控制电路如图 3-2-7 所示。高音控制部分由 C_2、R_{P2}、C_5 等构成,低音控制部分由 R_1、R_{P1}、R_3、C_3、C_4、R_2 等构成,R_{P1} 是低音控制电位器,R_{P2} 是高音控制电位器。以放大管 T 为核心组成放大电路,C_6 是负反馈电容。

其工作原理如下:

当 R_{P2} 滑动端在最左端时,对高音信号呈最大提升状态;当 R_{P2} 滑动端在最右端时,对高音信号提升呈最大衰减状态;当 R_{P2} 滑动端在中间位置时,对高音信号不提升也不衰减。

当 R_{P1} 滑动端在最左端时,对低音信号呈最大提升状态;当 R_{P1} 滑动端在最右端时,对低音信号呈最大衰减状态;当 R_{P1} 滑动端在中间位置时,对低音信号不提升也不衰减。

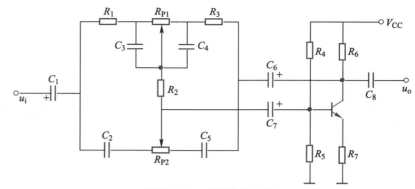

图 3-2-7 音调控制电路

3.2.3 共射放大电路的静态分析

1. 静态工作点

在静态工作情况下,即三极管没有输入信号时,其各电极的直流电压和直流电流为常数,在三极管的特性曲线上有确定的一点,称为静态工作点(简称 Q 点,Q 来自单词 quiescent,即静态的意思),此时各电极的直流电压和直流电流表示为 I_B、U_{BE}、I_C、U_{CE}(有时会增加下标 Q 表示)。其中,U_{BE} 可近似取为常量,小功率硅管常取 0.7 V、小功率锗管常取 0.2 V。

设置合适的放大电路静态工作点,可以使放大电路中三极管始终工作在放大区域,是保证电路动态正常工作的前提。

2. 直流通路

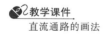

放大电路正常工作时,直流量与交流量共存于电路中,前者是直流电源 V_{CC} 作用的结果,后者是输入交流电压 u_i 作用的结果。由于电抗元件的存在,使直流量与交流量所流经的通路不同。因此,为了分析方便,将放大电路分为直流通路与交流通路。

直流通路是由直流电源 V_{CC} 的作用引起的直流电流或电压(恒定量)的流经通路,静态工作点可以由直流通路估算得到。

在直流电路中:①电容因对直流量呈无穷大电抗而相当于开路。②电感相当于短路(忽略电感线圈)。③交流电压信号源视为短路(即 $u_s = 0$),交流电流信号源视为开路,但保留内阻 R_s。

据此,阻容耦合共射放大电路的直流通路如图 3-2-8 所示。

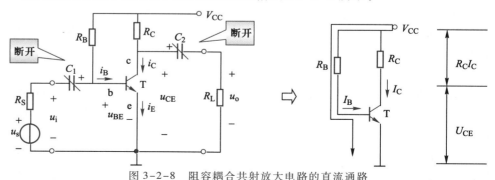

图 3-2-8 阻容耦合共射放大电路的直流通路

请画出图 3-2-9 所示电路的直流通路。若输入信号是正弦波,试分析图中的 i_B、u_L、u_{CE}、i_E、i_R 和 u_o 哪些是纯直流量? 哪些是纯交流量? 哪些是直流量上叠加交流量? 设电路中各电容可视为交流短路,各电感可视为交流开路。

3. 图解法确定静态工作点

图解法是以三极管的特性曲线为基础,用作图的方式分析电路的工作过程。用图解法确定静态工作点的步骤如下。

在实测的三极管输入特性曲线中,作一条与横坐标交点为 $(V_{CC}, 0)$,与纵坐标交点为 $(0, V_{CC}/R_B)$ 的直线,该直线称为输入直流负载线。该直线与输入特性曲线的交点就是静态工作点 Q 点,其坐标值就是静态工作点中的 I_B 和 U_{BE},如图 3-2-10 所示。

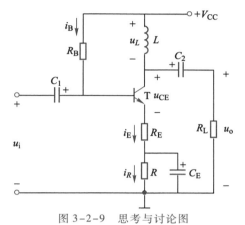

图 3-2-9 思考与讨论图

微课
测试三极管工作状态

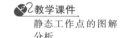
教学课件
静态工作点的图解分析

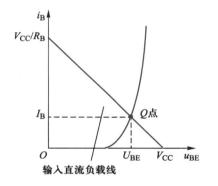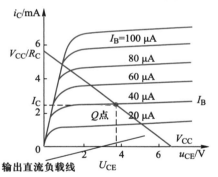

图 3-2-10 图解法

微课
静态工作点的图解分析

在实测的三极管输出特性曲线中,根据 I_B 确定一条输出特性曲线,作一条与横坐标交点为 $(V_{CC}, 0)$,与纵坐标交点为 $(0, V_{CC}/R_C)$ 的直线,该直线称为输出直流负载线。该直线与输出特性曲线的交点就是静态工作点 Q 点,其坐标值就是静态工作点中的 I_C 和 U_{CE},如图 3-2-10 所示。

图解法能直观地分析和了解静态值的变化对放大电路的影响。

由于三极管参数的分散性较大,在用图解法求解放大电路直流工作点时,必须用给定电路所用三极管实测所得的输出特性进行作图,否则误差较大,甚至是无意义的。

【例 3-5】　试分析如图 3-2-6 所示阻容耦合共射基本放大电路参数 R_B、R_C、V_{CC}

变化时对电路静态工作点的影响。

解：（1）其他参数不变，改变 R_B

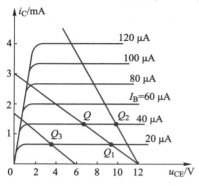

图 3-2-11　电路参数对静态
工作点的影响

如图 3-2-10 所示输入特性曲线中，若 R_B 增大，则 I_B 减小，在输出特性曲线中，工作点将沿直流负载线向下移动，如图 3-2-11 所示，工作点由 Q 点移动至 Q_1 点，I_C 减小，U_{CE} 增大。

（2）其他参数不变，改变 R_C

若 R_C 减小，则图 3-2-11 中直流负载线斜率绝对值变大即变陡峭，由于 I_B 不变，工作点将向右移动，工作点由 Q 点移动至 Q_2 点，I_C 不变，U_{CE} 增大，但交流输出幅度减小，即放大倍数减小。

（3）其他参数不变，改变 V_{CC}

若 V_{CC} 减小，则图 3-2-11 中直流负载线整体向左运动，同时 I_B 也减小，工作点将沿直流负载线向左且同时向下移动至 Q_3 点，I_C 减小，U_{CE} 减小。

微课

调节静态工作点

4. 估算法确定静态工作点

如图 3-2-8 所示，静态时 $u_i = 0$，三极管各极的电压和电流均为直流。V_{CC} 通过 R_B 使三极管的发射结导通，b、e 两端的导通压降 U_{BE} 基本不变（硅管约为 0.7 V，锗管约为 0.2 V）。

由 KVL，有
$$V_{CC} = I_B R_B + U_{BE}$$

因此有
$$I_B = \frac{V_{CC} - U_{BE}}{R_B}$$

根据电流放大作用，有
$$I_C = \beta I_B$$

注意：只有在放大区才是正确的

由 KVL，有
$$U_{CE} = V_{CC} - I_C R_C$$

若 R_B 和 V_{CC} 不变，则 I_B 不变，因此，该电路称为恒流式偏置电路或固定偏流式电路。

【例 3-6】　设图 3-2-6 中各元件参数值分别为 $V_{CC} = 12$ V，$R_B = 300$ kΩ，$R_C = 4$ kΩ，$R_L = 4$ kΩ，$\beta = 50$，$U_{CES} = 0.3$ V。（1）试求放大电路的各静态工作点；（2）若 $R_B = 30$ kΩ，求电路的工作状态。

解（1）：根据图 3-2-8 所示的直流通路可以算出基极电流 I_B
$$I_B = \frac{V_{CC} - U_{BE}}{R_B} = \frac{(12 - 0.7)\text{ V}}{300\text{ k}\Omega} \approx 40 \times 10^{-3}\text{ mA} = 40\text{ μA}$$
$$I_C = \beta I_B = 50 \times 40\text{ μA} = 2\text{ mA}$$
$$U_{CE} = V_{CC} - I_C R_C = 12\text{ V} - 2\text{ mA} \times 4\text{ k}\Omega = 4\text{ V}$$

所以，放大电路的静态工作点为 $I_B = 40$ μA，$I_C = 2$ mA，$U_{CE} = 4$ V。放大电路工作在放大区。

解（2）：当 $R_B = 30$ kΩ，有
$$I_B = \frac{V_{CC} - U_{BE}}{R_B} = \frac{(12 - 0.7)\text{ V}}{30\text{ k}\Omega} \approx 400 \times 10^{-3}\text{ mA} = 400\text{ μA}$$

$$I_C = \beta I_B = 50 \times 400\ \mu A = 20\ mA$$
$$U_{CE} = V_{CC} - I_C R_C = 12\ V - 20\ mA \times 4\ k\Omega = -68\ V < 0\ V$$

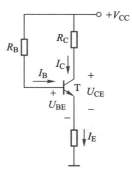

从以上计算可以得出，$U_{CE} < 0\ V$（负电压），放大电路显然已经不工作在放大区了，因此，$I_C = \beta I_B$ 的计算公式不再适用。关键问题是 I_B 太大使管子进入了饱和区，此时的 $U_{CE} = U_{CES} = 0.3\ V$。

因此，当 $R_B = 30\ k\Omega$ 时，电路工作在饱和区。

【例 3-7】 用估算法计算图 3-2-12 所示电路的静态工作点。

解： 由 KVL，可得

$$V_{CC} = I_B R_B + U_{BE} + I_E R_E$$
$$= I_B R_B + U_{BE} + (1+\beta) I_B R_E$$
$$I_B = \frac{V_{CC} - U_{BE}}{R_B + (1+\beta) R_E}$$
$$I_C = \beta I_B$$
$$U_{CE} = V_{CC} - I_C R_C - I_E R_E$$

图 3-2-12 例 3-7 图

【实验测试与仿真 8】——放大电路静态工作点的测量

测试设备： 模拟电路综合测试台 1 台，0～30 V 直流稳压电源 1 台，数字万用表 1 块。

测试电路： 放大电路静态工作点的测量如图 3-2-13 所示，图中 R_B 为 51 kΩ 电阻与 500 kΩ 电位器串联，R_C、R_L 均为 1 kΩ，T 为 S9013，C_1、C_2 为 33 μF。

测试程序：

① 不接 R_L，不接 u_i，接入 $V_{CC} = +20\ V$，用万用表测量三极管静态工作点。

② 测量 U_{BE}，并记录：$U_{BE} = _____$ V。

③ 调节 R_B，观察 U_{BE}、I_B 有无明显变化，并记录：U_{BE} _____（有/无）明显变化，I_B _____（有/无）明显变化。

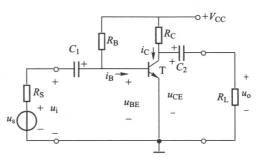

④ 调节 R_B，使 $U_{CE} = 10\ V$。

图 3-2-13 放大电路静态工作点的测量

结论：此时，三极管的发射结_____偏，集电结_____偏，即工作在_____区。

⑤ 调节 R_B，观察 I_C 有无明显变化，并记录：I_C_____（有/无）明显变化。

推论：显然，在放大区，I_C 实际上主要受_____（I_B/U_{CE}）控制。

结论：在放大区，调节 R_B 时，U_{BE} _____（有/无）明显变化，I_B _____（有/无）明显变化，而 $I_C = \beta I_B$ 必然_____（有/无）明显变化，因此，$U_{CE} = V_{CC} - I_C R_C$ 也会_____（有/无）明显变化，即调节 R_B_____（不可以/可以）明显改变放大器的工作状态。

微课
测试静态工作点

仿真源文件
测试静态工作点

【实操技能8】——共射放大电路的故障诊断

如果对于图3-2-14所示电路进行故障诊断,首先要测量U_{CE},约为10 V左右。当有问题出现时,一般是器件损坏或者焊锡飞溅到电阻两端造成的短路,或器件烧毁造成的开路所造成的。因此基极电阻R_B可能短路或开路、集电极电阻R_C也可能短路或开路。

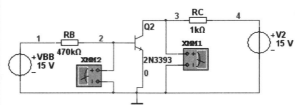

图3-2-14   共射放大电路故障诊断

如果基极电阻短路,则15 V会出现在基极上,如此大的电压会将发射结烧毁,集电结可能因此而开路,使得集电极电压升至15 V。如果基极电阻开路,则基极电压或电流将不存在,集电极电流将为0,集电极电压升至15 V。其他几种可能发生的故障情况如表3-2-2所示。

表3-2-2   典型故障和现象

故障	U_{BE}	U_{CE}	症状
没有	0.7 V	10 V	
基极电阻R_B短路	15 V	15 V	三极管烧毁
基极电阻R_B开路	0 V	15 V	由于三极管处于截止状态,因此集电极上有15 V电压
集电极电阻R_C短路	0.7 V	15 V	
集电极电阻R_C开路	0.7 V	0 V	电阻开路,集电极没有电压,发射结上有电压降,所以U_{BE}为0.7 V
没有V_{BB}	0 V	15 V	
没有V_{CC}	0.7 V	0 V	

3.2.4   共射放大电路的动态分析

1. 交流通路

交流通路是由信号源u_s作用下交流分量(变化量)的通路。利用交流通路可以用来分析计算放大电路电压放大倍数、输入电阻、输出电阻等动态参数。

在交流通路中:①大容量电容(如耦合电容)因对交流信号容抗可忽略而相当于短路。②直流电压源为恒压源,因内阻为零也相当于短路。共射基本放大电路的交流通路如图3-2-15所示。

教学课件
交流通路的画法

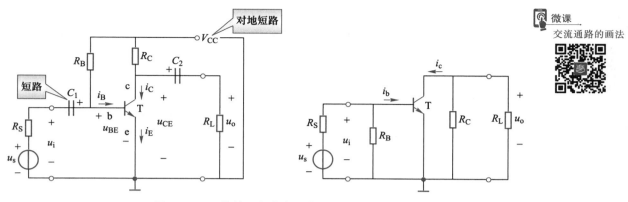

图 3-2-15 共射基本放大电路的交流通路

思考与讨论

请画出图 3-2-9 所示电路的交流通路。

2. 图解法

利用图解法可以直观地看出放大电路中输入和输出电压、电流波形。动态时 i_C 与 u_{CE} 的关系为一直线,这条直线通过工作点 $Q(U_{CE}, I_C)$,与两坐标轴的交点为:$A(U_{CE} + I_C R'_L, 0)$,$B(0, I_C + U_{CE}/R'_L)$,该直线的斜率为 $(-1/R'_L)$,它由交流负载电阻 R'_L 决定,因此称为交流负载线,如图 3-2-16所示。

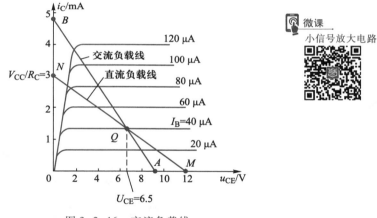

图 3-2-16 交流负载线

提 示

直流负载线与交流负载线的区别:直流负载线表示直流电压、电流的关系,是直流工作点移动的轨迹,取决于直流通路,只能用来确定直流工作点;交流负载线表示交流电压、电流的关系,是动态时工作点移动的轨迹,动态分析应使用交流负载线。两者斜率不同,只有负载开路时交、直流负载线才重合为一条。

交流负载线与输出特性曲线的交点将随 i_B 变化而变化。通常把这种交点称为动态工作点。

如图 3-2-17 所示,当 i_B 在变动时,动态工作点将沿交流负载线在 Q' 和 Q'' 之间移动。直线段 $Q'Q''$ 称为动态工作范围。

微课
改善失真的方法

动画
改善失真的方法

教学课件
改善失真的方法

为了防止非线性失真(由三极管非线性引起的),在没有输入信号时静态工作点也不能为0,而必须有合适的数值以保证在u_i的整个变化过程中三极管始终工作在放大区。若是静态工作点正好设置在动态范围的中点,则放大电路的最大不失真输出电压幅值等于动态范围的一半,且非线性失真很小。

若是静态工作点选择得较高或是较低,不但最大不失真输出电压幅值小,在同样的输入条件下,放大电路输出波形将出现较大的非线性失真,即截止失真(Q点偏低)和饱和失真(Q点偏高),如图3-2-17所示。其通过双踪示波器显示屏观察的现象如图3-2-18所示。

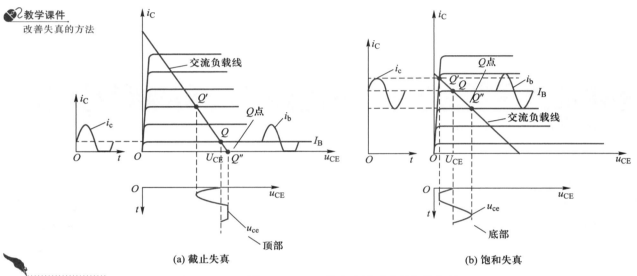

图3-2-17　工作点选择不当引起的失真

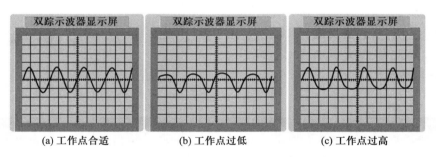

图3-2-18　双踪示波器显示屏观察现象

如图3-2-17(a)所示,由于工作点Q偏低,在输入信号电压u_i为正弦波的情况下,其负半周的一部分所对应的动态工作点进入截止区,u_{ce}的正半周也被削去了一部分,即产生了严重的失真。这种由于三极管在部分动态工作时间内进入截止区而引起的失真称为截止失真。

如图3-2-17(b)所示,由于工作点Q偏高,在输入信号电压u_i为正弦波的情况下,其正半周的一部分所对应的动态工作点进入饱和区,其结果是导致i_c的正半周和u_{ce}的负半周也被削去了一部分,即产生了严重的失真。这种由于三极管在部分动态工作时间内进入饱和区而引起的失真称为饱和失真。

教学课件
测试静态工作点对
输出波形的影响

微课
测试静态工作点对
输出波形的影响

教学课件
微变等效电路的
画法

提 示

除了工作点选择不当会产生失真外,输入信号幅度过大也是产生失真的因素之一。因此,当输入信号幅度较大时,可将 Q 点选择在交流负载线的中点,这样可同时避免产生截止失真和饱和失真。当输入信号幅度较小时,为了降低电源的能量消耗,则可将 Q 点选得低一些。

思考与讨论

一个单级基本共射放大电路,在静态时测得其三极管的 U_{CE} 接近电源电压,当该电路输入正弦波时由示波器观察到的输出电压波形出现底部失真,试问该电路的失真属于何种类型?可采用什么方法消除该电路的失真。

【例3-8】 在图3-2-19所示电路中,设 $V_{CC} = 12$ V, $R_C = R_L = 3$ kΩ, 三极管的 $\beta = 50$, 在计算 I_B 时可认为 $U_{BE} \approx 0$。(1)若 $R_B = 600$ kΩ, 试求这时的 U_{CE}? (2)在以上情况下,逐渐加大输入正弦波信号的幅度,试问放大器容易出现何种失真? (3)若要求 $U_{CE} = 6$ V, 试求这时的 R_B?

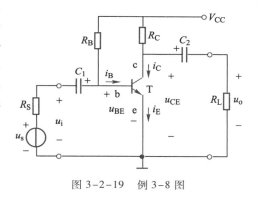

图3-2-19 例3-8图

解:

(1) $I_B = \dfrac{V_{CC} - U_{BE}}{R_B} \approx \dfrac{V_{CC}}{R_B} = 20$ μA

$U_{CE} = V_{CC} - R_C I_B = 12$ V $- 3$ kΩ$\times 1$ mA $= 9$ V

(2) U_{CE} 越接近于 V_{CC}, 放大器就越容易出现截止失真;反之 U_{CE} 越小,放大器越容易发生饱和失真。此处工作点偏低,容易出现截止失真。

(3) $$U_{CE} = V_{CC} - R_C \beta I_B \approx 12 \text{ V} - 3 \text{ k}\Omega \times \beta I_B = 6 \text{ V}$$

$$I_B = \frac{V_{CC} - U_{BE}}{R_B} \approx \frac{V_{CC}}{R_B} = \frac{2 \text{ mA}}{\beta} = 40 \text{ μA}$$

于是 $R_B = 300$ kΩ

3. 放大电路的判断

正确的放大电路的组成,需要有合适的直流偏置,以保证三极管工作在放大区;还需要有正确的交流通路,以保证待放大交流输入信号能够顺利地加至放大电路的输入端,被放大的交流输出信号能够顺利地送至负载,以实现信号的放大。

例如图3-2-20(a)所示电路,其交流通路如图3-2-20(b)所示,输入信号短路,无法正常放大信号。

4. 微变等效电路

放大电路是非线性电路,在输入信号足够小的时候,可以用线性模型,即微变等效电路来代替三极管。这里不考虑结电容的影响,因此只适用于低频信号。

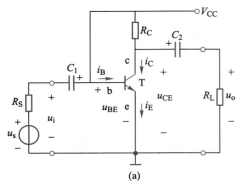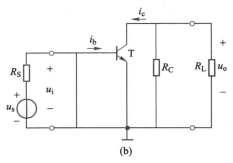

图 3-2-20   例图

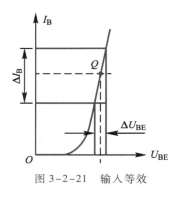

图 3-2-21   输入等效

在合适的静态工作点附近，在微小变化信号的条件下，三极管的输入特性曲线可近似认为是线性的。

对于三极管的输入端口，可以用线性电阻 r_{be} 来表示输入电压 Δu_{BE} 与输入电流 Δi_B 的关系。由图 3-2-21，可得

$$r_{be} = \frac{\Delta u_{BE}}{\Delta i_B}\bigg|_{u_{CE}=常数}$$

对于低频小功率三极管，线性电阻 r_{be} 可写成

$$r_{be} = r_{bb'} + (1+\beta)\frac{26(\text{mV})}{I_E(\text{mA})}(\Omega) = r_{bb'} + \frac{26(\text{mV})}{I_B(\text{mA})}(\Omega)$$

式中，$r_{bb'}$ 是一个与工作状态无关的常数，通常为几十至几百欧姆，可由手册查到。在对小信号放大电路进行计算时，若 $r_{bb'}$ 未知，则可取 $r_{bb'}=100\ \Omega$。

微课

微变等效电路的画法

从三极管的输出特性可见，Q 点附近的特性曲线基本上是水平的，说明三极管的集电极电流变化量 Δi_C 与管压降变化量 Δu_{CE} 无关，只取决于 Δi_B 的大小。因此，三极管的输出端口可以近似用一个受 Δi_B 控制的恒流源表示。受控恒流源电流的大小为 $\Delta i_C = \beta \Delta i_B$。

综上所述，三极管在 Q 点附近的微变等效电路如图 3-2-22 所示，输入回路用动态电阻 r_{be} 等效，输出回路用

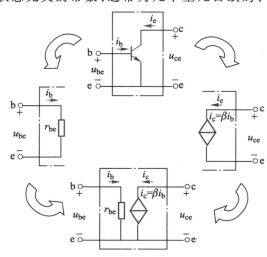

图 3-2-22   三极管的微变等效电路

受控电流源 $\Delta i_C = \beta \Delta i_B$ 等效。

　　三极管的微变等效电路只能用于分析动态,不能用于静态参数的求解;等效电路中的电压和电流方向均为参考方向,受控源 $i_C = \beta i_B$ 的方向由 i_B 的参考方向确定,不能随意改变。

5. 交流参数的计算

可以应用微变等效电路分析如图 3-2-23(a)所示共射放大电路,分析步骤如下:

（1）计算放大电路的 Q 点

必须指出的是,微变等效电路分析法绝不能用来进行静态分析,但求微变等效电路的 r_{be} 时,却要先求得三极管的直流 I_B 或 I_E 值,因此可由直流通路直接计算而得到放大电路的 Q 点。

（2）画出放大电路的微变等效电路

先画出放大电路的交流通路,再用微变等效电路来代替交流通路中的三极管,从而得到整个放大电路的微变等效电路。

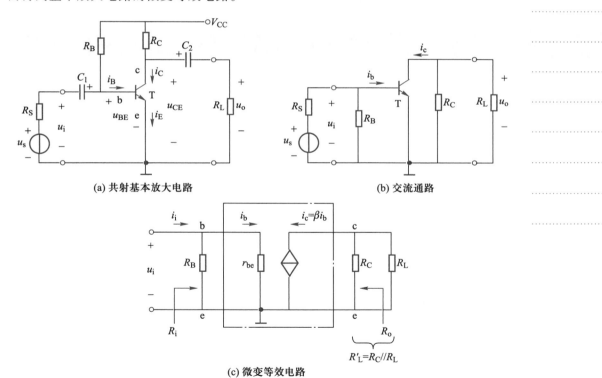

(a) 共射基本放大电路　　　　　　　　　　**(b) 交流通路**

(c) 微变等效电路

图 3-2-23　共射基本放大电路的微变等效电路分析法

（3）求电压放大倍数 A_u

由图 3-2-23(c)可得

$$u_i = i_b r_{be} , u_o = -\beta i_b (R_C /\!/ R_L) = -\beta R_L' i_b$$

$$A_u = \frac{u_o}{u_i} = -\frac{\beta R'_L}{r_{be}}$$

提　示

式中的负号表示输出电压的相位与输入相反。

当放大电路输出端开路(未接 R_L)时,$A_u = -\beta \dfrac{R_C}{r_{be}}$,所以负载电阻越小,放大倍数越小。

微课
交流参数的计算

(4) 求输入电阻 R_i

$$R_i = \frac{u_i}{i_i} = \frac{u_i}{i_{R_B} + i_b} = R_B /\!/ r_{be}$$

当 $R_B \gg r_{be}$ 时,$R_i = R_B /\!/ r_{be} \approx r_{be}$

(5) 求输出电阻 R_o

电路如图 3-2-23(c)所示,将负载去掉,电源短路,由于 $u_s = 0$,$i_b = 0$,因此 $i_c = \beta i_b$

$= 0$,受控电流源相当于开路,于是 $u_o = i_c R_C$,输出电阻 $R_o = \dfrac{u_o}{i_o} = R_C$。

提　示

对放大电路进行分析计算时,一般要遵循先静态,后动态的原则。

【例 3-9】　如图 3-2-24(a)所示的共射基本放大电路,设三极管的 $\beta = 40$,电路中各元件参数值分别为 $V_{CC} = 12$ V,$R_B = 300$ kΩ,$R_C = 4$ kΩ,$R_L = 4$ kΩ。试求该放大电路的 A_u,R_i 和 R_o。

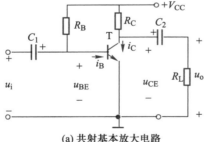

(a) 共射基本放大电路

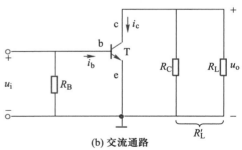

(b) 交流通路

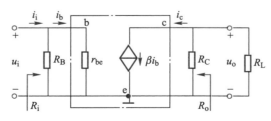

(c) 微变等效电路

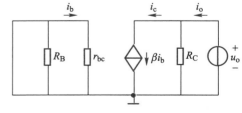

(d) 求输出电阻的微变等效电路

图 3-2-24　共射基本放大电路的微变等效电路分析法

解：（1）确定 Q 点

$$I_B = \frac{V_{CC} - U_{BE}}{R_B} \approx \frac{V_{CC}}{R_B} = \frac{12}{300} \text{ mA} = 40 \text{ μA}$$

$$I_C = \beta I_B = 40 \times 40 \text{ μA} = 1.6 \text{ mA} \approx I_E$$

$$U_{CE} = V_{CC} - I_C R_C = 12 \text{ V} - 1.6 \times 4 \text{ V} = 5.6 \text{ V}$$

（2）画出交流通路，如图 3-2-24（b）所示。图中 $R_L' = R_C \mathbin{/\mkern-5mu/} R_L = 2 \text{ kΩ}$。

（3）画出放大电路的微变等效电路，如图 3-2-24（c）所示。图中

$$r_{be} = r_{bb'} + \frac{26(\text{mV})}{I_B(\text{mA})} = 100 + \frac{26}{0.04} \text{ Ω} = 750(\text{Ω})$$

（4）求 A_u，R_i 和 R_o。由图 3-2-24（c）可得，$u_i = i_b r_{be}$，$u_o = -\beta i_b(R_C \mathbin{/\mkern-5mu/} R_L) = -\beta R_L' i_b$，故电压放大倍数

$$A_u = \frac{u_o}{u_i} = -\frac{\beta R_L'}{r_{be}} = -\frac{40 \times 2}{0.75} \approx -107$$

又 $u_i = i_i(R_B \mathbin{/\mkern-5mu/} r_{be})$，故输入电阻

$$R_i = \frac{u_i}{i_i} = R_B \mathbin{/\mkern-5mu/} r_{be}$$

考虑到 $R_B \gg r_{be}$，则

$$R_i \approx r_{be} = 750 \text{ Ω}$$

求输出电阻 R_o 的微变等效电路如图 3-2-24（d）所示。由于 $u_s = 0$，$i_b = 0$，因此 $i_c = \beta i_b = 0$，受控电流源相当于开路，则 $u_o = i_o R_C$，输出电阻

$$R_o = \frac{u_o}{i_o} = R_C = 4 \text{ kΩ}$$

思考与讨论

电路仍如图 3-2-24（a）所示，各参数不变。若输入信号源的 u_s 的有效值 $U_s = 20 \text{ mV}$，用直流电压表和电流表分别测得 $U_{CE} = 8 \text{ V}$，$U_{BE} = 0.7 \text{ V}$，$I_B = 20 \text{ μA}$。判断下列结论是否正确，并说明理由。

（1）$A_u = U_{CE} / U_{BE} = 8/0.7 \approx 11.4$；

（2）$R_i = U_s / I_B = 20/20 \text{ kΩ} = 1 \text{ kΩ}$；

（3）$R_o = R_C \mathbin{/\mkern-5mu/} R_L = 4 \mathbin{/\mkern-5mu/} 4 \text{ kΩ} = 2 \text{ kΩ}$。

【实验测试与仿真 9】——放大电路放大倍数的测量

微课
测量最大输出幅值

测试设备：模拟电路综合测试台 1 台，函数信号发生器 1 台，低频毫伏表 1 台，0 ~ 30 V 直流稳压电源 1 台，数字万用表 1 块。

测试电路：共射放大电路性能指标的测试如图 3-2-25 所示，图中 R_B 为 51 kΩ 电阻与 500 kΩ 电位器串联，R_{P1} 为 5 kΩ 电位器，R_C、R_L 均为 1 kΩ，T 为 S9013，C_1，C_2 为 33 μF。

仿真源文件
测量最大输出幅值

微课
测试三极管放大
波形

教学课件
测试三极管放大
波形

仿真源文件
测试三极管放大
波形

教学文档
测试三极管放大
波形

(a) 放大倍数的测量

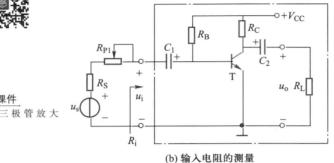

(b) 输入电阻的测量

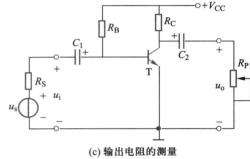

(c) 输出电阻的测量

图 3-2-25　共射放大电路性能指标的测试

测试程序：

① 按图 3-2-25(a)接好电路,不接 u_i,接入 V_{CC} = +20 V,调节 R_B,使 U_{CE} = 10 V。

② 保持步骤①,在输入端接入 $u_i(f_i = 1$ kHz, $U_i = 10$ mV$)$。

③ 保持步骤②,用低频毫伏表分别测量输入电压 U_i 和输出电压 U_o 的大小,并记录 U_i = _____ mV, U_o = _____ mV, $A_u = \dfrac{U_o}{U_i}$ = _____ 。

【实验测试与仿真 10】——静态工作点对输出波形影响的测试

测试设备:模拟电路综合测试台 1 台,函数信号发生器 1 台,双踪示波器 1 台,低频毫伏表 1 台,0 ~ 30 V 直流稳压电源 1 台,数字万用表 1 块。

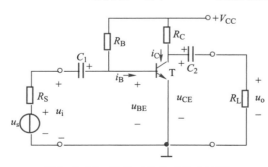

图 3-2-26　静态工作点对输出波形
影响的测试电路

测试电路:静态工作点对输出波形影响的测试电路如图 3-2-26 所示,图中 R_B 为 51 kΩ 电阻与 500 kΩ 电位器串联,R_C、R_L 均为 1 kΩ,T 为 S9013,C_1,C_2 为 33 μF。

测试程序:

① 不接 u_i,接入 V_{CC} = +20 V,调节 R_B,使 U_{CE} = 10 V。

② 保持步骤①,输入端接入 $u_i(f_i = 1$ kHz, $U_i = 10$ mV$)$,用示波器同时观察

此时输入、输出电压的波形,并记录输出电压波形有无明显失真_____。

③ 保持步骤②,调节 $u_i(U_i)$ 大小,使输出电压最大且波形无明显失真。

④ 保持步骤③,调节 R_B,增大 U_{CE},即减小工作点电流 I_B 或 I_C,直到输出电压波形出现明显失真。此时输出波形的失真为_____(顶部/底部)失真,而放大器的工作点 Q 更接近于_____(饱和区/截止区)。

⑤ 保持步骤④,调节 R_B(RP),增大工作点电流 I_B 或 I_C,直到输出电压波形出现明显失真。此时输出波形的失真为_____(顶部/底部)失真,而放大器的工作点 Q 更接近于_____(饱和区/截止区)。

3.3 稳定静态工作点的放大电路

对于一个实用的包含放大电路的产品来说,产品性能稳定是很重要的。当外界条件如环境温度变化、电源电压变化会引起阻容耦合共射基本放大电路静态工作点的不稳定,三极管放大电路就有可能产生非线性失真。

3.3.1 温度对静态工作点的影响

温度对三极管参数的影响最终表现为使集电极电流增大。温度升高,使集射极反向穿透电流 I_{CEO} 增大,β 增大,U_{BE} 减小,都会造成 I_C 增大。

因此,稳定静态工作点关键是稳定集电极电流 I_C,使 I_C 尽可能不受温度的影响而保持稳定。因此,通常采用分压偏置式共射放大电路。

图 3-3-1、图 3-3-2 分别为阻容耦合共射基本放大电路和分压偏置式共射放大电路 25 ℃ 和 100 ℃ 时的温度扫描分析,如图可见,输出电压随温度变化而有所改变,当温度从 25 ℃ 上升到 100 ℃,分压偏置式共射放大电路产生的电压偏差明显要小于为阻容耦合共射基本放大电路产生的电压偏差。

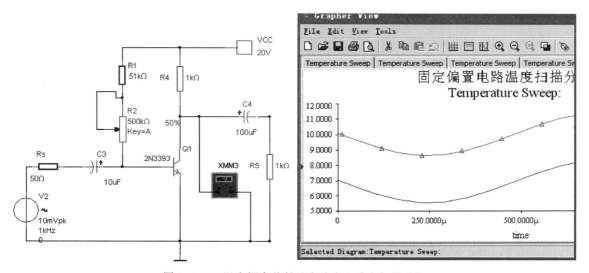

图 3-3-1　阻容耦合共射基本放大电路度扫描分析

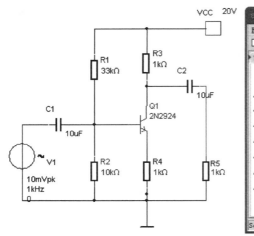
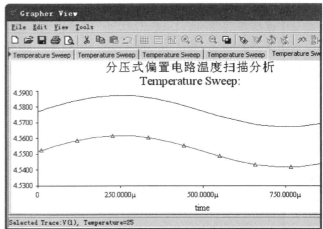

图 3-3-2   分压偏置式共射放大电路度扫描分析

教学课件
分压偏置电路的
应用

3.3.2   分压式工作点稳定电路

1. 组成

如图 3-3-3 所示电路是在阻容耦合共射放大电路基础上,引入发射极电阻 R_E 和基极偏置电阻 R_{B2},构成分压偏置式共射放大电路。电容 C_E 为交流旁路电容,其容量应选得足够大。它对直流信号相当于开路,对交流信号相当于短路,以免 R_E 对交流信号产生压降使电压放大倍数下降。

微课
分压偏置电路的
应用

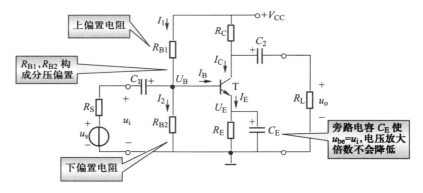

图 3-3-3   分压偏置电路

2. 工作点稳定原理

如图 3-3-3 所示,根据 KCL,有 $I_1 = I_2 + I_B$。只要 R_{B1}、R_{B2} 和 R_E 取值合理,一般总是满足 $(1+\beta)R_E \gg R_{B1}$、R_{B2} 的条件,因此有

$$I_1 \gg I_B, I_2 \gg I_B, I_1 \approx I_2$$

可忽略 I_B 而将 R_{B1} 和 R_{B2} 直接看成是串联的。由于电阻的特性相对来说是非常稳定的,因此可得到稳定的基极电压,即 R_{B1} 和 R_{B2} 串联电路中 V_{CC} 在 R_{B2} 上的分压 U_B:

$$U_B \approx \frac{R_{B2}V_{CC}}{R_{B1}+R_{B2}}$$

R_{B2}的作用是组成分压器,使 U_B 固定。

而
$$I_C \approx I_E = \frac{U_B - U_{BE}}{R_E} \approx \frac{U_B}{R_E} (U_B \gg U_{BE} 时)$$

由上式可见,I_E 和 I_C 均为稳定的,不随温度变化。

因此,只要满足 $I_1 \gg I_B$ 和 $U_B \gg U_{BE}$ 两个条件,分压式偏置电路就能够稳定静态工作点。

工程上一般选取 $I_1 = (5 \sim 10)I_B$、$U_B = (5 \sim 10)U_{BE}$。

该电路稳定工作点的实质过程为,若温度升高,I_C、I_E 增大,U_E 也升高,而 U_B 基本不变,则 U_{BE} 将减小,I_B 也减小,从而抑制了 I_C 的增大,稳定了工作点。

$$温度\ T\uparrow \rightarrow I_C\uparrow \rightarrow I_E\uparrow \rightarrow U_E\uparrow \xrightarrow{U_B\ 不变} U_{BE}\downarrow \rightarrow I_B\downarrow$$

$$I_C\downarrow \longleftarrow \qquad\qquad$$

分压式偏置电路稳压的过程实际是由于加了 R_E 形成了负反馈过程,对直流:R_E 越大,稳定 Q 点效果越好;对交流:R_E 越大,交流损失越大,为避免交流损失常加旁路电容 C_E。

3. 电路分析

图 3-3-4 所示为分压偏置电路的直流通路。

由图 3-3-4 可求出分压式偏置电路的静态工作点:

$$U_B \approx \frac{R_{B2}}{R_{B1}+R_{B2}}V_{CC}$$

$$I_C \approx I_E = \frac{U_B - U_{BE}}{R_E} \approx \frac{U_B}{R_E}$$

$$U_{CE} = V_{CC} - I_C R_C - I_E R_E \approx V_{CC} - I_C(R_C + R_E)$$

$$I_B = \frac{I_C}{\beta}$$

图 3-3-5 为分压式偏置电路的交流通路及微变等效电路,其中 $R_B = R_{B1} /\!/ R_{B2}$。

分压式偏置电路的微变等效电路和共射基本放大电路微变等效电路基本一样($R_B = R_{B1} /\!/ R_{B2}$),因此可得出其交流参数为

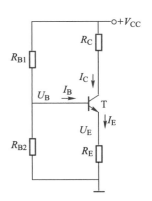

图 3-3-4　分压偏置电路
的直流通路

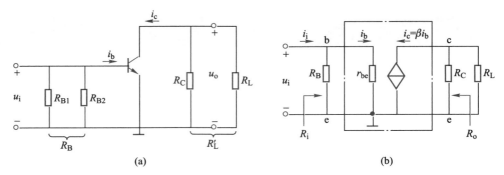

图 3-3-5　分压式偏置电路的动态分析

$$A_u = \frac{u_o}{u_i} = -\frac{\beta R'_L}{r_{be}}$$

$$R_i = R_{B1} \mathbin{/\mkern-5mu/} R_{B2} \mathbin{/\mkern-5mu/} r_{be}$$

$$R_o = R_C$$

提　示

　　在稳定静态工作点的过程中，R_E 起着重要的作用，R_E 的阻值越大，则 R_E 上的压降越大，对 I_C 变化的抑制作用越强，电路的稳定性就越好，所以 R_E 在电路中起着重要的作用。但在实际使用中由于 V_{CC} 的限制，R_E 的阻值太大时会使三极管的静态工作点将同时向饱和区和截至区靠近，电路不能正常工作，因此，R_E 的阻值一般在几千欧姆。

【例 3-10】　如图 3-3-6 所示的分压式偏置电路，试求该放大电路的 A_u，R_i 和 R_o。
解：首先画出其微变等效电路，如图 3-3-7 所示，其中 $R_B = R_{B1} \mathbin{/\mkern-5mu/} R_{B2}$。

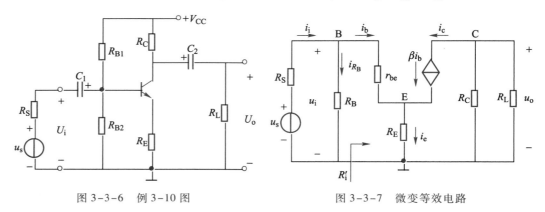

图 3-3-6　例 3-10 图　　　　　　　图 3-3-7　微变等效电路

有　　　　$u_i = i_b r_{be} + i_e R_E = i_b r_{be} + (1+\beta) i_b R_E$，$u_o = -\beta i_b (R_C \mathbin{/\mkern-5mu/} R_L) = -\beta i_b R'_L$

$$A_u = \frac{u_o}{u_i} = -\frac{\beta R'_L}{r_{be} + (1+\beta) R_E} \approx -\frac{\beta R'_L}{(1+\beta) R_E}$$

又　　　　$i_b = \dfrac{u_i}{r_{be} + (1+\beta) R_E}$，$R'_i = r_{be} + (1+\beta) R_E$

所以
$$R_i = R_B /\!/ [r_{be} + (1+\beta)R_E] = R_{B1} /\!/ R_{B2} /\!/ [r_{be} + (1+\beta)R_E]$$

$$R_O = \frac{u_o}{i_o}\bigg|_{u_s=0} = R_C$$

提　示

去掉旁路电容后,电压增益减小,输入电阻提高,输出电阻不变。

思考与讨论

图 3-3-8 所示电路中,若 $R_{B1} = 75$ kΩ, $R_{B2} = 25$ kΩ, $R_C = R_L = 2$ kΩ, $R_{E1} = 100$ Ω, $R_{E2} = 900$ Ω, $V_{CC} = 12$ V,三极管采用 3DG6 管, $\beta = 80$, $r_{bb'} = 100$ Ω, $R_s = 0.6$ kΩ,试求直流工作点 I_{CQ}、U_{CEQ} 及 A_u, R_i, R_o 和 A_{us} 等项指标。

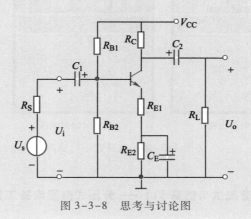

图 3-3-8　思考与讨论图

教学课件
旁路电容对电压增益的影响

【实际电路应用 11】——温度控制电路

如图 3-3-9 所示,温度控制系统中,利用热敏电阻对设备温度进行监测,分压式偏置放大电路就可以用于温度到电压的转换电路。将热敏电阻作为分压式偏置电路中的一个电阻,热敏电阻具有正温度系数,因此其阻值与设备的温度成正比。三极管基极电压会随热敏电阻的变化成比例变化,三极管输出电压与基极电压成反比,当温度降低时,输出电压增大,可以连接燃料控制接口,推入更多的燃料。

为说明电路工作方式,选取 60 ℃ 时热敏电阻 1.25 kΩ、65 ℃ 时热敏电阻 1.48 Ω、70 ℃ 时热敏电阻 1.75 kΩ、80 ℃ 时热敏电阻 2.49 kΩ,分别仿真结果如图 3-3-10 所示。

微课
旁路电容对电压增益的影响

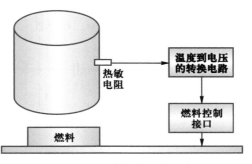

图 3-3-9　温度控制系统示意图

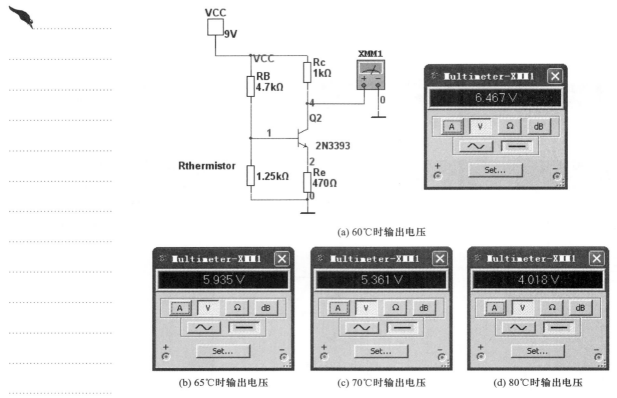

(a) 60℃时输出电压

(b) 65℃时输出电压   (c) 70℃时输出电压   (d) 80℃时输出电压

图 3-3-10   电路在不同温度时的输出电压

【实验测试与仿真 11】——分压式偏置电路工作点稳定性的测试

测试设备: 模拟电路综合测试台 1 台,0 ~ 30 V 直流稳压电源 1 台,数字万用
表 1 块。

测试电路: 分压式偏置电路如图 3-3-11 所示,其中 R_{B1} 为 33 kΩ,R_{B2} 为 10 kΩ,R_E 为
1 kΩ,R_C 为 1 kΩ,R_L 为 1 kΩ,C_1 为 100 μF,C_2 和 C_E 为 100 μF,T 为 S9018 或 S9013。

教学课件
测试分压式偏置电
路工作点稳定性

微课
测试分压式偏置电
路工作点稳定性

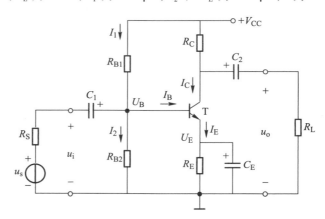

图 3-3-11   分压式偏置电路

测试程序：

① 用万用表 β 挡分别测量三极管 S9018 和 S9013 的 β 值，并记录：β_1(S9018) = ____，β_2(S9013) = ____

② 不接 u_i，接入 S9018 和 V_{CC} = +20 V，测量 U_{CE} 值，并记录 U_{CE} = ____ V。

③ 保持步骤②，将测试电路中的三极管 S9018 改为 S9013，测量此时 U_{CE} 的大小，并记录 U_{CE} = ____ V。

结论：此时 U_{CE} 值 _____（明显上升/明显下降/基本不变），也就是说，此时的 I_C 值 _____（明显下降/明显上升/基本不变）。这说明分压式偏置电路 _____（具有/不具有）稳定工作点的作用。

3.4 共集放大电路和共基放大电路

根据信号输入和输出回路的公共端的不同，放大电路中的三极管有三种接法，又称三种组态，即共射、共集和共基组态。共集和共基组态所对应的放大电路分别称为共集电极放大电路和共基极放大电路。

3.4.1 共集放大电路

1. 电路组成

共集电极放大电路如图 3-4-1 所示，因对交流信号而言，集电极是输入与输出回路的公共端，所以是共集电极放大电路（简称共集放大电路）。三极管发射极电阻 R_E 的作用是把三极管的电流放大作用转化为电压放大的形式，因此输以电压是从三极管的发射极取出来的，所以把这种放大器称做射极输出器。

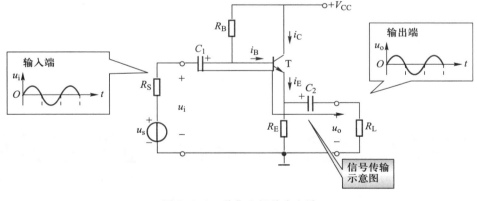

图 3-4-1 共集电极放大电路

可以从电路图直接判断组态：该电路信号从基极输入，从发射极输出，剩下的电极决定电路组态，故为共集电极放大电路。信号传输过程为：输入信号 u_i→耦合电容 C_1→T 基极→T 发射极→耦合电容 C_2→输出信号。

2. 静态分析

如图 3-4-2 所示，在基极回路中根据 KVL 定律，可得

教学文档
测试 β 变化对静态工作点的影响

仿真源文件
测试 β 变化对静态工作点的影响

微课
测试 β 变化对静态工作点的影响

教学课件
测试 β 变化对静态工作点的影响

教学课件
测试共集电极放大电路的基本特性

微课
测试共集电极放大电路的基本特性

仿真源文件
测试共集电极放大电路的基本特性

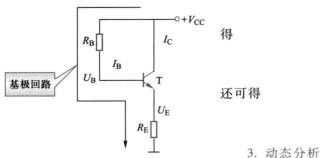

图 3-4-2　直流通路

得

$$I_B R_B + U_{BE} + I_E R_E = V_{CC}$$

$$I_B = \frac{V_{CC} - U_{BE}}{R_B + (1+\beta) R_E}$$

还可得

$$I_C = \beta I_B$$
$$U_{CE} = V_{CC} - I_E R_E \approx V_{CC} - I_C R_E$$

3. 动态分析

共集电极放大电路交流通路如图 3-4-3(a)所示,共集电极电路微变等效电路如图 3-4-3(b)所示。设 $R_L' = R_E \mathbin{/\mkern-5mu/} R_L$。

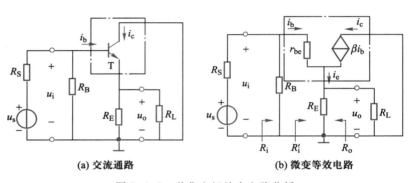

　(a) 交流通路　　　　　　　　　　　　(b) 微变等效电路

图 3-4-3　共集电极放大电路分析

① 电压放大倍数 A_u

由图 3-4-3(b)所示的输入回路,可得

$$u_i = i_b r_{be} + i_e R_L' = [r_{be} + (1+\beta) R_L'] i_b$$

而输出回路,有

$$u_o = i_e R_L' = (1+\beta) R_L' i_b$$

综合上述两式可得电压放大倍数

$$A_u = \frac{u_o}{u_i} = \frac{(1+\beta) R_L'}{r_{be} + (1+\beta) R_L'} \approx \frac{\beta R_L'}{r_{be} + \beta R_L'} < 1$$

一般 $\beta R_L' \gg r_{be}$,因此有 $A_u \approx 1$,即射极输出器的电压放大倍数略小于1。

提　示

　　由于 $A_u \approx 1$,即射极输出器的电压放大倍数接近于1,且输出电压与输入电压同相,因此射极输出器通常又称为射极跟随器或电压跟随器。没有电压放大作用,但有电流放大和功率放大,因此射极输出器成为功率放大的基础。

② 输入电阻 R_i

$$R_i = R_B \mathbin{/\mkern-5mu/} R_i'$$
$$R_i' = r_{be} + (1+\beta) R_L'$$

因此输入电阻 R_i 为

$$R_i = R_B /\!/ [r_{be} + (1+\beta)R_L']$$

由于 $\beta \gg 1$，且 $(1+\beta)R_L' \approx \beta R_L' \gg r_{be}$，因此

$$R_i \approx R_B /\!/ \beta R_L'$$

提　示

射极输出器的输入电阻相对较大，需要信号源为放大器提供的电流小（功率小），即对信号源的影响小，从信号源处获得输入电压信号的能力比较强，故常用在多级放大器中做前置级。

---

③ 输出电阻 R_o

图 3-4-4 所示电路为求 R_o 的等效电路，根据输出电阻的定义，令 $u_s = 0$，$R_L = \infty$，在输出端加电压 u，求电流 i，输出电阻 R_o 为

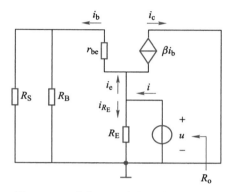

图 3-4-4　共集电极放大电路输出电阻

$$R_o = \frac{u}{i}\Big|_{u_s=0 和 R_L=\infty}$$

设 $R_S' = R_S /\!/ R_B$，有　　$i_b = \dfrac{u}{r_{be} + R_S'}$

$$i = i_e + i_{R_E} = (1+\beta)i_b + \frac{u}{R_E}$$

整理，可得

$$R_o = \frac{r_{be} + R_S'}{1+\beta} /\!/ R_E$$

通常 $R_E \gg (r_{be} + R_S')/(1+\beta)$，则

$$R_o \approx \frac{r_{be} + R_S'}{1+\beta}$$

提　示

射极输出器的输出电阻小，负载变动对电压增益的影响小，即放大器带负载能力强，故常用在多级放大器中做末级。射极输出器有时还用在两个电压放大级之间做缓冲之用。

总结共集电极放大电路的特点如下：

① 输入电阻大。

② 输出电阻小。

③ 电压放大倍数小于 1 而接近于 1。

④ 输入与输出电压同相。

⑤ 没有电压放大作用，有电流和功率放大作用。

【实验测试与仿真 12】——共集放大电路基本特性的测试

测试设备：模拟电路综合测试台 1 台，函数信号发生器 1 台，双踪示波器 1 台，低频毫伏表 1 台，0～30 V 直流稳压电源 1 台，数字万用表 1 块。

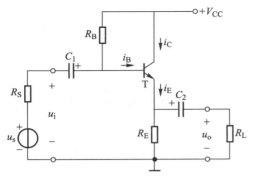

图 3-4-5   共集电极放大电路(射极输出器)

测试电路: 共集电极放大电路如图 3-4-5 所示,其中 R_B 由 51 kΩ 电阻与 500 kΩ 电位器相串联构成,$R_E = 2$ kΩ,$R_L = 2$ kΩ,T 为 S9013。

测试程序:

① 不接 u_i,接入 $V_{CC} = +20$ V,调节 R_B,使 $U_{CE} = 10$ V。

② 保持步骤①,输入端接入 $u_i(f_i = 1$ kHz,$U_i = 1$ V)和 R_L,用示波器同时观察此时输入、输出电压的波形。并记录:u_i 的波形 _____(有/无)明显失真;u_o 的波形 _____(有/无)明显失真。

结论:共集电极放大电路的不失真输入信号幅度比共发射极放大电路 _____(大得多/小得多),即共集电极放大电路的输入动态范围要比共发射极放大电路 _____(大得多/小得多)。

③ 保持步骤②,测量并记录输入信号幅度 $U_{im} =$ ____ V,输出信号幅度 $U_{om} =$ ____ V,$A_u =$ _____ 且 A_u _____($\gg 1 / \approx 1 / \ll 1$);输出信号(电压)与输入信号的相位关系为 _____(同相/反相)。

结论:共集电极放大电路为 _____(同相/反相)放大电路,且输出电压 _____(明显大于/基本等于/明显小于)输入电压。

④ 保持步骤③,不接 R_L,即增大等效负载电阻值,观察输出电压幅度有无明显增大,并记录其值。

结论:共集电极放大电路 _____(具有/不具有)稳定输出电压的能力。由此可推断出共集放大电路的输出电阻比共射放大电路 _____(大得多/小得多)。

⑤ 保持步骤④,接入 u_i 和 R_L,并在输入回路中串接 1 kΩ 电阻,观察输出电压幅度有无明显减小,并记录其值。

结论:共集电极放大电路的输入电阻比共发射极放大电路 _____(大得多/小得多);共集电极放大电路的输出电阻比共发射极放大电路 _____(大得多/小得多)。

3.4.2   共基放大电路

1. 电路组成

共基极放大电路如图 3-4-6 所示,该电路输入信号从发射极和基极两端之间加入,而输出信号从集电极和基极两端之间得到,显然,基极是输入和输出回路的公共端,即该电路为共基极放大电路(简称共基放大电路)。信号传输过程为:输入信号 $u_i \rightarrow$ 耦合电容 $C_1 \rightarrow$ T 发射极 $\rightarrow$ T 集电极 $\rightarrow$ 耦合电容 $C_2 \rightarrow$ 输出信号。

2. 电路分析

由图 3-4-7 可见,共基极放大电路的直流通路与共射分压式偏置电路完全相同。

$$U_B \approx \frac{R_{B2}}{R_{B1} + R_{B2}} \cdot V_{CC}$$

$$I_C \approx I_E = \frac{U_B - U_{BE}}{R_E}, I_B = \frac{I_C}{\beta}$$

$$U_{CE} = V_{CC} - I_C R_E - I_E R_E \approx V_{CC} - I_C (R_C + R_E)$$

微课
测试共基极放大电路的基本特性

微课
测试共基极放大电路的基本特性

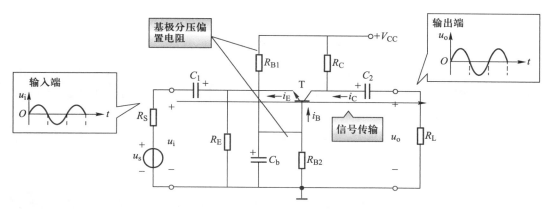

图 3-4-6　共基极放大电路

共基极放大电路的交流通路如图 3-4-8(a)所示,微变等效电路如图 3-4-8(b)所示。设 $R'_L = R_C /\!/ R_L$,则共基极放大电路的电压增益为

$$u_i = i_b r_{be},\quad u_o = \beta i_b R'_L,\quad R'_L = R_C /\!/ R_L$$

$$A_u = \frac{u_o}{u_i} = \frac{\beta R'_L}{r_{be}}$$

显然,共基极放大电路在数值上与共发射极放大电路相同,但没有负号,说明其输出电压 u_o 与输入电压 u_i 同相,即共基极放大电路为同相放大电路。

设 R'_i 为从三极管射极与接地端看进去的等效电阻,则

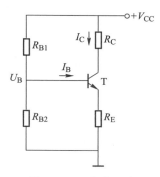

仿真源文件
测试共基极放大电路的基本特性

图 3-4-7　直流通路

$$R'_i = \frac{u_i}{i_e} = \frac{u_i}{(1+\beta) i_b} = \frac{r_{be}}{1+\beta}$$

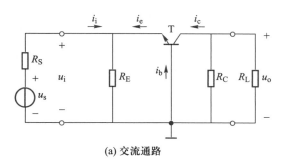

(a) 交流通路

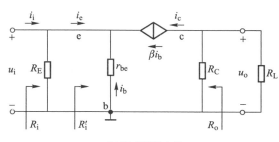

(b) 微变等效电路

图 3-4-8　交流分析

因此输入电阻为

$$R_i = R_E /\!/ \frac{r_{be}}{1+\beta} \approx \frac{r_{be}}{1+\beta}$$

上式表明,共基极放大电路的输入电阻较低。

共基极放大电路的输出电阻 R_o 为

$$R_\text{o} = R_\text{C}$$

显然,它与共发射极放大电路的输出电阻相同。

提　　示

共基极放大电路的电流增益为 $A_i = i_\text{c} / i_\text{e}$,输入电流为 i_e,输出电流为 i_c,A_i 小于 1,所以没有电流放大作用。共基极放大电路输入电阻小,输出电阻较大,所以应用场合较少,多用于高频和宽频带放大电路中。

提　　示

三种组态电路性能的比较见表 3-4-1。

表 3-4-1　三种组态电路性能比较

性能	共射	共基	共集
A_u	$-\dfrac{\beta R_\text{L}'}{r_\text{be}}$ 大(几十～几百) U_i 与 U_o 反相	$\dfrac{\beta R_\text{L}'}{r_\text{be}}$ 大(几十～几百) U_i 与 U_o 同相	$\dfrac{(1+\beta) R_\text{L}'}{r_\text{be} + (1+\beta) R_\text{L}'}$ 小(≈ 1) U_i 与 U_o 同相
A_i	约为 β(大)	约为 α($\leqslant 1$)	约为 $(1+\beta)$(大)
G_p	大(几千)	中(几十～几百)	小(几十)
R_i	r_be 中(几百～几千欧)	$\dfrac{r_\text{be}}{1+\beta}$ 低(几～几十欧)	$r_\text{be} + (1+\beta) R_\text{L}'$ 大(几十千欧)
R_o	高($\approx R_\text{C}$)	高($\approx R_\text{C}$)	低$\left(\dfrac{R_\text{S}' + r_\text{be}}{1+\beta}\right)$
高频特性	差	好	好
用途	单级放大或多级放大器的中间级	宽带放大、高频电路	多级放大器的输入、输出级和中间缓冲级

三种组态的判别:

以输入、输出信号的位置为判断依据:

信号由基极输入,集电极输出——共发射极放大电路;

信号由基极输入,发射极输出——共集电极放大电路;

信号由发射极输入,集电极输出——共基极放大电路。

思考与讨论

共射、共集和共基表示 BJT 的三种电路接法,而反相电压放大器,电压跟随器和电流跟随器则相应地表达了输出量与输入量之间的大小与相位关系,如何从物理概念上来理解?

3.5 技能训练项目——电子助听器的制作与调试

电子助听器是一种提高声音强度的装置,可以帮助听力障碍者充分利用残余听力,进而补偿听力损失。

电子助听器主要由话筒、放大器和耳机三部分组成,使用时通过话筒采集声音,利用放大电路的放大作用,使扬声器发出洪亮的声音。

本项目中采用驻极体话筒,其具有体积小、结构简单、电声性能好、价格低的特点,广泛应用于多种场合。驻极体话筒接收到声波信号后,输出相应的微弱电信号,需要进行信号放大。

1. 目的

（1）熟悉三极管及其放大电路的性能和使用方法。

（2）学习电子电路焊接方法,提高实训综合能力。

2. 参考电路

电子助听器参考电路如图 3-5-1 所示。

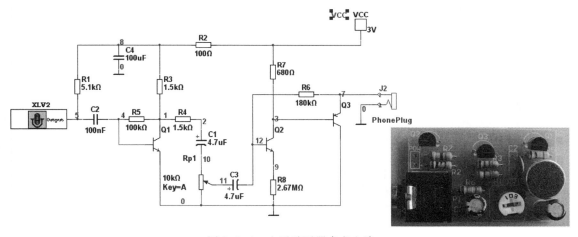
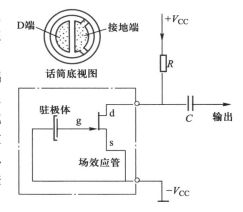

图 3-5-1　电子助听器参考电路

电路中的麦克风采用驻极体话筒,驻极体话筒有两个电极,一个用字母 d 表示,称为漏极,一个用字母 s 表示,称为源极,本项目中用源极做接地端,如图 3-5-2 所示。

驻极体话筒将声波信号转换为相应的电信号,并通过耦合电容 C_2 送至前置低放进行放大,R_1 是驻极体话筒的偏置电阻,即给话筒正常工作提供偏置电压。Q_1、R_2、R_3 等元件组成前置低频放大电路,将经 C_1 耦合来的音频信号进行前置放大,放大后的音频信号经 R_4、C_1 加到电位器 R_P 上,电位器 R_P 用来调节音量用。Q_2、Q_3 组成功率放大电路,将音频信号进行功率放大,并通过耳机插孔推动耳机工作。

图 3-5-2　驻极体话筒连接示意图

3. 元器件

元器件清单见表3-5-1。

表3-5-1 元器件清单

序号	名称	规格	数量	序号	名称	规格	数量
1	电阻	5.1 kΩ	1只	7	可调电阻	10 kΩ	1只
2	电阻	1.5 kΩ	2只	8	瓷片电容	0.1 μF	1只
3	电阻	100 kΩ	1只	9	电解电容	4.7 μF	2只
4	电阻	100 Ω	1只	10	三极管	9014、9012	3只
5	电阻	180 kΩ	1只	11	驻极体		1个
6	电阻	680 Ω	1只	12	耳机插座		1个

4. 技能训练要求

工作任务书

任务名称	电子助听器电路制作与调试
课时安排	课外焊接,课内调试
设计要求	制作电子助听器电路,使其可以实现正常放大声音信号
制作要求	正确选择元器件,按电路图正确连线,按布线要求进行布线、装焊并测试
测试要求	1. 正确记录测试结果 2. 与设计要求相比较,若不符合,请仔细查找原因
设计报告	1. 电子助听器电路原理图 2. 列出元器件清单 3. 焊接、安装 4. 调试、检测电路功能是否达到要求 5. 分析数据

知识梳理与总结

　　放大电路的组成核心是三极管,需为三极管提供合适的放大偏置,即发射结正偏、集电结反偏;放大的对象是信号,因此要为交流信号提供合适的通路,并对信号进行正常放大和传送;同时应考虑交直流共存,相互兼容。

　　放大的本质是能量的转换,即将直流电源的能量转换为交流输出信号的能量,而BJT只是一种能量转换的器件。

　　共射恒流式偏置电路直流工作点及交流性能指标的计算

$$I_B = \frac{V_{CC} - U_{BE}}{R_B}, \quad I_C = \beta I_B, \quad U_{CE} = V_{CC} - I_C R_C$$

$$A_u = -\frac{\beta R_L'}{r_{be}}, \quad R_i = R_B // r_{be} \approx r_{be}, \quad R_o = R_C, \quad A_{us} = \frac{R_i}{R_i + R_s} A_u$$

分压式偏置电路可以稳定放大电路的静态工作点,其直流工作点的计算

$$U_B \approx \frac{R_{B2}}{R_{B1}+R_{B2}}V_{CC}, \quad I_C \approx I_E = \frac{U_B-U_{BE}}{R_E} = \frac{U_B}{R_E}$$

$$U_{CE} = V_{CC} - I_C R_C - I_E R_E \approx V_{CC} - I_C(R_C+R_E), \quad I_B = \frac{I_C}{\beta}$$

共集放大电路又称射极输出器、电压跟随器,其电压增益接近于(略小于)1,输入电阻很大,而输出电阻很小。

共基放大电路没有电流增益,但可以获得较大的电压增益,其输入阻抗低、输出阻抗高,常用于高频电路。

习　题

3.1　既然 BJT 具有两个 PN 结,可否用两个二极管取代 PN 结以构成一只 BJT?试说明其理由。

3.2　要使 BJT 具有放大作用,发射极和集电极的偏置电压电路应如何连接?

3.3　一只 NPN 型 BJT,具有 e,b,c 三个电极,能否将 e,c 两电极交换使用?为什么?

3.4　为什么 BJT 的输出特性在 U_{CE} >1 V 以后是平坦的?又为什么说,BJT 是电流控制器件?

3.5　BJT 的电流放大系数 α,β 是如何定义的,能否从共射极输出特性上求得 β 值,并计算出 α 值?在整个输出特性上,β 或 α 值是否均匀一致?

3.6　放大电路为什么要设置合适的 Q 点?在图 3-1 所示电路中,设 R_B = 300 kΩ,R_C = 4 kΩ,V_{CC} = 12 V。如果使 I_B = 0 μA 或 80 μA,试问电路能否正常工作?

3.7　当测量图 3-1 中的集电极电压 U_{CE} 时,发现它的值与 V_{CC} = 12 V 接近,试问管子处于什么工作状态?试分析其原因,并排除故障使之正常工作。

3.8　测得某放大电路中 BJT 的两个电极的电流如图 3-2 所示。

① 求另一个电极电流,并在图中标出实际方向。

② 标出 e,b,c 极,并判断该管是 NPN 型管还是 PNP 型管。

③ 估算其 $\overline{\beta}$ 和 $\overline{\alpha}$ 值。

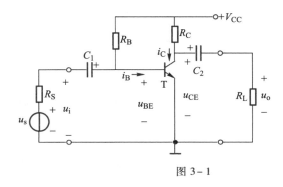
图 3-1

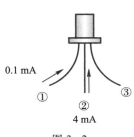
图 3-2

3.9   试分析图 3-3 所示各电路对正弦交流信号有无放大作用，并简述理由。设各电容的容抗可忽略。

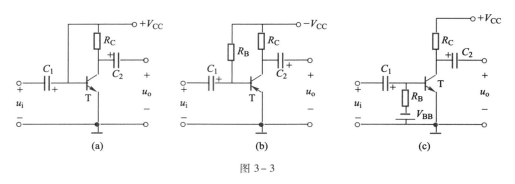

图 3-3

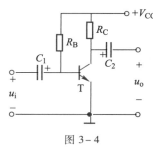

图 3-4

3.10   电路如图 3-4 所示，设 BJT 的 $\beta = 80$，$R_C = 4 \text{ k}\Omega$，$V_{CC} = 12 \text{ V}$，I_{CEO}、U_{CES} 可忽略不计。试分析当 R_B 分别为 40 kΩ，500 kΩ 和 ∞（开路）时，BJT 各工作在其输出特性曲线的哪个区域，并求出相应的集电极电流 I_C。

3.11   测得电路中几个三极管的各极对地电压如图 3-5 所示，其中某些管子已损坏，对于已损坏的管子，判断其损坏情况，其他管子则判断它们分别工作在放大、饱和及截止状态中的哪个状态？

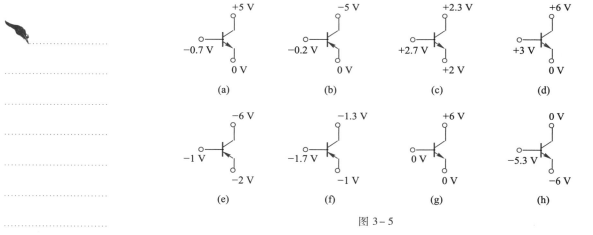

图 3-5

3.12   图 3-6 所示为某放大电路及三极管输出特性曲线。其中 $V_{CC} = 12 \text{ V}$，$R_C = 5 \text{ k}\Omega$，$R_B = 560 \text{ k}\Omega$，$R_L = 5 \text{ k}\Omega$，三极管 $U_{BE} = 0.7 \text{ V}$。

① 用图解法确定静态工作点并判断三极管所处的状态。

② 画出交流负载线。

3.13   在图 3-7 所示电路中，$V_{CC} = 10 \text{ V}$，$R_C = 10 \text{ k}\Omega$，$R_B = 510 \text{ k}\Omega$，$R_L = 1.5 \text{ k}\Omega$，三极管 T 为硅 NPN 型管，其 $\beta = 50$。

① 估算工作点 Q。试问 Q 点是否合适？

② 欲使 $I_C = 2 \text{ mA}$，$U_{CE} = 2 \text{ V}$，在不改变 V_{CC} 和不更换管子的情况下可采取什么措施？

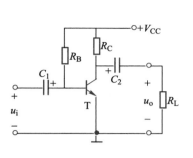

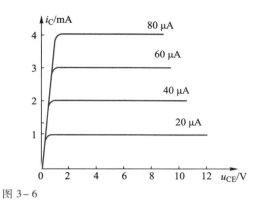

图 3-6

3.14　分压式偏置电路如图 3-8 所示，已知三极管的 $U_{BE} = 0.7$ V，$r_{bb'} = 100$ Ω，$\beta = 60$，$U_{CE(sat)} = 0.3$ V。

① 估算工作点 Q。

② 求放大电路的 A_u，R_i，R_o，A_{us}。

③ 求最大输出电压幅值 U_{Omax}。

④ 若电路其他参数不变，问上偏流电阻 R_{B1} 为多大时，能使 $U_{CE} = 4$ V?

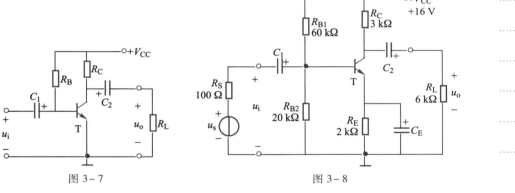

图 3-7　　　　　　　　　　　　　图 3-8

3.15　放大电路为什么要设置合适的 Q 点? 在图 3-9 所示电路中，设 $R_B = 300$ kΩ，$R_C = 4$ kΩ，$V_{CC} = 12$ V。如果使 $I_B = 0$ μA 或 80 μA，试问电路能否正常工作?

3.16　当测量图 3-10 中的集电极电压 U_{CE} 时，发现它的值与 $V_{CC} = 12$ V 接近，问管子处于什么工作状态? 试分析其原因，并排除故障使之正常工作。

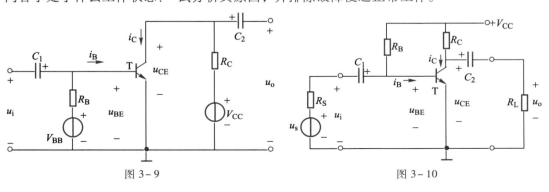

图 3-9　　　　　　　　　　　　　图 3-10

3.17   在电子设备中，如果某只 BJT 已失效，需要加以更换。 由于半导体器件特性的离散性，新换上的管子的参数（例如 β ）可能偏高，Q 点与更换前不同，将向上移动。 试问所讨论的稳定工作点的方法，能否解决此问题？

3.18   既然共集电极放大电路的电压增益小于 1 （接近 1 ），那么它在电路中能起什么作用？

3.19   试分析图 3-11 所示各电路对正弦交流信号有无放大作用，并简述理由。设各电容的容抗可忽略。

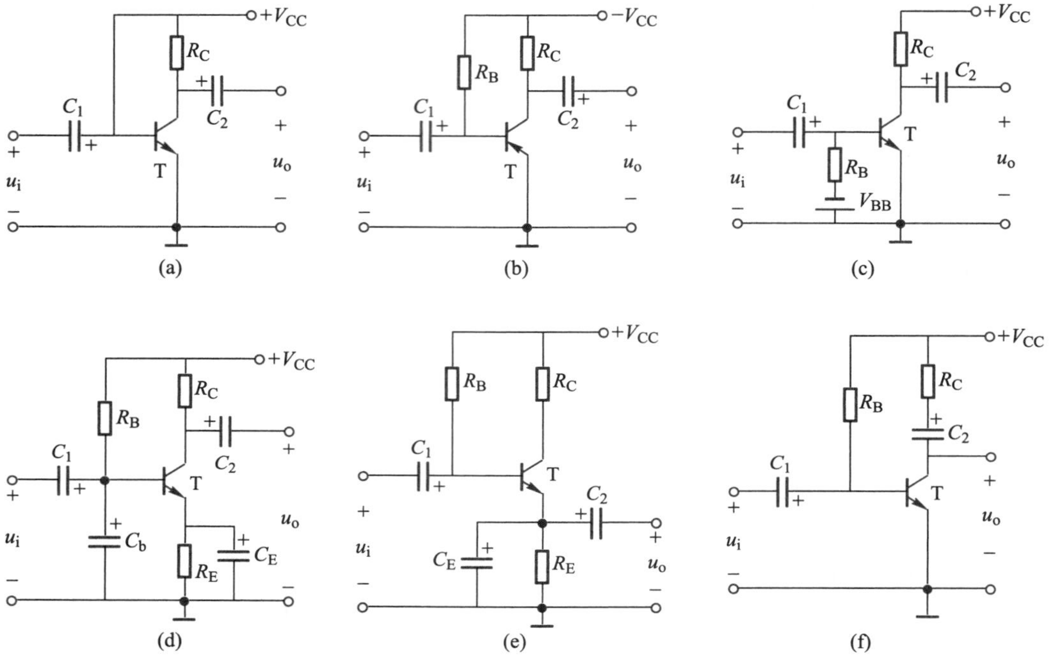

图 3-11

3.20   在图 3-12 所示电路中，三极管的 $r_{bb'}=100\ \Omega$ ， $\beta=50$ 。

（1）   求静态电流 I_C 。

（2）   画出微变等效电路。

（3）   求 R_i 和 R_o 。

（4）   若 $U_s=15\ \text{mV}$ ，求 U_o 。

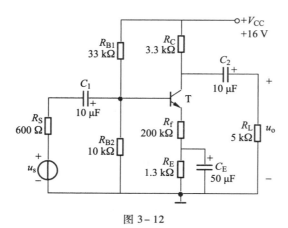

图 3-12

第**4**章

场效应管及应用电路

知识重点

- 理解场效应管的分类
- 理解场效应管的结构和工作原理
- 了解场效应管的曲线和参数
- 描述场效应管的各种应用

知识难点

- 描述场效应管的偏置和工作原理
- 计算场效应管的工作参数
- 判断场效应管的工作区域

知识结构图

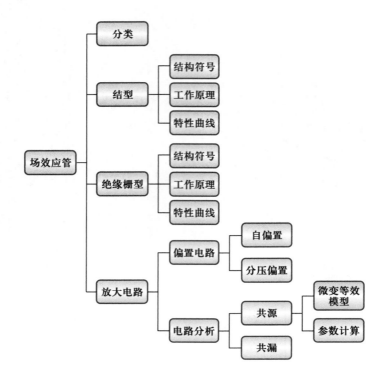

引言

观察图 4-0-1 所示收音机电路,会发现在接收天线附近有一个和三极管类似的元器件,它就是场效应管。和三极管的外形类似,它也有 3 个引脚,同样可以放大信号。在收音机的高频放大电路中,外接天线接收到的无线电波信号由 C_1 耦合到由 L_1,C_4 组成的谐振电路,经选频后信号由场效应管 T 进行高频放大。放大之后的信号再通过 C_2 耦合到下级电路。

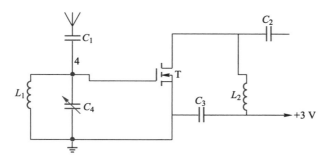

图 4-0-1　场效应管在高频放大电路中的应用

场效应管(FET)是一种与三极管工作原理完全不一样的晶体管,虽然 FET 发明的时间比三极管(BJT)早数十年,但是直到 20 世纪 60 年代,FET 才实现了商业生产。1926 年,物理学家 Julius Lilienfeld 已经申请了一个对往后近一个世纪电子学的发展具有重要影响的专利——控制电流的方法和仪器,正是这个专利第一次提出了场效应管的工作原理,如图 4-0-2 所示。此后到 1960 年期间,两代场效应半导体器件 JFET 和 MOSFET 相继问世。

Julius E.Lilienfeld

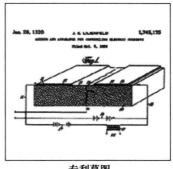

专利草图

图 4-0-2　Julius Lilienfeld 和专利

拓展学习
场效应管技术
新发展

在某些应用中,FET 要优于 BJT,在其他领域,一般混合采用两种晶体管,以获得最优的电路。

场效应管按结构可分为结型场效应管(JFET)和绝缘栅型场效应管(MOSFET)两类,按照导电沟道形成机理不同,MOS 管可分为增强型和耗尽型两类;按导电类型又可分为 N 沟道场效应管和 P 沟道场效应管两类,其分类如图 4-0-3 所示。

教学课件
场效应管的分类

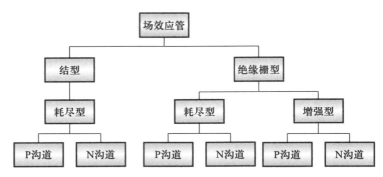

图 4-0-3   场效应管的分类

场效应管是利用输入回路的电场效应来控制输出回路电流的半导体器件。由于场效应管几乎仅靠半导体中的多数载流子导电,故又称单极型晶体管。

4.1   结型场效应管

4.1.1   结构与符号

尽管 MOSFET 是实际中更为常用的器件,但是 JFET 的结构更加简单,因此首先讨论 JFET。

结型场效应管分为 N 沟道和 P 沟道两种。N 沟道结型场效应管的结构与符号如图 4-1-1(a)、(b)所示。它是在一块 N 型半导体材料两侧分别扩散出高浓度的 P 型区(用 P^+ 表示)并形成两个 PN 结,即在 P 区与 N 区交界面形成耗尽层。两个 P^+ 型区外侧各引出一个电极并连接在一起,作为一个电极,称为栅极 g(实际上栅极半导体是环绕着沟道的,就如同腰带一样)。在 N 型半导体材料的两端各引出一个电极,分别称为源极 s 和漏极 d。s,d 极之间形成导电沟道。沟道是一个窄导电通路,由于该导电沟道为 N 型沟道,因此这种结构的管子称为 N 沟道结型场效应管。

若在 P 型半导体两侧制作两个 N 区,则可构成 P 沟道结型场效应管,其电路符号如图 4-1-1(c)所示。

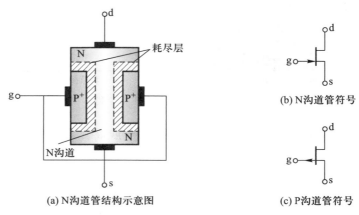

(a)N沟道管结构示意图

(b)N沟道管符号

(c)P沟道管符号

图 4-1-1   结型场效应管的结构与符号

提　　示

电路符号上漏极箭头方向可区分沟道类型，N 沟道“指向里”，P 沟道“指向外”。

4.1.2 工作原理

教学课件
JFET 的工作原理

1. 直流偏置

N 沟道 JFET 正常工作时常接成共源电路，即以源极为公共端，漏极与源极之间应加正电压，即 $u_{DS}>0$，使 N 沟道中的多数载流子（电子）在电场的作用下由源极向漏极运动，形成漏极电流 i_D。由于导电沟道的宽度，也就是沟道的导电能力，可以由栅极电压控制，为了控制漏极电流，栅极与源极之间加负电压，即 $u_{GS}<0$，使栅极与沟道间的 PN 结处于反偏状态，因此栅极电流 $i_G\approx 0$，场效应管可呈现高达 $10^7\ \Omega$ 以上的输入电阻。

微课
JFET 的工作原理

提　　示

JFET 中没有任何正向偏置的 PN 结，这是 FET 和 BJT 的主要区别之一。

动画
JFET 的工作原理

如图 4-1-2 所示，由于栅极、沟道间的 PN 结任何一处都处于反偏状态，改变电压 u_{GS} 的大小，就可以改变沟道两侧 PN 结耗尽层的宽窄，也就是改变沟道电阻的大小，从而改变漏极电流 i_D 的大小。因此电压 u_{DS} 和 u_{GS} 对漏极电流 i_D 的大小都有影响。

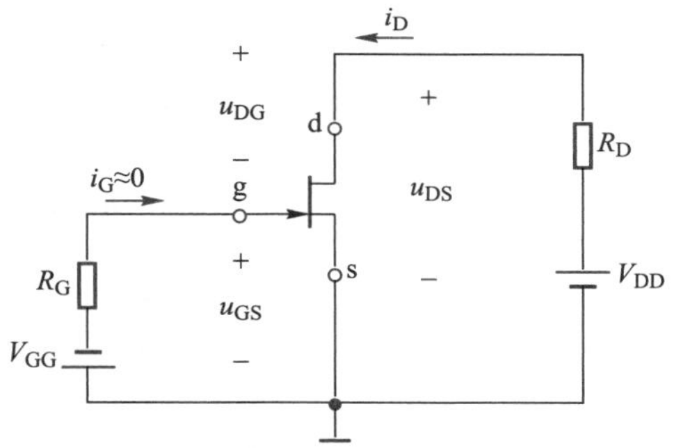

图 4-1-2　N 沟道结型场效应管偏置

（1）u_{GS} 对 i_D 的控制作用

首先假设 $u_{DS}=0$。当 u_{GS} 由 0 向负值增大时，反向偏置加大，耗尽层变宽，导电沟道变窄，沟道电阻增大，如图 4-1-3（a）所示。

当 $|u_{GS}|$ 进一步增加到某一数值时，两侧耗尽层相遇，沟道被耗尽层完全夹断，导电沟道的宽度为零，如图 4-1-3（b）所示。使两侧耗尽层正好相遇时的栅源电压称为夹断电压，用 $U_{GS(off)}$ 表示。

可见，通过改变 u_{GS} 可以有效地控制沟道电阻的大小，从而控制漏源极之间的导电性能和漏极电流 i_D 的大小（在外加一定的正向电压 u_{DS} 的情况下）。

类　　比

打个比方，就好像在马路上，行车道越多，马路越宽，车流就越大，反之马路越窄，车流就越小。

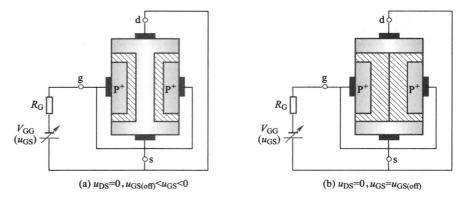

(a) $u_{DS}=0, u_{GS(off)}<u_{GS}<0$　　　　(b) $u_{DS}=0, u_{GS}=u_{GS(off)}$

图 4-1-3　$u_{DS}=0$ 时 u_{GS} 对沟道的影响

（2）u_{DS} 对 i_D 的影响

当 $u_{GS}=0$ 时，导电沟道最宽，沟道电阻最小，在一定 u_{DS} 作用下的 i_D 也最大。

若一开始当 $u_{DS}=0$，则 $i_D=0$。但随着 u_{DS} 的逐渐增大，一方面 i_D 随之增大；另一方面，当 i_D 流过沟道时，沿着沟道产生电压降，使沟道各点电位不再相等，沿沟道从源极到漏极逐渐增加，在源端 PN 结的反向电压为 0（最小），在漏端 PN 结的反向电压为 u_{DS}（最大），这使得耗尽层从源端到漏端逐渐加宽，形成源端较宽、漏端较窄的楔形沟道，并使沟道电阻有所增大。

随着 u_{DS} 的进一步增大，漏端区的沟道变得更加狭窄。当 u_{DS} 增大到 $|U_{GS(off)}|$（即 $u_{GD}=U_{GS(off)}$）时，漏端区的耗尽层相遇，如图 4-1-4（b）所示，这种情况称为预夹断，此时的 i_D 称为饱和漏电流，用 I_{DSS} 表示。

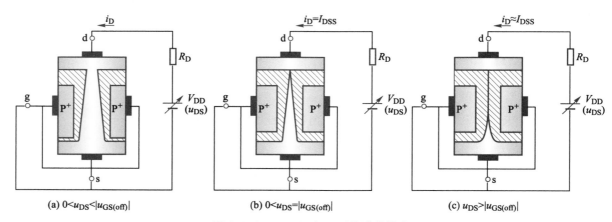

(a) $0<u_{DS}<|u_{GS(off)}|$　　　(b) $0<u_{DS}=|u_{GS(off)}|$　　　(c) $u_{DS}>|u_{GS(off)}|$

图 4-1-4　$u_{GS}=0$ 时 u_{DS} 对沟道的影响

当 u_{DS} 继续增大时，夹断长度会有所增加，形成夹断区，如图 4-1-4（c）所示。这时，一方面，由于夹断区的加长，使电子运动的阻力增加，从而使 i_D 减小；另一方面，随着 u_{DS} 的增加，漏-源之间的电场增强，必然导致 i_D 增大。实际上 i_D 的这两种趋势相抵消，所以 i_D 基本上不随 u_{DS} 增大而上升，而大致保持 I_{DSS} 值，管子呈现恒流（饱和）特性。

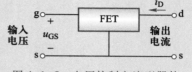

JFET 的基本特点如下：

① JFET 的 PN 结应为反向偏置，即 $u_{GS}<0$，因此其 $i_G\approx0$，输入电阻很高。

② 预夹断前，i_D 与 u_{DS} 呈线性关系；预夹断后，i_D 趋于饱和（不受 u_{DS} 控制）。

③ JFET 是电压控制电流型器件，i_D 受 u_{GS} 控制（当 u_{DS} 较大时），如图 4-1-5 所示。

图 4-1-5　电压控制电流型器件

2. 特性曲线

（1）输出特性

JFET 的输出特性是指当栅源电压 u_{GS} 为某一定值时，漏极电流 i_D 与漏源电压 u_{DS} 之间的关系，如图 4-1-6（a）所示为某 N 沟道 JFET 的输出特性曲线。P 沟道 JFET 器件工作原理相同，但是极性相反。

JFET 的工作情况可分为 4 个区域，可变电阻区、恒流区、夹断区和击穿区。

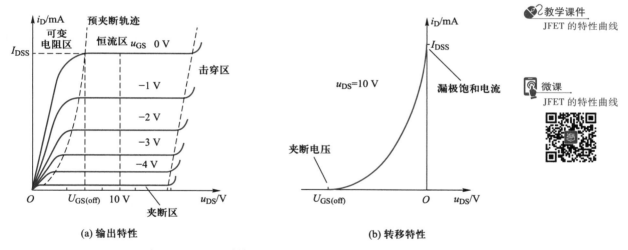

（a）输出特性　　　　　　　　　　（b）转移特性

图 4-1-6　N 沟道结型场效应管的特性曲线

① 可变电阻区

在 $u_{GS}>u_{GS(off)}$，$u_{GD}>u_{GS(off)}$ 时，漏极电流 i_D 随 u_{DS} 呈线性增加，输出特性按线性上升，D、S 极间等效为一个线性电阻，而阻值的大小与所固定的 u_{GS} 有关，当 u_{GS} 越小，i_D 随 u_{DS} 增长越慢，等效电阻越大，这个工作区域称为可变电阻区。

② 恒流区

当 $u_{GS}>u_{GS(off)}$，$u_{GD}<u_{GS(off)}$ 时，导电沟道在漏极附近开始被夹断（预夹断），特性曲线近似为一族平行于横轴的直线，此时栅极到漏极之间的反向偏置电压使得耗尽层变大到足以抵消 u_{DS} 增大的影响，使 i_D 基本不变，这个工作区域称为恒流区。

在曲线中,随着 u_{GS} 变为更大的负值,沟道变窄,漏极电流 i_D 减小,因此 i_D 由栅源电压 u_{GS} 控制,而与 u_{DS} 基本无关,场效应管的 D、S 极间相当于一个受电压 u_{GS} 控制的电流源。

③ 夹断区

当 $u_{GS} \leqslant u_{GS(off)}$ 时,导电沟道被全部夹断,该区域称为夹断区或截止区,为输出曲线靠近横轴的区域。

④ 击穿区

当 u_{DS} 进一步增加,i_D 快速增大,可能击穿造成器件不可逆的损坏,这个工作区域称为击穿区。

（2）转移特性

转移特性是指当漏源电压 u_{DS} 为某一定值时,漏极电流 i_D 与栅源电压 u_{GS} 的关系,如图 4-1-6(b)所示。从该曲线上直接可以读出夹断电压 $U_{GS(off)}$ 和漏极饱和电流 I_{DSS},该曲线直观地反映了 u_{GS} 对 i_D 的控制作用。

恒流区的转移特性可用下式近似表示

$$i_D = I_{DSS}\left(1 - \frac{u_{GS}}{U_{GS(off)}}\right)^2 \quad (U_{GS(off)} \leqslant u_{GS} \leqslant 0)$$

式中,$U_{GS(off)}$ 为夹断电压;I_{DSS} 为漏极饱和电流。上式表明,一旦 u_{GS} 的值确定,i_D 的值也就确定了。

3. JFET 的主要参数

（1）夹断电压 $U_{GS(off)}$

沟道夹断（或开启）的标志是 i_D 刚好为 0,但在实际测量时通常令 u_{DS} 为某一固定值（例如 10 V）的条件下,使 i_D 等于一个微小电流（例如 5 μA）所加的栅源电压,称为夹断电压。

（2）漏极饱和电流 I_{DSS}

在 $u_{GS} = 0$ 的条件下,$|u_{DS}| \geqslant |U_{GS(off)}|$ 时的漏极电流称为漏极饱和 I_{DSS}。通常令 $u_{DS} = 10$ V、$u_{GS} = 0$ V 测出的 i_D 就是 I_{DSS}。

（3）漏源击穿电压 $U_{BR(DS)}$

使 i_D 开始剧增的源极电压就是 $U_{BR(DS)}$。N 沟道场效应管的 u_{GS} 越低,$U_{BR(DS)}$ 越小。使用时,管子不允许超过此值,否则会烧坏管子。

（4）栅源击穿电压 $U_{BR(GS)}$

栅极与沟道间 PN 结的反向电流开始急剧增加时的 u_{GS} 值,就是 $U_{BR(GS)}$。

（5）直流输入电阻 R_{GS}

在栅源极之间加一定电压时,该电压与它产生的栅极电流的比值,即为 R_{GS},它是栅源极之间的直流电阻。JFET 管一般 $R_{GS} > 10$ MΩ。

（6）低频跨导（互导）g_m

低频跨导 g_m 是指在 u_{DS} 为某一固定值时,漏极电流的微小变化 ΔI_D 与对应的输入电压变化量 ΔU_{GS} 之比,即

$$g_m = \frac{\mathrm{d}i_D}{\mathrm{d}u_{GS}}\Bigg|_{u_{DS}=常数}$$

g_m 表征栅-源电压对漏极电流控制作用的大小,是衡量 FET 放大能力的参数,单位为 mS。g_m 值一般在 0.1 ~ 20 mS 范围内,同一管子的 g_m 值与其工作电流有关。显然,g_m 越大,放大能力越强。

值得注意的是,手册上给出的 g_m 值是在给定的参考测试条件下得到的,而实际的工作条件往往与之有一定的差别。

(7) 最大耗散功率 P_{DM}

JFET 耗散功率等于 u_{DS} 与 i_D 的乘积,即 $P_D = u_{DS}i_D$,它将转化为热能使管子温度升高。为了限制管子的温度不要升得太高,就要限制它的耗散功率不得超过最大允许的耗散功率 P_{DM},即 $P_D < P_{DM}$。因此,P_{DM} 受管子最高工作温度的限制。

除上述参数外,JFET 还有噪声系数(很小)、高频参数、极间电容等其他参数。

【实际电路应用 12】——多路复用电路

JFET 可以作为一个开关元件,应用在多路复用电路中,多路复用指的是将多路信号合并为一路,图 4-1-7 所示就是一个模拟多路复用电路,每个 JFET 的作用就是一个开关。A、B 为控制信号,控制 JFET 导通和截止。当控制信号为高时,其输入信号将传输到输出端。例如。当开关 A 接电源、开关 B 接地时,此时开关 A 为高电平,而开关 B 为低电平,输出 V2 的正弦波,而当此时开关 B 为高电平,而开关 A 为低电平,输出 V3 的方波。通常,只有一个控制信号为高,保证只有一路输入信号传递到输出端。

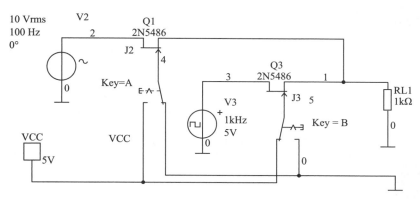

图 4-1-7 模拟多路复用电路

【实验测试与仿真 13】——JFET 各电压与电流关系的测量

微课
测试 JFET 转移特性曲线

测试设备:模拟电路综合测试台 1 台,0 ~ 30 V 直流稳压电源 1 台,数字万用表 1 块,mA 表 1 只,μA 表 1 只。

测试电路:图 4-1-8 所示电路,其中 R_G 为 1 kΩ,R_D 为 1 kΩ,T 为结型场效应管 3DJ6。

教学课件
测试 JFET 转移特
性曲线

仿真源文件
测试 JFET 转移特
性曲线

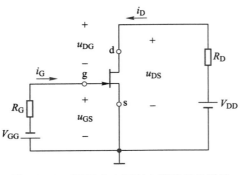

图 4-1-8 JFET 各电压与电流关系的测量

测试程序：

① 按图 4-1-8 接好电路（暂不接电源电压 V_{GG} 和 V_{DD}），并在栅极回路串接 μA 电流表，在漏极回路串接 mA 电流表。接入电源电压 $V_{DD}=20$ V。

② 保持步骤①，接入电源电压 V_{GG} 并使 $V_{GG}=0$V（即 $u_{GS}=0$，此时必有 $i_G=0$），观察了 FET 中有无漏极电流，并记录 $i_D=$ _____ mA。$u_{GS}=0$ 时的 i_D 称为饱和漏电流 I_{DSS}。这里 $I_{DSS}=$ _____ mA。

③ 保持步骤②，改变并逐渐增大电源电压 V_{GG}，即使 $|u_{GS}|$ 逐渐增大，直至 i_D 刚好为 0，测出此时的 i_G 和 u_{GS} 值，并记录：$i_G=$ _____ μA，$u_{GS}=-$ _____ V

结论：当 $|u_{GS}|$ 较大时，i_G 值 _____（仍很小/不是很小/很大），这说明 JFET 的输入阻抗 _____（很大/不是很大/很小）。

使 i_D 刚好为 0 时的 u_{GS} 值称为夹断电压 $U_{GS(off)}$。在该实验中 $U_{GS(off)}=-$ _____ V。

显然，当 $u_{GS}<U_{GS(off)}$ 时，i_D _____（仍为 0/将变化）。

④ 保持步骤③，调节 V_{DD} 并保持 $u_{DS}=10$ V；调节 V_{GG}，使 u_{GS} 按表 4-1-1 中所给定的数值（空格中的数据自定）变化，测出相应的 i_D 值，并填入表 4-1-1 中。

表 4-1-1 JFET 转移特性的测量结果

$u_{DS}=10$ V	u_{GS}/V	0	-0.1	-0.2	-0.3	-0.4		$U_{GS(off)}$
	i_D/mA	I_{DSS}						

⑤ 由表 4-1-1 绘出 JFET 的 $i_D=f(u_{GS})|_{u_{DS}=10\text{ V}(\text{常数})}$ 的关系曲线（即转移特性曲线）。

⑥ 保持步骤④，调节 V_{GG}，使 u_{GS} 按表 4-1-2 中所给定的数值变化；对于每一个 u_{GS}，调节 V_{DD}，使 u_{DS} 按表 4-1-2 中所给定的数值，测出相应的 i_D 值，并填入表 4-1-2 中。

表 4-1-2 JFET 输出特性的测量结果

$u_{GS}=0$ V	u_{DS}/V	15	10	$|U_{GS(off)}|$	1.0	0.7	0.4	0
	i_D/mA							
$u_{GS}=-0.1$ V	u_{DS}/V	15	10	$|U_{GS(off)}|-0.1$	0.7	0.5	0.3	0
	i_D/mA							
$u_{GS}=-0.5$ V	u_{DS}/V	15	10	$|U_{GS(off)}|-0.5$	0.4	0.3	0.2	0
	i_D/mA							

⑦ 根据表 4-1-2 给出 JFET 的 $i_D=f(u_{DS})|_{u_{GS}=\text{常数}}$ 的关系曲线（即输出特性曲线）。

结论：JFET 的 _____（输入电流/输入电压）对输出电流有明显的控制作用，即场效应管为 _____（电流/电压）控制型器件。

4.2 增强型绝缘栅型场效应管

绝缘栅型场效应管是由金属(metal)、氧化物(oxide)和半导体(semiconductor)组成的,称为 MOSFET,简称 MOS 管,是另一种重要的场效应管。MOS 管的输入阻抗很高,最高可达 10^{15} Ω(JFET 的栅源极间输入电阻为 $10^6 \sim 10^9$ Ω)。绝缘栅型场效应管因为具有温度特性好,集成化时工艺简单等特点,而广泛用于大规模和超大规模集成电路之中。

MOS 管也有 N 沟道和 P 沟道两类,其中每一类又可分成增强型和耗尽型两种。

所谓"增强型":指 $u_{GS}=0$ 时,没有导电沟道,即 $i_D=0$,而必须依靠栅源电压 u_{GS} 的作用,才形成感生沟道的 FET,称为增强型 FET。

所谓"耗尽型":指 $u_{GS}=0$ 时,也会存在导电沟道,$i_D \neq 0$ 的 FET,称为耗尽型 FET。

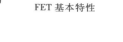
教学课件
测试增强型 MOS-FET 基本特性

4.2.1 结构与符号

N 沟道增强型 MOS 管的结构如图 4-2-1(a)所示。它是在一块 P 型硅衬底上制作两个高掺杂的 N 区,并引出两个电极,分别作为源极 s 和漏极 d;在 P 型硅表面生成一层 SiO₂ 绝缘层,在绝缘层上覆盖一层铝并引出电极,作为栅极 g;管子的衬底也引出一个电极 B(在分立元件中,常将 B 与源极 s 相连,而在集成电路中,B 与 s 一般不相连)。显然,栅极与源极、漏极均为绝缘的。图 4-2-1(b)、(c)分别为 N 沟道和 P 沟道增强型 MOS 管的电路符号。

微课
测试增强型 MOS-FET 基本特性

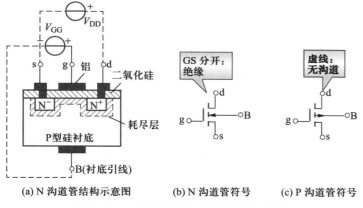

(a) N 沟道管结构示意图　(b) N 沟道管符号　(c) P 沟道管符号

图 4-2-1　增强型 MOS 管的结构与符号

仿真源文件
测试增强型 MOS-FET 基本特性

4.2.2 工作原理

由图 4-2-2(a)可以看出,N 沟道增强型 MOS 管不存在原始导电沟道,即使漏源之间加电压,漏极电流 $i_D \approx 0$。

当栅源极间加上一定的 $u_{GS}(u_{GS}>0)$ 时,构成了漏源极之间的 N 型导电沟道。使导电沟道(反型层)开始形成时的栅源电压称为开启电压 $U_{GS(th)}$。显然,如果 u_{GS} 再进一步增大,反型层即 N 沟道将加宽,即可以用 u_{GS} 来控制导电沟道的宽窄。

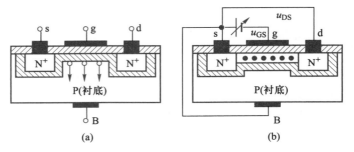

图 4-2-2　$u_{DS}=0$ 时 N 沟道增强型 MOS 管导电沟道的形成

当 u_{GS} 是大于 $U_{GS(th)}$ 的一个确定值,若在漏源之间加正向电压($u_{DS}>0$),就会产生一个漏极电流 i_D。漏源正电压 u_{DS} 对沟道和 i_D 的影响与 JFET 相似。

提　示

N 沟道增强型 MOS 管的偏置电压:栅源极之间加正电压(为了形成导电沟道),即 $u_{GS}>0$;漏源极之间也应加正电压,即 $u_{DS}>0$(为了使 P 型硅衬底和漏极 N^+ 区之间的 PN 结处于反偏状态)。

教学文档
测试 MOS 管转移
特性曲线

4.2.3　特性曲线

N 沟道增强型 MOS 管的输出特性曲线和转移特性曲线分别如图 4-2-3(a)、(b)所示。

微课
测试 MOS 管转移
特性曲线

与 JFET 类似,该输出特性曲线也分为可变电阻区、恒流区、击穿区和夹断区。恒流区内,N 沟道增强型 MOS 管的 i_D 可近似表示为

$$i_D = I_{DO}\left(\frac{u_{GS}}{U_{GS(th)}}-1\right)^2 \quad (若\ u_{GS}>U_{GS(th)})$$

式中,I_{DO} 是 $u_{GS}=2U_{GS(th)}$ 时的 i_D 值。

仿真源文件
测试 MOS 管转移
特性曲线

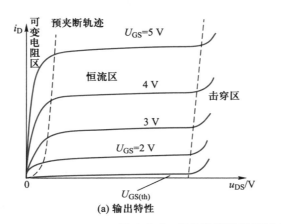

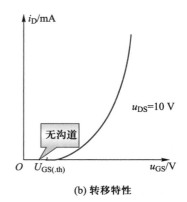

教学课件
MOSFET 特性曲线

(a) 输出特性

(b) 转移特性

图 4-2-3　N 沟道增强型 MOS 管的特性曲线

【实际电路应用 13】——游泳池自动注水控制电路

MOSFET 可用于游泳池自动注水控制电路中,如图 4-2-4 所示。当水面低于金属探头时,栅极电压被上拉到 10 V,MOSFET 导通,将水阀打开,向水池注水;因为水是良导体,所以当水面高于金属探头时,探针间的电阻很小,栅极电压变低,MOSFET 断开,作用于水阀,使之关闭。

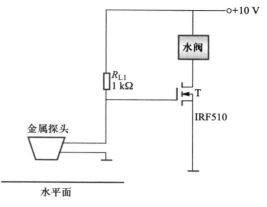

图 4-2-4   游泳池自动注水控制电路

4.3 耗尽型绝缘栅型场效应管

4.3.1 结构与符号

N 沟道耗尽型 MOS 管的结构如图 4-3-1(a)所示。可以看出,它与 N 沟道增强型 MOS 管的结构基本相同,不过制造时,在 SiO_2 绝缘层中掺入大量的正离子,则可在 P 型衬底表面感应出一个 N 型层,预先形成导电沟道。

提   示

增强型和耗尽型 MOS 管的区别在于有无原始导电沟道,无原始导电沟道的是增强型,有原始导电沟道的是耗尽型。

图 4-3-1(b)、(c)分别为 N 沟道和 P 沟道耗尽型 MOS 管的符号。

微课
MOSFET 特性曲线

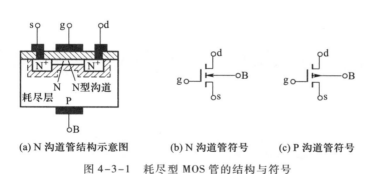

(a) N 沟道管结构示意图　　(b) N 沟道管符号　　(c) P 沟道管符号

图 4-3-1   耗尽型 MOS 管的结构与符号

4.3.2 工作原理

由于 N 沟道耗尽型 MOS 管存在原始导电沟道,若在漏源极之间加正电压 u_{DS},即使 $u_{GS}=0$,也有 i_D 产生。

如果 $u_{GS}>0$,则 P 型衬底表面层的电子增多,沟道变宽,i_D 增大;反之,如果 $u_{GS}<0$,则表面层的电子减少,沟道变窄,i_D 减小。当 u_{GS} 减小到某一临界值时,导电沟道消失,

$i_D = 0$,这时的栅源电压 u_{GS} 称为夹断电压 $U_{GS(off)}$。

提　示

N 沟道耗尽型 MOS 管正常工作时,漏源极之间应加正电压,即 $u_{DS} > 0$,而栅源极之间的偏置电压 u_{GS} 可正可负可零。

4.3.3　特性曲线

N 沟道耗尽型 MOS 管的特性曲线如图 4-3-2 所示,其输出特性曲线也可分为可变电阻区、恒流区和夹断区。由其转移特性曲线可知,$u_{GS} = 0$ 时,$i_D = I_{DSS}$;随着 u_{GS} 的减小,i_D 也减小,当 $u_{GS} = U_{GS(off)}$ 时,$i_D \approx 0$;当 $u_{GS} > 0$ 时,$i_D > I_{DSS}$。

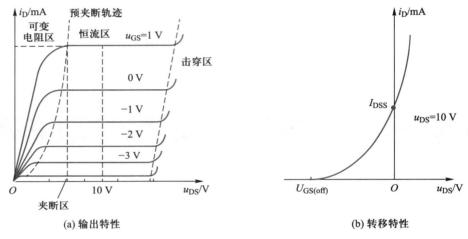

(a) 输出特性　　　　　　　　　　　(b) 转移特性

图 4-3-2　N 沟道耗尽型 MOS 管的特性曲线

思考与讨论

场效应管的输入电阻为什么非常高?

提　示

场效应管偏置电压关系:

$$
场效应管
\begin{cases}
结型
\begin{cases}
\text{N 沟道}(u_{GS} < 0, u_{DS} > 0) \\
\text{P 沟道}(u_{GS} > 0, u_{DS} < 0)
\end{cases} \\
绝缘栅型
\begin{cases}
增强型
\begin{cases}
\text{N 沟道}(u_{GS} > 0, u_{DS} > 0) \\
\text{P 沟道}(u_{GS} < 0, u_{DS} < 0)
\end{cases} \\
耗尽型
\begin{cases}
\text{N 沟道}(u_{GS} \text{极性任意}, u_{DS} > 0) \\
\text{P 沟道}(u_{GS} \text{极性任意}, u_{DS} < 0)
\end{cases}
\end{cases}
\end{cases}
$$

提　示

场效应管与三极管两者的性能比较见表4-3-1。

表4-3-1　场效应管与三极管的比较

比较项目	场效应管	三极管
	单极型器件	双极型器件
控制方式	电压控制器件	电流控制器件
参与导电	多子	多子,少子
分类	N沟道,P沟道	PNP,NPN
放大能力	弱 g_m	强 β
功耗	低	高
制造工艺	简单	复杂
集成化	易	难
输入电阻	很高	较低
电极对应关系	g—b,s—e,d—c	

三极管是电流控制器件,是通过基极电流 i_B 的变化控制集电极电流 i_C 的变化来实现放大作用的,其放大作用通过共射电流放大系数 β 来描述;而场效应管则是电压控制器件,是利用栅源电压 u_{GS} 的变化控制漏极 i_D 的变化来实现放大作用的,其放大作用通过低频跨导 g_m 来描述。

所以,在输入电流小,环境变化剧烈,系统最前级等情况下可以选用场效应管。而在信号电压较低,又允许从信号源取较多电流的条件下,应选用三极管。

各种场效应管的转移特性和输出特性对比如图4-3-3所示。

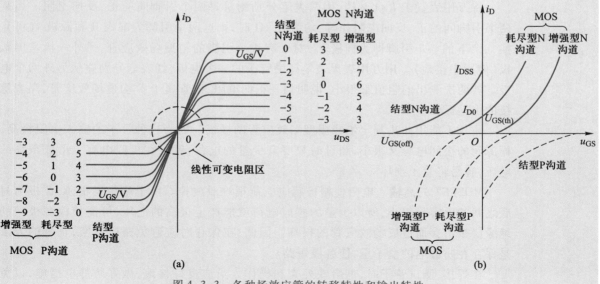

图4-3-3　各种场效应管的转移特性和输出特性

【实操技能9】——场效应管的测试及使用注意事项

1. 数字万用表测试

场效应管的数据手册中一般会给出最大栅极电流 I_G，这是 JFET 所能承受的最大正向栅源或栅漏电流。如果使用数字万用表进行测试，需确认不会导致过量的栅电流。大部分数字万用表的二极管挡是安全的。

如图 4-3-4 所示，测试时，首先短接 FET 的三只引脚进行放电，将数字万用表拨在二极管挡，用红表笔接"d"；黑表笔分别去测"g"和"s"，阻抗均应为"∞"（读数显示"1"不变）。若读数不为 1 也不是"O"，则为漏电；若为"0"则已击穿短路。然后交换表笔，即用黑表笔接"d"；红表笔分别去测"g"和"s"。其中：当红表笔测到"g"时，阻抗为"∞"；测到"s"时，读数显示为 500 Ω 左右，说明被测管是 N 沟道 MOS 管，而且是好管。若阻抗低于该值很多，例如在 300 Ω 左右则为性能不良，安装在主板上会在通电后发烫，使用时间不长就会损坏。

对于 P 沟道 MOS 管，只需调换两个表笔，测试和判断均同上述。

放电   测试

图 4-3-4   数字万用表测试 FET

2. 指针万用表测试

将万用表置于 R×1 k 挡，用两表笔分别测量每两个引脚间的正、反向电阻。当某两个引脚间的正、反向电阻相等，均为数 kΩ 时，则这两个引脚为漏极 d 和源极 s（可互换），余下的一个引脚即为栅极 g。对于有 4 个引脚的结型场效应管，另外一极是屏蔽极（使用中接地）。用万用表黑表笔碰触管子的一个电极，红表笔分别碰触另外两个电极。若两次测出的阻值都很小，说明均是正向电阻，该管属于 N 沟道场效应管，黑表笔接的也是栅极。

注意不能用此法判定绝缘栅型场效应管的栅极。因为这种管子的输入电阻极高，栅源间的极间电容又很小，测量时只要有少量的电荷，就可在极间电容上形成很高的电压，容易将管子损坏。

MOSFET 的高输入电阻使栅极感应电荷很难泄放掉。由于绝缘层很薄，栅极与衬底之间的电容量很小，所以少量的感应电荷就能产生很高的电压，可能使栅源极间的绝缘层被击穿而造成场效应管的损坏。因此，在保存时应避免栅极悬空，正确的方法是保存在防静电的盒子里，使各极短路。

在焊接、测试管子时，电烙铁外壳和操作人员应良好接地，做好防静电措施，以免损坏管子。

4.4 场效应管放大电路

场效应管(FET)和三极管(BJT)一样,也具有放大作用,还具有输入电阻大、噪声低、受外界影响小的特点,因此也可以组成放大电路。与三极管放大电路相比,场效应管的 s、g、d 可以分别与三极管的 e、b、c 一一对应。放大电路也存在 3 种组态,即共源、共漏和共栅组态。

下面以 N 沟道结型场效应管为例,介绍常用的场效应管放大电路,P 沟道结型场效应管只需要改变极性。

微课
FET 的偏置电路

教学课件
FET 的偏置电路

4.4.1 自偏压电路

图 4-4-1 所示为 N 沟道结型场效应管共源放大电路。对于 N 沟道结型场效应管,建立反向偏置需要负的 U_{GS},即可通过图示电路来实现。静态工作时,栅极电阻 R_G 接地,由于栅极电流 $I_G \approx 0$,栅极电阻 R_G 上的电压降 $U_G \approx 0$,结型 FET 无栅极电源,但有漏极电流 I_D,当 I_D 流过源极电阻 R_S 时,在它两端产生电压降 $U_S = I_D R_S$。电路中,大电容 C 对 R_S 起旁路作用,称为源极旁路电容。

因此有

$$U_{GS} = U_G - U_S = -I_D R_S$$

可见,栅源极之间的直流偏压 U_{GS} 是由场效应管的自身电流 I_D 流过 R_S 产生的,故称该电路为自偏压电路。

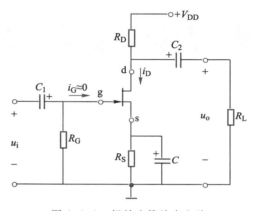

图 4-4-1 场效应管放大电路

提　示

这种偏压方式只适用 JFET、耗尽型 MOSFET,不适用于增强型 MOSFET。

通过简单计算可确定自偏压电路的参数。

JFET 静态时 I_D 表达式为

$$I_D = I_{DSS}\left(1 - \frac{U_{GS}}{U_{GS(off)}}\right)^2$$

$$U_{GS} = U_G - U_S = -I_D R_S$$

两式构成二元二次方程组,联立求解可得到两组根,即有两组 I_D 和 U_{GS} 值,可根据管子工作在恒流区的条件,舍弃无用根,保留合理的 I_D 和 U_{GS} 值。

还可求得

$$U_{DS} = V_{DD} - I_D(R_D + R_S)$$

4.4.2 分压式自偏压电路

自偏压电路不适用于增强型场效应管放大电路,因为增强型场效应管栅源电压

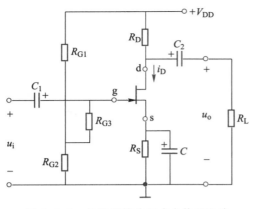

图4-4-2   场效应管分压式自偏压电路

$U_{GS} = 0$ 时漏极电流 $I_D = 0$，且 U_{GS} 先达到某个开启电压 $U_{GS(th)}$ 时才有漏极电流。增强型场效应管放大电路一般采用分压式自偏压电路，如图4-4-2所示。

分压式自偏压电路是在自偏压电路的基础上加接栅极分压电阻 R_{G1}，R_{G2} 而组成的。其中，漏极电源 V_{DD} 经 R_{G1}，R_{G2} 分压后通过栅极电阻 R_{G3} 提供栅极电压 U_G（R_{G3} 上电压降为0）

$$U_G = \frac{R_{G2} V_{DD}}{R_{G1} + R_{G2}}$$

提　示

由于 R_{G3} 没有电流通过，R_{G3} 可取值较大，工程上常取到几兆欧，以增大输入电阻。

而源极电压 $U_S = I_D R_S$，因此，静态时栅源电压

$$U_{GS} = U_G - U_S = \frac{R_{G2} V_{DD}}{R_{G1} + R_{G2}} - I_D R_S$$

对于分压式自偏压电路，通过求解下述联立方程组

$$\begin{cases} U_{GS} = \dfrac{R_{G2} V_{DD}}{R_{G1} + R_{G2}} - I_D R_S \\ I_D = I_{DSS} \left(1 - \dfrac{U_{GS}}{U_{GS(off)}} \right)^2 \end{cases}$$

可解出 I_D 和 U_{GS} 的值（舍去一组无用根）。

提　示

该电路产生的栅源电压可正可负可为0，所以适用于所有的场效应管电路！

4.4.3　共源放大电路

1. 微变等效电路

与BJT一样，若FET工作在线性放大区（恒流区），且输入信号为小信号，可用微变等效电路模型来进行动态分析，场效应管的微变等效电路如图4-4-3所示。

在输入回路中，因为场效应管的输入阻抗很高，栅极电流 $i_G \approx 0$，所以可以认为场效应管的输入回路栅极G和源极间开路，设其开路电压为 u_{gs}。

在输出回路中，场效应管是一个电压控制电流的元件，即用 u_{gs} 来控制漏极电流 i_d。所以输出回路可用一个受控电流源来表示：

$$i_d = g_m u_{gs}$$

微课
共源放大电路

教学课件
JFET的微变等效电路

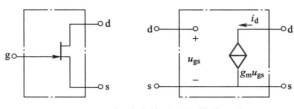

图 4-4-3 场效应管的微变等效电路

2. 参数计算

图 4-4-1 所示为场效应管共源放大电路,交流信号源通过电容耦合到栅极,电阻 R_G 有两个作用:图(a)保持栅极电压约为 0 V,图(b)电阻值很大,可阻止对交流信号源产生负载作用。偏置电压通过 R_S 上的压降来获得,旁路电容 C 可以使 FET 源极有效接地。

其微变等效电路如图 4-4-4 所示。
设 $R'_L = R_D /\!/ R_L$。

$$i_d = g_m u_{gs} = g_m u_i$$
$$u_o = -i_d R'_L = -g_m R'_L u_i$$

则电压放大倍数

$$A_u = \frac{u_o}{u_i} = -g_m R'_L$$

输入电阻由偏置电阻决定 $R_i = R_G$

输出电阻 $R_o \approx R_D$

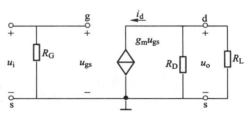

图 4-4-4 场效应管共源放大电路的
微变等效电路

【例 4-1】 场效应管分压式自偏压电路如图 4-4-2 所示,其中 $R_{G1} = 100$ kΩ, $R_{G2} = 20$ kΩ, $R_{G3} = 1$ MΩ, $R_D = 10$ kΩ, $R_S = 2$ kΩ, $R_L = 10$ kΩ, $V_{DD} = 18$ V,场效应管的 $I_{DSS} = 5$ mA, $U_{GS(off)} = -4$ V。求电路的 A_u, R_i 和 R_o。

解:分压式自偏压电路是在自偏压电路的基础上加接栅极分压电阻 R_{G1}, R_{G2} 而组成的。其中,漏极电源 V_{DD} 经 R_{G1}, R_{G2} 分压后通过栅极电阻 R_{G3} 提供栅极电压 U_G(R_{G3} 上电压降为 0)

$$U_G = \frac{R_{G2} V_{DD}}{R_{G1} + R_{G2}}$$

而源极电压 $U_S = I_D R_S$,因此,静态时栅源电压

$$U_{GS} = U_G - U_S = \frac{R_{G2} V_{DD}}{R_{G1} + R_{G2}} - I_D R_S$$

对于分压式自偏压电路,通过求解下述联立方程组

$$\begin{cases} U_{GS} = \dfrac{R_{G2} V_{DD}}{R_{G1} + R_{G2}} - I_D R_S \\ I_D = I_{DSS} \left(1 - \dfrac{U_{GS}}{U_{GS(off)}}\right)^2 \end{cases}$$

可解出 I_D 和 U_{GS} 的值(舍去一组无用根)。

将有关参数代入方程组,可得

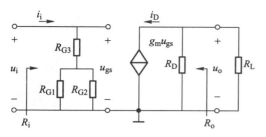

$$\begin{cases} U_{GS} = 3 - 2I_D \\ I_D = 5(1 + 0.25U_{GS})^2 \end{cases}$$

解上述二元二次方程组,可得 $U_{GS} \approx -1.4$ V 和 $U_{GS} = -8.2$ V(小于 $U_{GS(off)} = -4$ V,舍去),取 $U_{GS} = -1.4$ V。

分压式自偏压电路微变等效电路如图 4-4-5 所示,可求得跨导

图 4-4-5   分压式自偏压电路的微变等效电路

$$g_m = -\frac{2I_{DSS}}{U_{GS(off)}}\left(1 - \frac{U_{GS}}{U_{GS(off)}}\right) = -\frac{2 \times 5}{-4}\left(1 - \frac{-1.4}{-4}\right) \text{ mS} \approx 1.6 \text{ mS}$$

教学课件
JFET 的应用电路

$$A_u = \frac{u_o}{u_i} = \frac{-g_m u_{gs} R_L'}{u_{gs}} = -g_m R_L' = -1.6 \times (10 /\!/ 10) = -8.0$$

$$R_i = R_{G3} + R_{G1} /\!/ R_{G2} = [1 + (0.1 /\!/ 0.02)] \text{ M}\Omega \approx 1 \text{ M}\Omega$$

$$R_o \approx R_D = 10 \text{ k}\Omega$$

值得注意的是,分压式自偏压电路除适用于耗尽型 FET 外,也适用于增强型 FET(当分压 $|U_G|$ 值较大,自偏压 $|U_S|$ 值较小时)。

思考与讨论

场效应管的微变等效模型与三极管的微变等效模型有什么不同?

【实际电路应用 14】——MOSFET 前置放大器

微课
FET 的应用电路

图 4-4-6 为一个单通道 MOSFET 前置放大器,用于放大来自调谐器、CD 或 DVD 播放器的输入信号,电路设计很简单,只有一个增强型 MOSFET。R_1、R_2 和 R_3 将栅极电压设置为约 8 V。U_{GS} 接近于 4 V,I_D 略大于 40 mA。栅极的 R_4 用于抑制振荡。稳压二极管可以防止 MOSFET 的栅源电压超出工作范围。

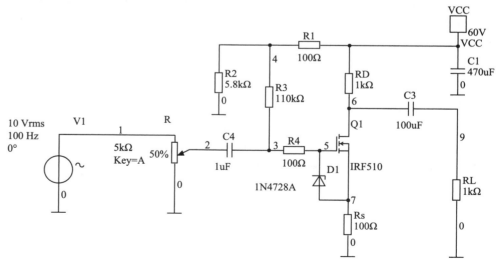

图 4-4-6   单通道 MOSFET 前置放大器

4.4.4　共漏放大电路

共漏放大电路如图 4-4-7 所示,输入信号通过耦合电容加到栅极,在源极端输出信号。电路中没有漏极电阻。此电路与 BJT 的射极跟随器类似,有时也称为源极跟随器。这是一种广泛使用的 FET 电路,因此其具有很高的输入阻抗。

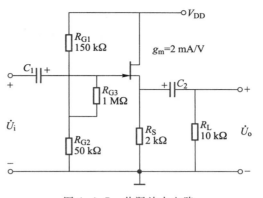

教学课件
测试共漏放大电路

微课
测试共漏放大电路

图 4-4-7　共漏放大电路

1. 放大倍数

$$\dot{U}_o = \dot{I}_d(R_S /\!/ R_L)$$

$$\dot{A}_u = \frac{\dot{U}_o}{\dot{U}_i} = \frac{\dot{I}_d(R_S /\!/ R_L)}{\dot{U}_i}$$

$$\dot{I}_d = g_m \dot{U}_{gs} = g_m[\dot{U}_i - \dot{I}_d(R_S /\!/ R_L)] = g_m[\dot{U}_i - \dot{I}_d R'_L]$$

$$\dot{I}_d = \frac{g_m}{1 + g_m R'_L}\dot{U}_i$$

$$A_u = \frac{U_o}{U_i} = \frac{I_d(R_S /\!/ R_L)}{U_i} = \frac{g_m R'_L}{1 + g_m R'_L}$$

$$= \frac{2 \times 10^{-3} \times 1.6 \times 10^3}{1 + 2 \times 10^{-3} \times 1.6 \times 10^3} = 0.76$$

仿真源文件
测试共漏放大电路

2. 输入电阻

$$R_i = R_G = R_{G3} + R_{G1} /\!/ R_{G2} = 1.0375 \text{ M}\Omega$$

3. 输出电阻

计算输出电阻 R_o 的等效电路如图 4-4-8 所示。首先将 R_L 开路,u_i 短路,在输出端加信号 u_o

$$I'_S = -g_m U_{gs} = -g_m(-U_o) = g_m U_o$$

$$R'_o = \frac{U_o}{I'_S} = \frac{1}{g_m}$$

$$R_o = R_S /\!/ \frac{1}{g_m}$$

$$= 2 \times 10^3 /\!/ \frac{1}{2 \times 10^{-3}} \ \Omega$$

$$= 400 \ \Omega$$

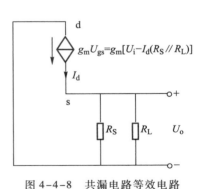

图 4-4-8　共漏电路等效电路

4.5　技能训练项目——场效应管放大电路参数测试

1. 目的

(1) 场效应管放大电路模型、工作点、参数调整、行为特征观察方法。

（2）研究场效应管放大电路的放大特性及元件参数的计算。

（3）进一步熟悉放大器性能指标的测量方法。

2. 实验电路

测试采用 N 沟道结型场效应管 3DJ6F，其实验电路如图 4-5-1 所示。图 4-5-2 为结型场效应管 3DJ6F 的输出特性和转移特性曲线，表 4-5-1 列出了 3DJ6F 的典型参数值及测试条件。

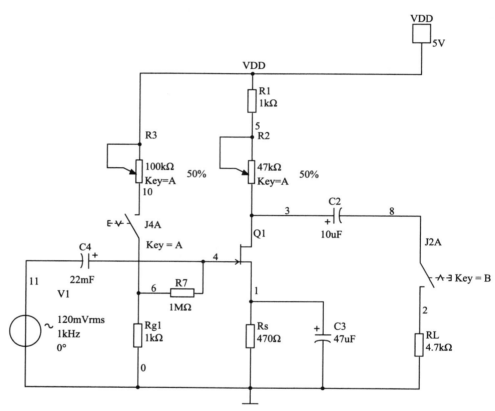

图 4-5-1　场效应管放大电路

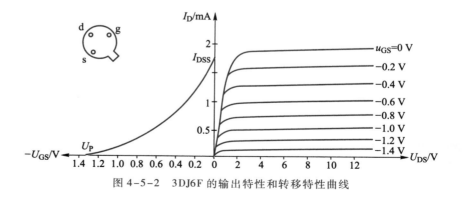

图 4-5-2　3DJ6F 的输出特性和转移特性曲线

表 4-5-1 3DJ6F 的典型参数值及测试条件

参数名称	饱和漏极电流 I_{DSS}/mA	夹断电压 U_p/V	跨导 g_m/(μA/V)
测试条件	$U_{DS} = 10$ V $U_{GS} = 0$ V	$U_{DS} = 10$ V $I_{DS} = 50$ μA	$U_{DS} = 10$ V $I_{DS} = 3$ mA $f = 1$ kHz
参数值	1 ~ 3.5	<|-9|	>100

3. 测试方案

（1）静态工作点的测量和调整

关闭系统电源，按实验电路连接电路。

调节信号源使其输出频率为 1 kHz、峰-峰值为 200 mV 的正弦信号 u_i，并用示波器同时检测 u_o 和 u_i 的波形，如波形正常放大未失真，则断开信号源，测量 U_g、U_s 和 U_d，把结果记入表 4-5-2。

若不合适，则适当调整 R_{G2} 和 R_S，调好后，再测量 U_g、U_s 和 U_d，并记入表 4-5-2。

表 4-5-2 测量结果 1

测量值					
U_g/V	U_s/V	U_d/V	U_{ds}/V	U_{gs}/V	I_d/mA

（2）电压放大倍数的测量

在放大器的输入端加入频率为 1 kHz、峰-峰值为 500 mV 的正弦信号 u_i，并用示波器同时观察输入电压 u_i、输出电压 u_o 的波形。在输出电压 u_o 没有失真的条件下，用交流毫伏表分别测量 $R_L = \infty$ 和 $R_L = 4.7$ kΩ 时的输出电压 u_o（注意：保持 u_i 幅值不变），记入表 4-5-3；用示波器同时观察 u_i 和 u_o 的波形，描绘出来并分析它们的相位关系。

表 4-5-3 测量结果 2

测量值			
	输入电压	输出电压	电压放大倍数
$R_L = \infty$			
$R_L = 4.7$ kΩ			

（3）R_i 的测量

选择合适大小的输入电压 U_S（约 50 ~ 100 mV），使输出电压不失真，测出输出电压 u_{o1}，然后关闭系统电源，在输入端串入 5.1 kΩ 电阻，测出输出电压 u_{o2}，根据公式

$$R_i = \frac{U_{o2}}{U_{o1} - U_{o2}} = R$$

求出 R_i，记入表 4-5-4。

表 4-5-4 测量结果 3

测量值	
u_{o1}/V	u_{o2}/V

4. 技能训练要求

工作任务书

任务名称	场效应管放大电路参数测试
课时安排	课内测试场效应管放大电路参数
测试要求	1. 正确记录测试结果 2. 与计算结果相比较,若不符合,请仔细查找原因
设计报告	1. 场效应管放大电路原理图 2. 列出元件清单 3. 调试、检测电路功能是否达到要求 4. 分析数据

知识梳理与总结

FET 分为 JFET 和 MOSFET 两大类。每类都有两种沟道类型,而 MOSFET 又分为增强型和耗尽型(JFET 属耗尽型),故共有 6 种类型 FET。

JFET 和 MOSFET 内部结构有较大差别,但内部的沟道电流都是多子漂移电流。一般情况下,该电流与 u_{GS}、u_{DS} 都有关。

FET 是电压控制电流器件。

在 FET 放大电路中,U_{DS} 的极性取决于 FET 的沟道性质,N 沟道时为正,P 沟道时为负;为了建立合适的偏置电压 U_{GS},不同类型的 FET,对偏置电压的极性有不同要求:JFET 的 U_{GS} 与 U_{DS} 极性相反,增强型 MOSFET 的 U_{GS} 与 U_{DS} 极性相同,耗尽型 MOSFET 的 U_{GS} 可正、可负或为零。

由于 FET 具有输入阻抗高、噪声低(如 JEFT)等一系列优点,若 FET 和 BJT 结合使用,就可大大提高和改善电子电路的某些性能指标。

习 题

4.1 为什么 JFET 的输入电阻比 BJT 的大得多?

4.2 JEFT 的栅极与沟道间的 PN 结在作为一般放大器件工作时,能用正向偏置吗? BJT 的发射结呢?

4.3 图 4-1 所示符号各表示哪种沟道 JEFT? 其箭头方向代表什么?

4.4 试由图4-2所示输出特性曲线判断它们各代表何种器件，如果是JFET管，请说明它属于何种沟道。

4.5 试分别画出N沟道和P沟道JEFT的输出特性和转移特性曲线示意图，并在特性曲线中标出i_D，u_{DS}，u_{GS}，I_{DSS}和$U_{GS(off)}$等参数，说明u_{DS}，u_{GS}和$U_{GS(off)}$在两种沟道JETF中的极性。

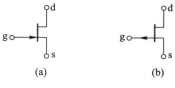

图4-1

4.6 为什么MOSFET的输入电阻比JEFT的大？

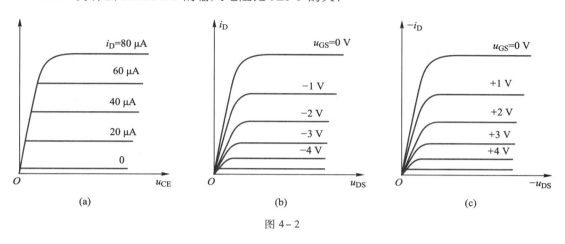

图4-2

4.7 FET有许多类型，它们的输出特性及转移特性各不相同，试总结出判断类型及电压极性的规律。

4.8 考虑P沟道FET对电源极性的要求，画出由这种类型管子组成的共源放大电路。

4.9 一个JFET的转移特性曲线如图4-3所示，试问：①它是N沟道还是P沟道的FET？ ②它的夹断电压$U_{GS(off)}$和饱和漏极电流I_{DSS}各是多少？

4.10 一个MOSFET的转移特性如图4-4所示（其中漏极电流i_D的方向是它的正方向）。 试问：①该管是耗尽型还是增强型？ ②是N沟道还是P沟道？ ③从这个转移特性上可求出该FET的夹断电压$U_{GS(off)}$还是开启电压$U_{GS(th)}$？ 其值等于多少？

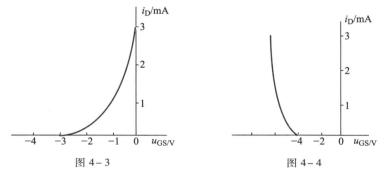

图4-3 图4-4

4.11 增强型FET能否用自偏压的方法来设置静态工作点？ 试说明理由。

4.12 已知电路参数如图4-5所示，FET工作点上的互导$g_m = 1$ mS，设$r_{ds} \gg R_D$。 ①画出电路的小信号模型。 ②求电压增益A_u。 ③求放大器的输入电阻R_i。

4.13   源极输出器电路如图 4-6 所示，已知 FET 工作点上的互导 $g_m = 0.9$ mS，其他参数如电路中所示。 求电压增益 A_u，输入电阻 R_i 和输出电阻 R_o。

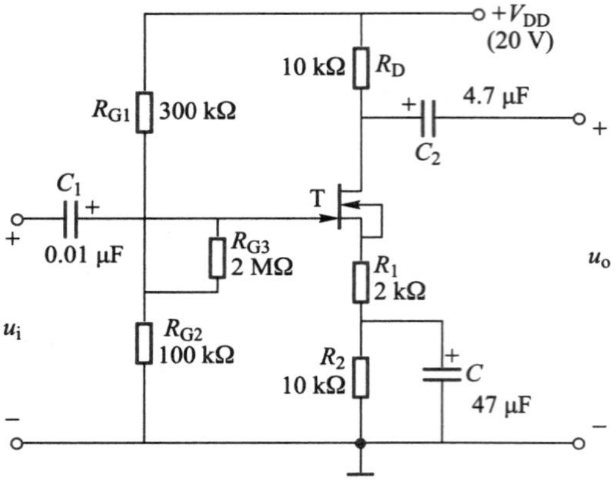

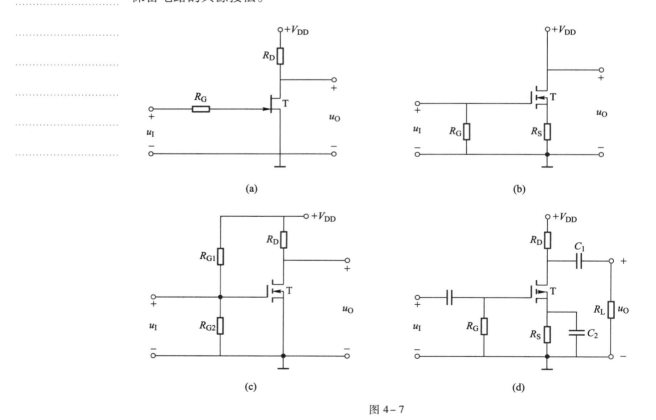

图 4-5 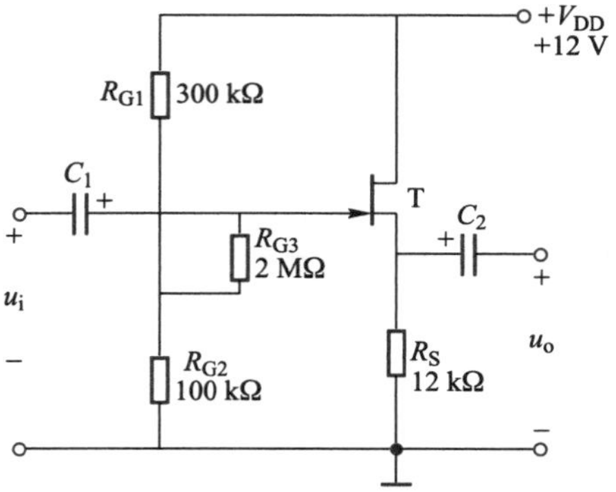   图 4-6

4.14   改正图 4-7 所示各电路中的错误，使它们有可能放大正弦波电压。要求保留电路的共源接法。

(a)   (b)

(c)   (d)

图 4-7

4.15   在图 4-8 所示的电路中，$R_D = R_S = 5.1$ kΩ，$R_{G2} = 1$ MΩ，$V_{DD} = 24$ V，场

效应管的 $I_{DSS} = 2.4$ mA、$U_{GS(off)} = -6$ V，各电容器的电容量均足够大。 若要求管子的 $U_{GSQ} = 1.8$ V，求：

（1） R_{G1} 的数值；

（2） I_{DQ} 的值；

（3） $A_{u1} = \dfrac{U_{o1}}{U_i}$ 及 $A_{u2} = \dfrac{U_{o2}}{U_i}$ 的值。

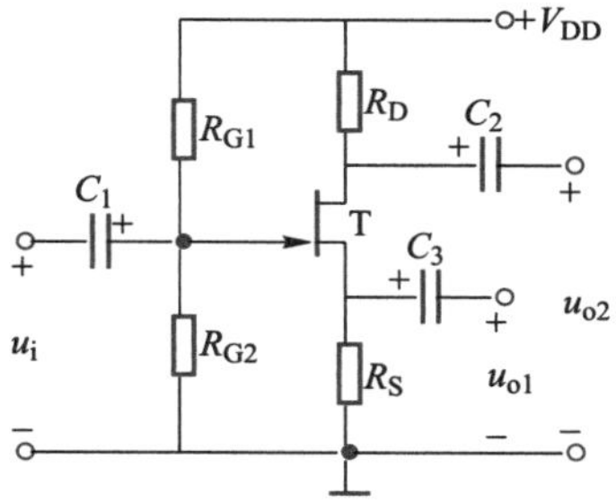

图 4 - 8

第 **5** 章

功率放大电路

知识重点

● 熟悉功率放大电路的特点和主要研究对象

● 熟悉功率放大电路的分类

● 能区别 OTL 与 OCL 电路的特点

● 了解功放管的选择方法

● 了解集成功率放大器的性能特点及其应用

知识难点

● 掌握甲类、乙类、甲乙类的概念

● 熟练掌握 OCL 电路的工作原理及其性能分析

● 熟悉交越失真的概念及克服交越失真的方法

● 正确估算功率放大电路的输出功率和效率

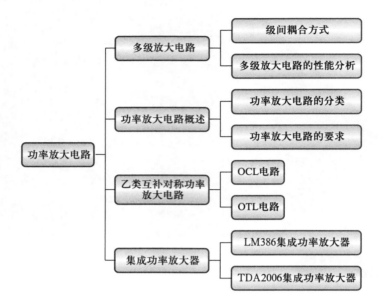

引言

功率放大电路虽然听起来很陌生,很专业,但它每天为我们服务,MP3 播放器,手机,电视机等一切可以发出声音的产品中,都靠功率放大电路驱动扬声器或耳机来还原出声音。如图 5-0-1 所示是一个 MP3 播放器的系统框图,歌曲以数字形式保存在存储器中(flash 或 SD 卡),CPU 把歌曲读出来后,由 DSP 数字信号处理器解码,之后经过 DAC 数模转换形成音乐的模拟信号,通过功率放大电路(电压放大+功率放大)之后就可以通过扬声器或耳机还原了。

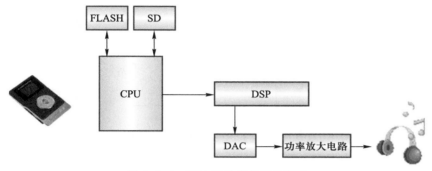

图 5-0-1　MP3 播放器的系统框图

功率放大电路按放大信号的频率,可分为高频功率放大电路和低频功率放大电路。前者用于放大射频范围(几百千赫兹到几十兆赫兹)的信号,后者用于放大音频范围(几十赫兹到几十千赫兹)的信号,本章所讨论的是低频功率放大电路。

5.1　多级放大电路

在实际应用中,要放大的信号往往很微弱,比如电视机,收音机所接受的电视信号和电台信号,要放大这种微弱信号,一级放大电路很难满足,因此,实用放大电路中常选择多个基本放大电路,并将它们合理连接构成多级放大电路。

多级放大电路的组成框图如图 5-1-1 所示。

图 5-1-1　多级放大电路的组成框图

输入级通常要求输入电阻高,以减小对信号源的影响,一般采用共集放大电路或场效应管放大电路;中间级要求具有足够的放大倍数,一般由若干级共射放大电路组成;输出级一方面要求输出电阻要低,以提高带负载能力,另一方面要具有一定的输出功率,一般采用共集放大电路或功率放大电路。

5.1.1　级间耦合方式

组成放大电路的每一个基本放大电路称为一级,级与级之间的连接称为耦合。多

微课
测试多级放大电路

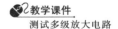

教学课件
测试多级放大电路

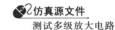

仿真源文件
测试多级放大电路

级放大电路中常用的耦合方式有:阻容耦合、直接耦合和变压器耦合等。

微课
级间耦合方式

1. 阻容耦合

级与级之间用电容连接起来,称为阻容耦合,如图 5-1-2 所示为阻容耦合两级放大电路,第一级为分压偏置共射放大电路,第二级为共集放大电路。信号源和第一级通过电容 C_1 耦合,第一级和第二级通过 C_2 耦合,第二级和负载通过 C_3 耦合。

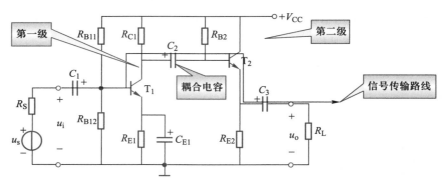

图 5-1-2   阻容耦合多级放大电路

由于电容"隔直通交"的作用,阻容耦合多级放大电路的优点是,放大电路各级静态工作点相互独立,因而设置和调试电路静态工作点的方法和单级放大电路完全相同。

阻容耦合多级放大电路的缺点是,如果输入信号频率很低,那么低频信号在耦合电容上的压降会很大,致使电压放大倍数大大下降,甚至根本不能放大,所以阻容耦合电路的低频特性差,不能放大变化缓慢的信号。

另外,由于在集成电路中不能制造大容量电容,所以阻容耦合放大电路在集成电路中无法应用,只能用于分立元件电路中。集成电路中的放大电路一般采用直接耦合的方式。

【实际电路应用 15】——助听器

助听器电路图如图 5-1-3 所示,驻极体话筒 BM 的作用是拾音,将声音信号转换为电信号,通过 C_1 耦合到 T_1 进行电压放大,再经 C_2 耦合至 T_2 再次进行电压放大。放大之后经 C_3 耦合至 T_3 进行电流放大,放大后的输出信号从电位器 R_P 上取出,经 C_5 耦合至耳机 BE 发声,调节电位器 R_P 即可调节音量。

2. 直接耦合

将前一级的输出端直接连接到后一级的输入端,称为直接耦合,如图 5-1-4 所示为直接耦合放大电路。

直接耦合放大电路的优点是既能放大交流信号,也能放大变化缓慢的信号和直流信号,更重要的是便于集成化,目前的集成放大电路几乎均采用直接耦合的方式。

直接耦合放大电路的缺点是由于不用电容器,各级直流通路相互不是隔离的,故各级静态工作点不独立,电路调试比较复杂。另外,由于不用电容器,前级的温漂会被逐级放大下去,有用信号也可能被淹没在噪声中,所以必须解决温漂问题。

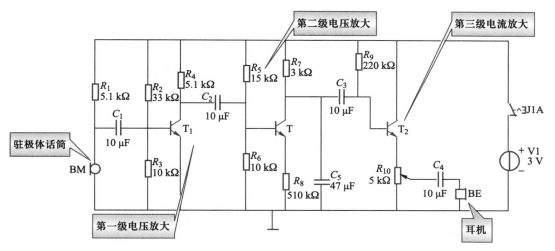

图 5-1-3　助听器电路

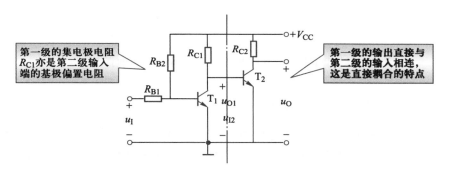

图 5-1-4　直接耦合放大电路

【实操技能 10】——级间直流电位匹配问题

若将两级电路简单直接耦合,存在一定缺陷,因为正常放大时 $U_{BE2}=0.7\ V=U_{CE1}$,T_1 的集电极电位被 T_2 的基极限制在 0.7 V 左右,容易使 T_1 的 Q 点进入饱和区,不能正常放大,这就是级间直流电位匹配问题。可以采用下列解决办法:①抬高后级的直流输入电压,如图 5-1-5(b)所示;②降低前级的直流输出电压,如图 5-1-6 所示。

(a)

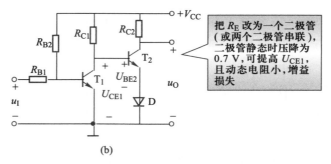

图 5-1-5   级间直流电位匹配解决办法－抬高后级的直流输入电压

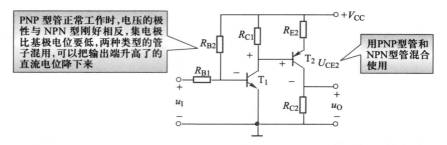

图 5-1-6   级间直流电位匹配解决办法——降低前级的直流输出电压

5.1.2   多级放大电路的性能分析

　　分析一个多级放大电路的动态性能,应当把多级放大电路分解成若干个单级电路,在分析计算各个单级电路的基础上,综合得到全电路的性能。一个多级放大电路的方框图如图 5-1-7 所示,由图可知,放大电路中前级的输出电压等于后级的输入电压。

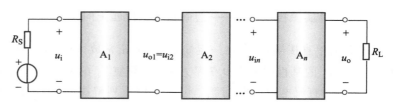

图 5-1-7   多级放大电路框图

　　所以多级放大电路的放大倍数为

$$A_u = \frac{u_o}{u_i} = \frac{u_{o1}}{u_i}\frac{u_{o2}}{u_{o1}}\cdots\frac{u_o}{u_{o(n-1)}} = A_{u1} \cdot A_{u2} \cdot \cdots \cdot A_{un}$$

　　根据放大电路输入电阻的定义,多级放大电路的输入电阻就是其第一级的输入电阻,即

$$R_i = R_{i1}$$

　　根据放大电路输出电阻的定义,多级放大电路的输出电阻就是其最后一级的输出电阻,即

$$R_o = R_{on}$$

值得注意的是：当多级放大电路的输出波形产生失真时，应首先确定在哪一级产生的失真，然后再判断是产生了饱和失真，还是截止失真。另外，如果多级放大电路的输出波形产生振荡，应设法消除。

提　示

若用分贝表示，则多级放大电路的电压总增益等于各级电压增益之和，即

$$A_u(\mathrm{dB}) = A_{u1}(\mathrm{dB}) + A_{u2}(\mathrm{dB}) + \cdots + A_{un}(\mathrm{dB})$$

思考与讨论

判断图 5-1-8 所示各两级放大电路中 T_1 和 T_2 管分别组成哪种基本接法的放大电路。设图中所有电容对于交流信号均可视为短路。

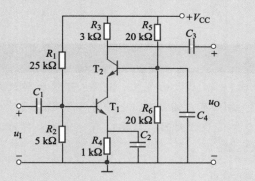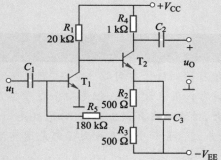

图 5-1-8　思考与讨论图

5.2　功率放大电路概述

教学课件
功率放大电路的特点

当放大器所加的偏置使它始终工作在线性区，即输出信号是输入信号的放大复制时，它就是一种功率放大电路，甲类功率放大电路。功率放大电路是指够为负载提供足够大功率的放大电路，简称功放。在实用电子电路中，往往要求分立元件放大器或集成运算放大器的末级能提供一定的输出功率来驱动负载，如扬声器、继电器、指示表头或显示器等。这就需要功放电路。放大器框图如图 5-2-1 所示。

微课
功率放大电路的特点

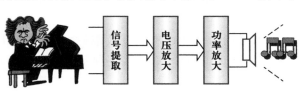

图 5-2-1　放大器框图

5.2.1   功率放大电路的分类

　　小米和小亚各有一台收音机,均采用两节5号电池供电,除了功率放大电路部分不同,其余的电路完全相同。为了省电,小米总是调低声音,可电池总是很快耗完;小亚的收音机却能用很长时间。这是为什么呢?

教学课件
功率放大电路的分类

　　如图5-2-2(a)所示,功率放大电路按放大器中三极管静态工作点设置的不同,可以分为甲类、甲乙类、乙类、丙类、丁类等。

　　甲类功率放大电路(简称甲类功放)通常将工作点设置在交流负载线的中点,放大管在整个输入信号周期内都导通,有电流流过。甲类功放的导通角 θ 为360°。甲类功放静态工作点设置较高,始终有较大的直流电流 I_c,消耗一定的电源功率,因此效率低下,理想甲类功放的最高效率也只能达到50%。实际的甲类功放的效率通常在10%以下。

　　之前学习的三极管共射放大电路,有电压放大,电流放大的能力,当然也可以功率放大。其静态工作点通常设置在放大区,但是输入信号幅度很小,可以看成是"小信号甲类放大器"。当输出信号比较大,接近不失真输出的极限时,就是一个大信号放大器。只要所有时候放大器都工作在线性区,就认为大信号和小信号放大器都是甲类放大器。

　　乙类功率放大电路(简称乙类功放)通常将工作点设置在截止区,放大管在整个输入信号周期内仅有半个周期导通,有电流流过,当输入信号为0 V时,放大器就会因为进入截止区而输出为0。乙类功放的导通角 θ 为180°。乙类功放无输入时静态电流为0,功放管不消耗功率,效率较高,但波形失真严重。

微课
功率放大电路的分类

　　乙类的典型电路如图5-2-2(b)所示,在没有输入信号时三极管截止,没有输出。只有当输入信号的幅度超过0.7 V,即三极管b-e极间获得正向偏置时才会进入放大状态,e极才会有电流流过。当输入信号降到0.7 V以下及进入负半周时,三极管截止,所以输出端看只放大了一半的信号。

　　甲乙类功率放大电路(简称甲乙类功放)介于甲类和乙类之间,通常将工作点设置在放大区内,但很接近截止区,放大管在整个输入信号周期内有大半个周期导通,有电流流过。甲乙类功放的导通角为180° ≤ θ ≤ 360°。静态功耗效率介于甲类和乙类之间。

　　丙类功率放大电路其导通角为 θ ≤ 180°,其效率最高可达99.9%,但输出信号有明显失真,一般不用在音频放大电路中,而用在高频发射极的谐振功率放大电路中。

　　丁类功率放大电路与前几类有着本质的区别,它工作于开关状态,虽然结构复杂,但因其工作效率高,理想情况下可达100%,而得到越来越广泛的应用。

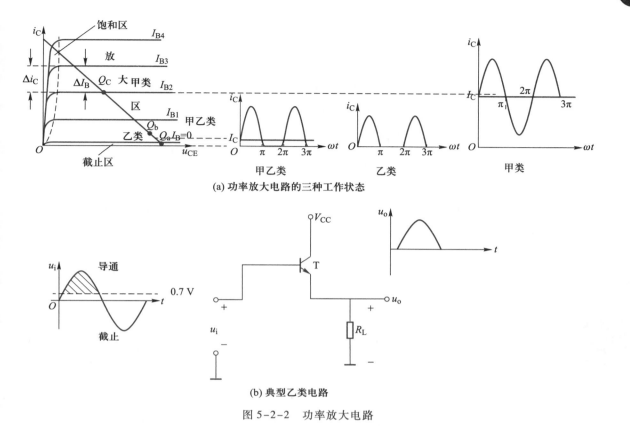

(a) 功率放大电路的三种工作状态

(b) 典型乙类电路

图 5-2-2 功率放大电路

　　小米的收音机功放电路就是甲类状态,因为尽管音量调小,只能做到使输出功率减小,但是电源供给的直流功率 P_V 始终是恒定的,当交流输出功率 P_o 越小时,管子及电阻上损耗的功率即无用功率 P_{VT} 反而越大,这种损耗功率通常以热量的形式耗散出去,根本达不到省电的目的。在甲类功放中,没有信号输出时,放大器的负荷恰恰是最重的。

　　而小亚的收音机功放电路是乙类状态,无信号时三极管处于截止状态,电源不提供电流;只在有信号输入时电源才提供电流。把电源提供的能量大部分输出至负载上,少部分损耗在管子本身上,提高了放大电路的整体效率,自然可以长时间使用。

　　由于甲乙类和乙类功率放大电路的效率大大提高,因此功率放大电路主要使用这两种放大电路。

微课
功放电路

职业素养
凡事有利必有弊

提　　示

　　甲类功放是最简单的功率放大电路,它使用一只三极管也可以实现功率的放大,虽然它的放大效率比较低,但其精度高,带宽宽,能提供非常平滑的音质,音色圆润温暖,高音透明开扬,获得不少音响发烧友的喜爱,所以甲类音响功率放大器仍被广泛使用。

5.2.2　功率放大电路的要求

　　功率放大电路与一般的电压放大电路或电流放大电路的要求不同,着重研究其最

大输出的功率 P_{om} 和效率 η 等问题。

1. 输出功率要尽可能大

输出功率 P_o 是指供给负载的信号功率。功率放大电路在输入正弦信号且输出基本不失真的情况下,负载上能够获得的最大交流功率,称为最大输出功率 P_{om}。

输出功率 P_o 等于输出电压与输出电流有效值的乘积,即

$$P_o = U_o I_o = \frac{U_{om}}{\sqrt{2}} \times \frac{I_{om}}{\sqrt{2}R_L} = \frac{1}{2}I_{om}^2 R_L = \frac{1}{2} \times \frac{U_{om}^2}{R_L}$$

式中,U_{om} 为输出电压的幅值,U_o 为有效值;I_{om} 为输出电流的幅值,I_o 为有效值。

教学课件
功率放大电路的性能指标

2. 效率 η 要尽可能高

功率放大电路的输出功率是由直流电源提供的,设直流电源在提供输出功率为 P_V,功放管的损耗功率为 P_T,则有

$$P_V = P_o + P_T$$

微课
功率放大电路的性能指标

所谓效率就是负载得到的有用信号功率和电源提供的直流总功率的比值。

其定义为

$$\eta = \frac{P_o}{P_V}$$

3. 非线性失真要小

由于三极管等功率管是非线性器件,在大信号工作状态下输出信号不可避免地会产生一定的非线性失真。在实际应用中,我们应根据需要,尽量减小非线性失真,满足负载要求。

4. 功率管的安全和散热

由于在功率放大电路中的功率管承受的电压高、电流大、工作温度高,因此,功率管损坏的可能性也比较大,在设计和使用时应充分考虑功率管的损坏与保护问题。

很多系统需要功率放大电路,但会产生不需要的热量,这正是甲类功放低效的一个原因。

提　示

低频电压放大工作在小信号状态,可用微变等效电路分析,一般不讨论输出功率;
功率放大电路在大信号情况下工作,通常采用图解法进行分析。

教学课件
乙类功率放大电路的组成

5.3　乙类互补对称功率放大电路

微课
乙类功率放大电路的组成

乙类功率放大电路有多种电路形式,早期使用的是有变压器耦合的乙类功率放大器,这种功放电路由于变压器体积大、笨重等原因现在很少使用。目前广泛使用的有无输出变压器的功率放大器(OTL 电路)、桥式推挽功率放大器(BTL 电路)和无输出电容器的功率放大器(OCL 电路)。

5.3.1　OCL 电路

1. 电路组成

工作在乙类的放大电路,虽然管耗小,有利于提高效率,但输出信号只有半个波

形,存在严重的失真。如果用两个管子,使之都工作在乙类放大状态,但一个在正半周工作,而另一个在负半周工作,同时使这两个输出波形都能加到负载上,从而在负载上得到一个合成的完整波形。利用这种方式工作的功放电路称为乙类互补对称功率放大电路。

OCL(无输出电容器)乙类互补对称功率放大电路如图 5-3-1(a)所示,由于电路的输出不经电容耦合,直接接至负载,所以命名为 OCL 电路。

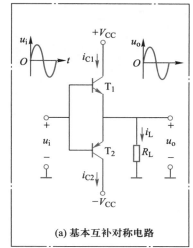 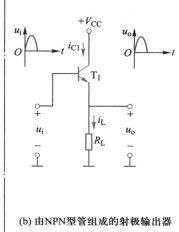 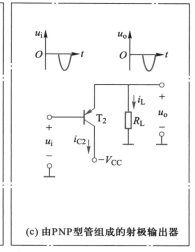

图 5-3-1   两射极输出器组成的基本互补对称电路

该电路中,T_1 和 T_2 分别为 NPN 型管和 PNP 型管,两管参数相同,基极和发射极分别相互连接在一起,信号从基极输入,从发射极输出,R_L 为负载。这个电路可以看成是由图 5-3-1(b)、(c)两个射极输出器组合而成。

2. 推挽工作

由于乙类放大电路工作在截止区,因此,静态时,$u_i = 0$,T_1 截止,T_2 截止,负载无电流,$u_o = 0$。

由于没有直流偏置电压($U_B = 0$),只有信号电压才能驱动三极管进入导通状态。当信号处于正半周时,T_2 截止,T_1 发射结正偏导通,有电流 i_L 通过负载 R_L;而当信号处于负半周时,T_1 截止,T_2 发射结正偏导通,仍有电流 i_L 通过负载 R_L。即该电路实现了在静态时管子不取电流,而在有信号时,T_1 和 T_2 轮流导通使输出不失真的功能。此电路实际上是一种推挽式电路。由于两个管子互补对方的不足,工作性能对称,所以该电路也称为互补对称电路。

OCL 电路 Multisim 仿真波形如图 5-3-2 所示:建立如图所示电路,选用 4 端输入示波器,分别接输入,输出,NPN 型管输出和 PNP 型管输出。单击示波器,观察各波形情况,则 NPN 型管和 PNP 型管分别输出半个周期,而且交替进行。

3. 参数计算

为分析方便起见,设 BJT 是理想的,两管完全对称,其导通电压 $U_{BE} = 0$,饱和压降 $U_{CES} = 0$,因两管子的静态电流很小,所以可以认为静态工作点在横轴上,如图 5-3-3 中

教学课件
测试功率放大电路

微课
测试功率放大电路

仿真源文件
测试功率放大电路

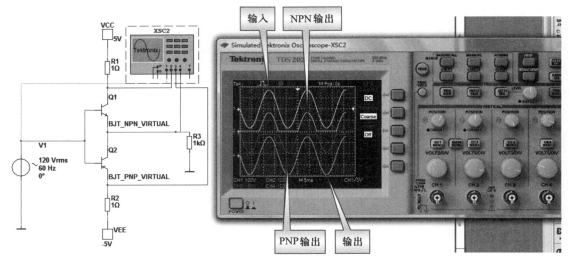

图 5-3-2 OCL 电路仿真波形

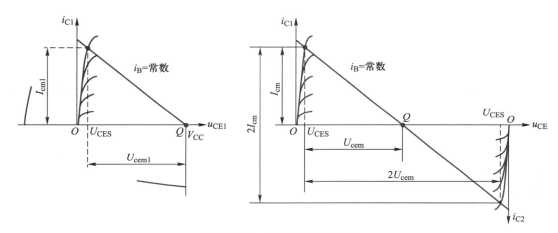

图 5-3-3 OCL 电路图解分析

所标的 Q 点。则放大器的最大输出电压振幅为 V_{CC}，最大输出电流振幅为 V_{CC}/R_L，且在输出不失真时始终有 $u_i = u_o$。

（1）输出功率 P_o

设输出电压的幅值为 U_{om}，有效值为 U_o；输出电流的幅值为 I_{om}，有效值为 I_o。则输出功率为

$$P_o = U_o I_o = \frac{U_{om}}{\sqrt{2}} \times \frac{I_{om}}{\sqrt{2} R_L} = \frac{1}{2} I_{om}^2 R_L = \frac{1}{2} \times \frac{U_{om}^2}{R_L}$$

当输入信号足够大，使 $U_{om} = U_{im} = V_{CC} - U_{CES} \approx V_{CC}$ 时，可得最大输出功率

$$P_{om} = \frac{1}{2} \times \frac{U_{om}^2}{R_L} \approx \frac{1}{2} \times \frac{V_{CC}^2}{R_L}$$

（2）效率 η

$$\eta = \frac{P_o}{P_V} = \frac{\pi}{4} \times \frac{U_{om}}{V_{CC}}$$

教学课件
乙类功率放大电路
的工作原理

微课
乙类功率放大电路
的工作原理

即 $U_{om} \approx V_{CC}$ 时,得最高效率

$$\eta_m = \frac{P_{om}}{P_{Vm}} = \frac{\pi}{4} \approx 78.5\%$$

提　示

实际的 OCL 电路其效率值要比此略低,大约为 60%。

（3）集电极最大功耗 P_{tm}

在功率放大电路中,电源提供的功率,除了转换为输出功率外,其余部分主要消耗在三极管上,三极管所损耗的功率为:$P_T = P_V - P_o$。当输入电压为零时,由于集电极电流很小,管子的功耗很小;输入电压最大,即输出功率最大时,由于管压降很小,管子的功耗也很小;可见,管耗最大既不是在输入电压最小时,也不是在输入电压最大时。可以证明,当输出电压峰值 $U_{om} \approx 0.6V_{CC}$ 时,管耗最大,每只管子的管耗

$$P_T = P_{Tm} \approx 0.2P_{om}$$

（4）直流电源供给的最大平均功率 P_{Vm}

在忽略其他回路电流的情况下,电源 V_{CC} 提供的最大幅值为 $\dfrac{V_{CC} - U_{CES}}{R_L}$,设输入信号频率为 ω,则 t 时刻电源提供的电流为

$$i_c = \frac{V_{CC} - U_{CES}}{R_L} \sin\omega t$$

在负载获得最大交流功率时,电源所提供的平均功率等于其最大平均电流与电源电压之积,其表达式为

$$P_{Vm} = \frac{1}{\pi} \int_0^\pi \frac{V_{CC} - U_{CES}}{R_L} \sin\omega t \, V_{CC} \mathrm{d}\omega t$$

整理后,得

$$P_{Vm} = \frac{2}{\pi} \frac{V_{CC}(V_{CC} - U_{CES})}{R_L}$$

【例 5-1】 已知乙类互补对称功放电路如图 5-3-1(a)所示,设 $V_{CC} = 24$ V,$R_L = 8\ \Omega$,试求:

（1）估算其最大输出功率 P_{om} 以及最大输出时的 P_V、P_{T1} 和效率 η,并说明该功率放大电路对功率管的要求。

（2）放大电路在 $\eta = 0.6$ 时的输出功率 P_o 的值。

解:（1）求 P_{om}

$$P_{om} = \frac{1}{2} \times \frac{V_{CC}^2}{R_L} = \frac{(24\text{ V})^2}{2 \times 8\ \Omega} = 36\text{ W}$$

而通过功放管的最大集电极电流,c-e 极间的最大压降和它的最大管耗分别为

$$P_{Vm} = \frac{2}{\pi} \cdot \frac{V_{CC}^2}{R_L} \approx 1.27P_{om}$$

$$P_{T1m} \approx 0.2P_{om} = 0.2 \times 36\text{ W} = 7.2\text{ W}$$

$$\eta_{\max} = \frac{P_{om}}{P_{Vm}} = \frac{\pi}{4} \approx 78.5\%$$

（2）当 $\eta = 0.6$ 时，有

$$U_{om} = \frac{4V_{CC}\eta}{\pi} = \frac{4 \times 24 \text{ V} \times 0.6}{\pi} \approx 18.3 \text{ V}$$

$$P_o = \frac{1}{2} \times \frac{U_{om}^2}{R_L} = \frac{1}{2} \times \frac{(18.3 \text{ V})^2}{8 \text{ }\Omega} \approx 20.9 \text{ W}$$

4. 功率 BJT 的选择

在选择功率 BJT 时，必须考虑以下几点：

① 每只 BJT 的最大允许管耗 P_{CM} 必须大于实际工作时的 $0.2P_{om}$。

② 击穿电压 $|U_{(BR)CEO}| > 2V_{CC}$ 的 BJT。

③ 通过 BJT 的最大集电极电流为 V_{CC}/R_L，选择 BJT 的最大允许的集电极电流 I_{CM} 一般不宜低于此值。

提　示

实际上在选管子的极限参数时，还要留有充分的裕量，一般提高 50% ～100% 或以上。而且管子要按照要求安装散热片。

【例 5-2】　功放电路如图 5-3-1（a）所示，设 $V_{CC} = 12 \text{ V}$，$R_L = 8 \text{ }\Omega$，BJT 的极限参数为 $I_{CM} = 2 \text{ A}$，$|U_{(BR)CEO}| = 30 \text{ V}$，$P_{CM} = 5 \text{ W}$。试求：最大输出功率 P_{om} 值，并检验所给 BJT 是否能安全工作？

解：求 P_{om}，并检验 BJT 的安全工作情况，可求出

$$P_{om} = \frac{1}{2} \times \frac{V_{CC}^2}{R_L} = \frac{(12 \text{ V})^2}{2 \times 8 \text{ }\Omega} = 9 \text{ W}$$

通过 BJT 的最大集电极电流、BJT c-e 极间的最大压降和它的最大管耗分别为

$$i_{Cm} = \frac{V_{CC}}{R_L} = \frac{12 \text{ V}}{8 \text{ }\Omega} = 1.5 \text{ A}$$

$$u_{CEm} = 2V_{CC} = 24 \text{ V}$$

$$P_{T1m} \approx 0.2P_{om} = 0.2 \times 9 \text{ W} = 1.8 \text{ W}$$

所求 i_{Cm}、u_{CEm} 和 P_{T1m}，均分别小于极限参数 I_{CM}、$|U_{(BR)CEO}|$ 和 P_{CM}，故 BJT 能安全工作。

5. 交越失真

前面所讨论的乙类互补对称电路（图 5-3-4（a）所示），实际上并不能使输出波形很好地反映输入的变化。主要是由于三极管没有静态电流，当输入信号 u_i 低于三极管的阈值电压时，在输入电压正负半周交替处，三极管 T_1 和 T_2 都截止，i_{C1} 和 i_{C2} 基本为零，负载 R_L 上无电流通过，出现一段死区，如图 5-3-4（b）所示。这种现象称为交越失真。

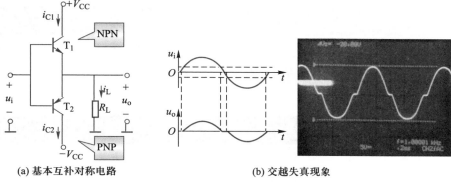

(a) 基本互补对称电路　　　(b) 交越失真现象

图 5-3-4　双电源互补对称电路中的交越失真

克服交越失真的办法就是预先给三极管提供一个较小的基极偏置电流,使三极管在静态时处于微弱导通状态。

图 5-3-5 所示为采用二极管作为偏置电路的甲乙类双电源互补对称电路。该电路中,R_2,D_1,D_2 上产生的压降为互补输出级 T_1、T_2 提供了一个适当的偏压,使之处于微导通的甲乙类状态,R_2 的阻值通常较小,调节 R_2 的阻值可以改变 T_1、T_2 的静态工作点。且在电路对称时,仍可保持负载 R_L 上的直流电压为 0;而 D_1、D_2 导通后的交流电阻也较小,对放大器的线性放大影响很小。

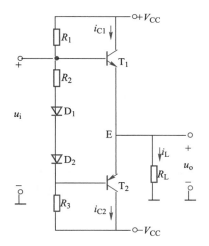

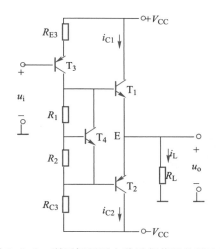

教学课件
交越失真的消除

微课
交越失真

图 5-3-5　利用二极管进行偏置的甲乙类
　　　　　双电源互补对称电路

图 5-3-6　利用恒压源电路进行偏置的甲乙类
　　　　　双电源互补对称电路

采用二极管作为偏置电路的缺点是偏置电压不易调整。图 5-3-6 所示为利用恒压源电路进行偏置的甲乙类双电源互补对称电路。该电路中,由于流入 T_4 的基极电流远小于流过 R_1,R_2 的电流,因此可求出为 T_1,T_2 提供偏压的 T_4 管的 $U_{CE4} = (1 + R_1/R_2)U_{BE4}$,而 T_4 管的 U_{BE4} 基本为一固定值,即 U_{CE4} 相当于一个不受交流信号影响的恒定电压源,只要适当调节 R_1,R_2 的比值,就可改变 T_1,T_2 的偏压值,这是集成电路中经常采用的一种方法。

思考与讨论

设放大电路的输入信号为正弦波,问在什么情况下,电路的输出出现饱和及截止的失真?在什么情况下出现交越失真?用波形示意图说明这两种失真的区别。

提   示

OCL 等电路都属于模拟功放,由于处理的是模拟信号,不可避免出现失真等现象。数字功放是新一代高保真功放系统,它将数字音乐信号直接送给开关功率放大电路(丁类)进行功率放大,最后经过滤波等处理后,还原为模拟信号。数字功放的效率可高达 90% 以上,广泛应用于数字电视等设备中。

【实际电路应用 16】——扩音器电路

手持扩音器常常在导游,指挥中使用,它可以将说话人的声音进行一定的放大。简单的扩音器电路如图 5-3-7 所示,它的输出功率只有 5 W,三极管 T_1 构成的是一个小信号放大器,它对输入信号进行电压放大,之后,T_2,T_3 构成的甲乙类功放进行功率放大,最后驱动扬声器还原声音。

教学课件
测试基本互补对称
电路失真

微课
测试基本互补对称
电路失真

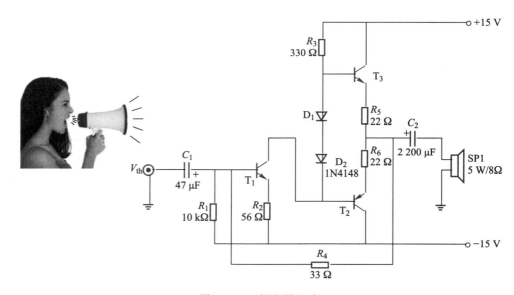

图 5-3-7   扩音器电路

仿真源文件
测试基本互补对称
电路失真

【实验测试与仿真 14】——乙类互补对称功率放大电路性能测试

测试设备:0 ~ 30 V 双路直流稳压电源 1 台;双踪示波器 1 台;数字万用表 1 块。

测试电路:图5-3-1所示基本互补对称电路。图中,R_L为1 kΩ,T_1为S9013,T_2为 S9012。

测试程序:

① 不接u_i,接入V_{CC} = +8 V,$-V_{CC}$ = -8 V。

② 测量两管集电极静态工作电流,并记录:I_{C1} = _____ ,I_{C2} = _____ 。

结果表明,互补对称电路的静态功耗_____(基本为0/仍较大)。

③ 保持步骤②,输入端接入$u_i(f_i$ = 1 kHz,U_i = 5 V),用示波器(DC 输入)同时观察u_i、u_o波形,并记录波形。

结果表明,互补对称电路的输出波形_____(基本不失真/严重失真)。

④ 保持步骤③,不接T_2,用示波器(DC 输入)同时观察u_i、u_o波形,并记录波形。

结果表明,三极管T_1基本工作在_____(甲类状态/乙类状态)。

⑤ 保持步骤④,不接T_1,接入T_2,用示波器(DC 输入)同时观察u_i、u_o波形,并记录波形。

结果表明,三极管T_2基本工作在_____(甲类状态/乙类状态)。

⑥ 保持步骤⑤,接入T_1,输入端接入$u_i(f_i$ = 1 kHz,U_i = 5 V),用低频毫伏表测量u_o幅度U_o(有效值),计算输出功率P_o,并记录:$P_o = \dfrac{U_o^2}{R_L}$ = _____ 。

⑦ 保持步骤⑥,输入端接入$u_i(f_i$ = 1 kHz,U_i = 5 V),测量电源提供的平均直流电流I_0,计算电源提供功率P_V、管耗P_T和效率η,并记录:I_0 = _____ ,$P_V = 2V_{CC}I_0$ = _____ ,$P_T = P_V - P_o$ = _____ ,$\eta = \dfrac{P_o}{P_V}$ = _____ % 。

结果表明,互补对称电路的效率_____(较高/较低)。

5.3.2　OTL 电路

1. 基本电路

双电源互补对称功率放大电路采用双电源供电,但某些场合往往给使用带来不便。为此,可采用图5-3-8所示的单电源供电的甲乙类功放,又称 OTL 电路,它由一对 NPN 型、PNP 型特性相同的互补三极管组成,与 OCL 电路相比,在输出端负载支路中串接了一个大容量电容。

2. 工作原理

如图5-3-9所示,当电路对称时,静态时,$U_B = U_A = V_{CC}/2$,T_1、T_2截止,电容两端的电压为$V_{CC}/2$。动态时,当输入信号处于正半周时,T_1导通,T_2截止,i_{E1}流过负载,产生u_o,同时对电容充电;当输入信号处于负半周时,T_1截止,T_2导通,电容放电,产生电流i_{E2}通过负载R_L,按图5-3-9中方向由下到上,与假设正方向相反。于是两个三极管一个正半周,一个负半周轮流导电,在负载上将正半周和负半周合成在一起,得到一个完整的不失真波形。

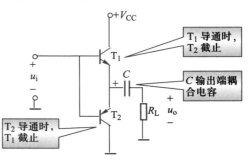

图5-3-8　OTL 电路

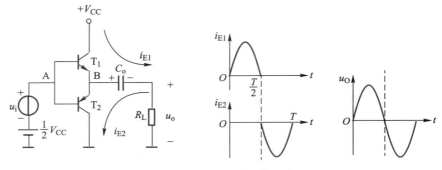

图 5-3-9　OTL 电路工作及波形

通过图 5-3-10 所示电路的对比可知,OTL 电路和双电源供电的乙类功率放大器的计算公式的唯一区别是电源电压,只要将原公式中的 V_{CC} 用 $V_{CC}/2$ 取代即可。

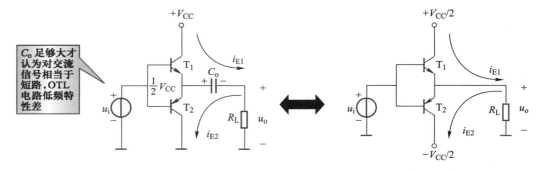

图 5-3-10　OCL 和 OTL 电路对比

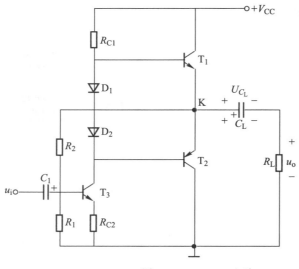

图 5-3-11　OTL 电路

3. OTL 实际电路

图 5-3-11 中 T_3 为前置放大级,T_1、T_2 组成互补对称输出级,D_1、D_2 保证电路工作于甲乙类状态。在输入信号 $u_i = 0$ 时,一般只要 R_1、R_2 取值适当,就可使 I_{C3}、U_{B1} 和 U_{B2} 达到所需大小,给 T_1 和 T_2 提供一个合适的偏置,从而使 K 点直流电位为 $V_{CC}/2$。C_L 两端静态电压也为 $V_{CC}/2$。由于 C_L 容量很大,满足 $R_L C_L > T$(信号周期),因此有交流信号时,电容 C_L 两端电压也基本不变,它相当于一个电压为 $V_{CC}/2$ 的直流电源。此外,C_L 还有隔直通交的耦合作用。

当 u_i 为负半周时,T_1 导通,T_2 截止,有电流流过负载 R_L,同时向 C_L 充电;当 u_i 为正半周时,T_1 截止,T_2 导通,此时 C_L 起着电源的作用,通过负载 R_L 放电。利用电容 C_L 的储能作用,来充当原来的 $-V_{CC}$ 电源,但其电源电压值应等效为 $V_{CC}/2$。

图中 R_2 引入的负反馈,不但稳定了 K 点的直流电位,而且改善了整个电路的性能指标。

提　示

OTL 电路采用单电源供电,结构简单,使用方便。但由于大电容的存在。其频率响应较差,并且不利于电路的集成化。

4. 自举电路

图 5-3-11 所示电路虽然解决了互补对称电路工作点的偏置和稳定问题,但是,实际上还存在其他方面的问题。在额定输出功率的情况下,电路存在最大输出电压幅值偏小的问题,当 u_i 为正半周最大值时,T_1 截止,T_2 饱和,K 点电位由静态时的 $V_{CC}/2$ 下降为 U_{CES},于是负载上得到最大负向输出电压,幅值为 $V_{CC}/2 - U_{CES} \approx V_{CC}/2$。当 u_i 为负半周时得到最大正向输出电压,幅值约为 $V_{CC}/2$,但由于 i_{B1} 流过 R_{C3} 产生的电压降使 u_{B1} 下降,i_{B1} 的增加受到限制,从而使 T_1 达不到饱和,于是负载上的最大正向输出电压幅值受到了限制,将明显小于 $V_{CC}/2$。

解决上述问题的措施是把图 5-3-12 中 H 点的电位升高,使 u_i 为负半周最大值时 $U_H > V_{CC}$,从而使 i_{B1} 足够大,保证 T_1 饱和。图 5-3-12 中,R、C 组成自举电路,C 的容量很大,静态时两端电压 $U_C = V_{CC}/2 - I_{C3}R$,且在信号输入时 U_C 基本不变,当 u_i 为负半周时,T_1 导通,$U_H = U_C + U_K$,随着 U_K 的升高,U_H 也自动升高,这就是"自举"。显然,当 u_i 为负半周最大时,U_H 将大小 V_{CC},故有足够的 i_B,使 T_1 饱和,于是功放的最大输出电压幅值接近 $V_{CC}/2$。

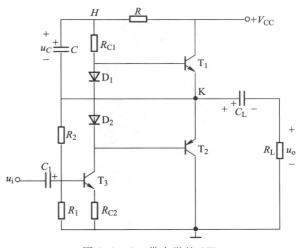

图 5-3-12 带自举的 OTL

思考与讨论

为什么 OTL 电路输出电压 u_o 的最大幅值约为 $V_{CC}/2$?

【例 5-3】 在图 5-3-1 所示电路中,若 $V_{CC} = 24$ V,$U_{CES} = 1$ V,$R_L = 16$,试计算 P_{om}、P_{tm1} 与 η。

解:
$$P_{om} = \frac{1}{2} \cdot \frac{\left(\frac{1}{2}V_{CC} - U_{CES}\right)^2}{R_L} = \frac{1}{2} \cdot \frac{\left(\frac{24}{2} - 1\right)^2}{16} \text{ W} = 3.8 \text{ W}$$

$$P_{tm1} \approx 0.2 P_{om} = 0.76 \text{ W}$$

$$\eta = \frac{\pi}{4} \cdot \frac{\frac{V_{CC}}{2} - U_{CES}}{\frac{V_{CC}}{2}} = \frac{\pi}{4} \cdot \frac{11}{12} \approx 72\%$$

5.4 集成功率放大器

随着线性集成电路的发展,集成功率放大器的应用也随之日益广泛。集成功率放大器的种类繁多,额定输出功率从几瓦至几百瓦不等。

自 1967 年研制成功第一块音频功率放大器集成电路以来,在短短的几十年的时间内,其发展速度和应用是惊人的。目前约 95% 以上的音响设备上的音频功率放大器都采用了集成电路。据统计,音频功率放大器集成电路的产品品种已超过 300 种。

集成功率放大电路的主要性能指标有最大输出功率、电源电压范围、静态电源供给电流、电压增益、频带宽度、输入阻抗、总谐波失真等。几种典型产品的性能指标如表 5-4-1 所示。

表 5-4-1   典型集成功放的主要参数

型号	LM386-4	LM2877	TDA1514	LA4100
电路类型	OTL	OTL(双通道)	OCL	OTL
电源电压/V	5.0~18	6.0~24	±10~±30	3.0~9.0
静态电流/mA	4	25	56	15
输入阻抗	50		1000	20
输出功率	1.0	4.5	48	1.0
电压增益/dB	26~46	70	89	70
频率宽度/kHz	300		25	
总谐波失真	0.2%	0.07%	-90 dB	0.5%

表 5-4-1 中所示电压增益均为在信号频率为 1 kHz 条件下测试所得。对于同一负载,当电源电压不同时,最大输出功率的数值将不同。对于同一电源电压,当负载不同时,最大输出功率的数值也不同。表 5-4-1 中所示数据均为典型数据,使用时应进一步查阅手册,以便获得更确切的数据。

【实操技能 11】——功率匹配

在扩声系统中,功放的下一级就是音箱,因此要按照所配的音箱的额定阻抗和功率来选择功放,从而达到功率匹配。

对于功率匹配来讲,实现的配接原则是大马拉小车,即要求功率放大器的额定功率大于音箱的额定功率。采用这样的方式配接的主要原因是考虑到功率放大器应具有一定的功率储备,一方面以适应较大动态范围的节目信号不致使功放过载而引起严重的非线性失真,烧毁功放。另一方面由于音箱可承受约 3 倍其额定功率的信号冲击而不损坏,所以客观上要求功放的功率要大一些。但如果功率过大,会导致音箱过载,严重的还会烧毁音箱。

5.4.1　LM386 集成功率放大器

　　LM386 是一种低电压小功率的音频功率放大集成电路,它采用 8 脚双列直插式封装,图 5-4-1 为它的引脚排列图。它的第 6 脚为电源正极,第 4 脚接地,第 2、3 脚为选择输入端,第 5 脚为输出端,第 1、8 脚为增益控制端,第 7 脚为旁路电容端。它具有如下特点:①工作电压范围宽(4 ~ 12 V)。②静态耗电少。③电压增益可调(20 ~ 200 倍之间)。④外接元件极少,制作电路简单,应用广泛。⑤频带宽(300 kHz)。⑥输出功率适中(在 12 V 电源电压时为 660 MW)。因此该集成电路广泛应用在各种通信设备中,如:小型收录机、对讲机等电子装置,被广大的无线电爱好者称为“万能功放电路”。

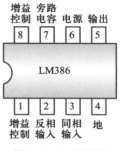

图 5-4-1　LM386 引脚排列图

教学课件
LM386 集成功率放大电路

微课
LM386 集成功率放大电路

微课
集成功率放大器的特点

教学课件
集成功率放大器的特点

【实际电路应用 17】——LM386 集成功率放大器收音机应用电路

　　图 5-4-2 为收音机中由 LM386 构成的集成功率放大器。图中 C_1 为隔直电容,起隔断直流,传递交流的作用;R_P 为音量调节电位器,调节它可以改变扬声器音量的大小;R_1,C_2 构成的是低通滤波器,用来滤去电源的高频交流成分;C_4 使①脚和⑧脚之间的交流等效电阻为 0,此时,电压放大倍数最大,可达 200;C_5 为旁路电容,其作用是保证有较高的电压放大倍数,并能消除自激振荡;R_2,C_6 起相位补偿作用,以消除自激振荡;C_7 为外接输出电容。

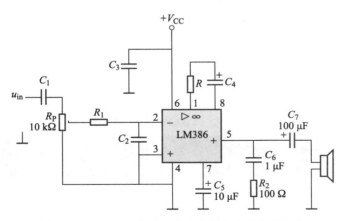

图 5-4-2　LM386 集成功率放大器收音机应用电路

【实际电路应用 18】——LM386 集成功率放大器 OTL 功放电路

　　图 5-4-3 是用 LM386 组成的 OTL 功放电路。⑦脚接去耦电容 C,⑤脚所接 10 Ω

电阻和 0.1 μF 电容组成串联网络是为了防止电路自激而设置的。①、⑧脚所接阻容电路可调整电路的电压增益,通常电容取 10 μF,R 约取 20 kΩ。R 的值越小,增益越大。该电路常用于收录机及玩具电路中。

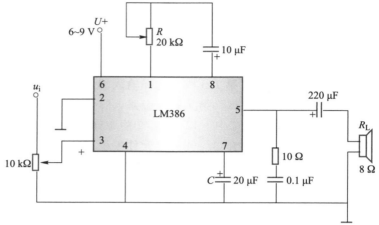

图 5-4-3　用 LM386 组成 OTL 电路

5.4.2　TDA2006 集成功率放大器

TDA2006 集成功率放大器是一种内部具有短路保护和过热保护功能的大功率音频功率放大器集成电路。它的电路结构紧凑,引出脚仅有 5 只,补偿电容全部在内部,外围元件少,使用方便。不仅在录音机、组合音响等家电设备中采用,而且在自动控制装置中也广泛使用。

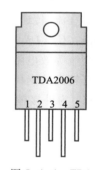

TDA2006 采用 5 脚单边双列直插式封装结构,图 5-4-4 是其外形和引脚排列图。①脚是信号输入端子;②脚是负反馈输入端子;③脚是整个集成电路的接地端子,在作双电源使用时,即是负电源($-V_{CC}$)端子;④脚是功率放大器的输出端子;⑤脚是整个集成电路的正电源($+V_{CC}$)端子。TDA2006 集成功率放大器的性能参数见表 5-4-2。

图 5-4-4　TDA2006 引脚排列图

表 5-4-2　TDA2006 的性能参数

参数名称	符号	单位	测试条件	规范		
				最小	典型	最大
电源电压	V_{CC}	V		±6		±15
静态电流	I_{CC}	mA	$V_{CC} = ±15$ V		40	80
输出功率	P_o	W	$R_L = 4$ Ω,$f = 1$ kHz,$THD = 10\%$		12	
			$R_L = 8$ Ω,$f = 1$ kHz,$THD = 10\%$	6	8	
总谐波失真率	THD	%	$P_0 = 8$ W,$R_L = 4$ Ω,$f = 1$ kHz		0.2	
频率响应	BW	Hz	$P_0 = 8$ W,$R_L = 4$ Ω	40 ~ 140000		
输入阻抗	R_i	MΩ	$f = 1$ kHz	0.5	5	

续表

参数名称	符号	单位	测试条件	规范		
				最小	典型	最大
电压增益（开环）	A_V	dB	$f = 1\ kHz$		75	
电压增益（闭环）	A_V	dB	$f = 1\ kHz$	29.5	30	30.5
输入噪声电压	e_N	μV	$BW = 22\ Hz \sim 22\ kHz, R_L = 4\ \Omega$		3	

【实际电路应用 19】——TDA2006 集成电路组成的音频功率放大器

图 5-4-5 电路是 TDA2006 集成电路组成的双电源供电的音频功率放大器，该电路应用于具有正、负双电源供电的音响设备。音频信号经输入耦合电容 C_1 送到 TDA2006 的同相输入端（1 脚），功率放大后的音频信号由 TDA2006 的④脚输出。由于采用了正、负对称的双电源供电，故输出端子（④脚）的电位等于零，因此电路中省掉了大容量的输出电容。电阻 R_1、R_2 和电容器 C_2 构成负反馈网络，其闭环电压增益：

$$A_{uf} \approx 1 + \frac{R_1}{R_2} = 1 + \frac{22}{0.68} \approx 33.4$$

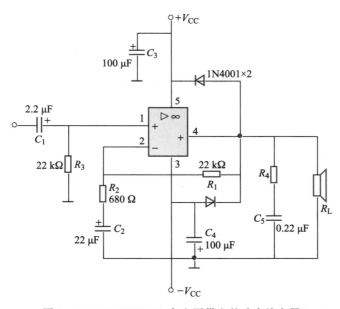

图 5-4-5　TDA2006 正、负电源供电的功率放大器

电阻 R_4 和电容 C_5 是校正网络，用来改善音响效果。两只二极管是 TDA2006 内大功率输出管的外接保护二极管。

在中、小型收、录音机等音响设备中，电源的设置往往仅有一组，这时可采用图 5-4-6 所示的 TDA2006 工作在单电源下的典型应用电路。音频信号经输入耦合电容 C_1 输入 TDA2006 的输入端，功率放大后的音频信号经输出电容 C_5 送到负载 R_L 扬声器。电阻 R_1、R_2 和电容 C_2 构成负反馈网络，其电路的闭环电压放大倍数为

$$A_{uf} \approx 1 + R_1/R_2 = 1 + 150/4.7 = 32.9$$

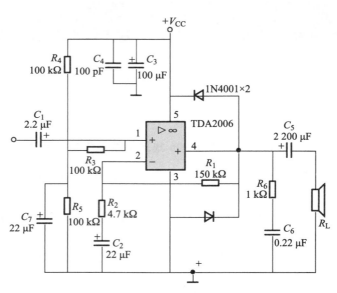

图 5-4-6   TDA2006 组成的单电源供电的功率放大器

电阻 R_6 和电容 C_6 同样是用以改善音响效果的校正网络。电阻 R_4、R_5、R_3 和电容 C_7 用来为 TDA2006 设置合适的静态工作点的,使①脚在静态时获得电位近似为 $1/2V_{CC}$。

【实际电路应用 20】——TDA2006 组成的桥式功率放大器

在大型收、录音机等音响设备中,为了得到更大的输出功率,往往采用一对功率放大器组成的桥式结构的功率放大器。图 5-4-7 就是由两块 TDA2006 组成的桥式功率

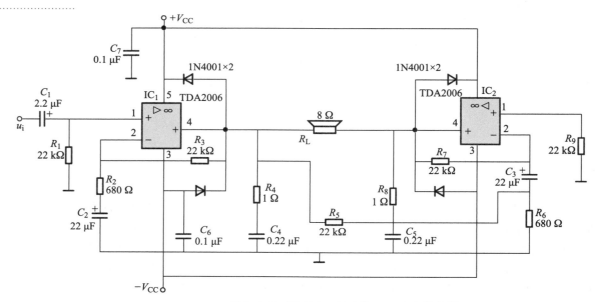

图 5-4-7   TDA2006 组成的 BTL 功率放大器

放大器,该放大器的最大输出功率可达 24 W。首先,音频信号经输入耦合电容 C_1 加到第一块集成电路 TDA2006 的同相输入端(①脚),功率放大后的音频信号由 IC_1 的④脚直接送到负载 R_L 扬声器的一端,同时,该输出音频信号又经电阻 R_5、R_6 分压,由耦合电容 C_3 送到第二块集成 TDA2006 的反相输入端(IC_2 的 2 脚)。经 IC_2 放大后反相音频输出信号连接到负载 R_L 扬声器的另一端,由于 IC_1、IC_2 具有相同的闭环电压放大倍数,而电阻 R_5、R_6 的分压衰减比又恰好等于 IC_2 的闭环电压放大倍数的倒数。所以 IC_1 的输出与 IC_2 的输出加到负载 R_L 扬声器两端的音频信号大小相等、相位相反,从而实现了桥式功率放大器的功能,在负载两端得到两倍的 TDA2006 输出功率大小。

微课
集成功率放大器的
故障判断

教学课件
集成功率放大器的
故障判断

【实操技能 12】——功放管的安全使用

1. 功放管的二次击穿及其保护

如图 5-4-8 所示为典型的功率 BJT 外形示意图。为保证功率 BJT 散热良好,通常 BJT 有一个大面积的集电结,并与热传导性能良好的金属外壳保持紧密接触。在很多实际应用中,还要在金属外壳上再加装散热片,甚至在机箱内功率管附近安装冷却装置,如电风扇等。

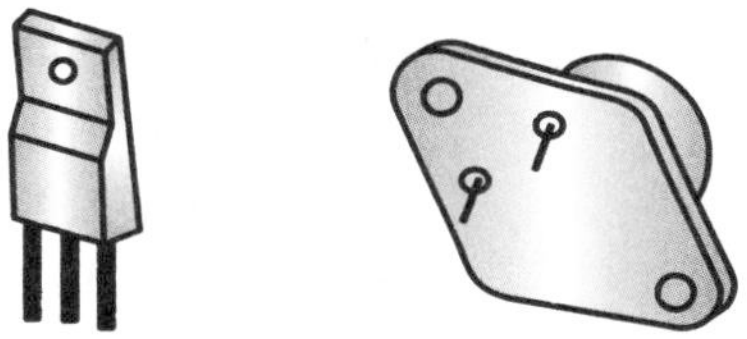

（1）功率 BJT 的热击穿

在功率放大电路中,给负载输送功率的同时,管子本身也要消耗一部分功率,这部分功率主要消耗在 BJT 的集电结上(因为集电结上的电压最高,一般可达几伏到几十伏以上,而发射结上的电压只有零点几伏),并转化为热量使管子的结温升高。当结温升高到

图 5-4-8 功率 BJT 的
外形示意图

一定程度(锗管一般约为 90 ℃,硅管约为 150 ℃)以后,就会使管子因过热击穿而永久性损坏,因而输出功率受到管子允许的最大管耗的限制。值得注意的是,管子允许的功耗与管子的散热情况有密切的关系。如果采取适当的散热措施,就有可能充分发挥管子的潜力,增加功率管的输出功率。反之,就有可能使 BJT 由于结温升高而被损坏。所以解决好功率 BJT 的散热问题,对于提高功率放大器的整机性能具有重要的意义。

（2）功率 BJT 的二次击穿

在实际工作中,常发现功率 BJT 的功耗并未超过允许的 P_{CM} 值,管子本身的温度也并不高(不烫手),但功率 BJT 却突然失效或者性能显著下降。这种损坏的原因,有可能是由于二次击穿所造成的。产生二次击穿的原因至今尚不完全清楚。一般来说,二次击穿是一种与电流、电压、功率和结温都有关系的效应。它的物理过程多数认为是由于流过 BJT 结面的电流不均匀,造成结面局部高温,因而产生热击穿所致。这与 BJT 的制造工艺有关。

BJT 的二次击穿特性对功率管,特别是外延型功率管,在运用性能的恶化和损坏方面起着重要影响,因此在电路设计参数选择时必须考虑二次击穿的因素。

2. 功率 BJT 的安全工作区

为了保证功率管安全工作,主要应考虑功率 BJT 的极限工作条件的限制,这些条件有,集电极允许的最大电流 I_{CM}、集电极允许的最大电压 $U_{(BR)CEO}$ 和集电极允许的最大功耗 P_{CM} 等,另外还有二次击穿的临界条件。

如图 5-4-9 阴影线内所示为功率 BJT 的安全工作区。显然,考虑了二次击穿以后,功率 BJT 的安全工作范围变小了。

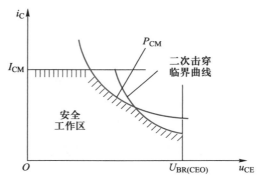

图 5-4-9　功率 BJT 的安全工作区

需要指出的是,为保证功率 BJT 工作时安全可靠,实际工作时的电压、电流、功耗、结温等各变量最大值不应超过相应的最大允许极限值的 50% ~ 80% 。

3. 功放管的散热

功放在工作时,集电结要产生大量的热量,若不及时将这些热量散发掉,轻则影响器件的输出功率,重则损坏器件。为此,在一些输出功率较大的场合下,给功放等装上散热片,以帮助它们散热。散热片外形示意图如图 5-4-10 所示。

图 5-4-10　散热片外形示意图

散热片的形状可以是平板式的,也可以是各种型材式的,多为铝材料。散热片套在功率放大管的管壳上,用螺钉固定在功放集成电路上。

5.5　技能训练项目——音频功率放大器的设计与测试

在音频功放电路中,需要体现的是电路的功率放大功能,功率放大级可以由三极管与电容组成的复合管放大电路来实现,但这种设计电路结构复杂,也可以由集成功率器件来实现。

1. 目的

(1)熟悉集成功率放大器和 OCL 电路的性能和使用方法。

(2)学习电子电路焊接方法,提高实训综合能力。

2. 设计要求

要求设计一音频功放,具有音调输出控制、卡拉 OK 伴唱,对话筒与录音机的输出信号进行扩音等功能。主要技术指标如下:

- 额定功率　$P_o \geqslant 1$ W;
- 负载阻抗　$R_L = 8$ Ω;
- 截止频率　$f_L = 40$ Hz, $f_H = 10$ kHz;
- $A_u \geqslant 20$ dB;
- 话放级输入灵敏度　5 mV;
- 输入阻抗　$R_i \gg 20$ Ω。

3. 元器件

+9 V 电源,话筒(低阻 20 Ω)一个(输出电压为 5 mV),录音机一个(输出信号电压为 100 mV)。电子混响延时模块 1 个,集成功放 LA4102 1 只,8 Ω/2 W 负载电阻 R_L 1 只,8 Ω/4 W 扬声器 1 只,集成运放 LM324 1 只(或 MA741 3 只)。

4. 参考方案

(1)根据各级的功能及技术指标要求分配电压增益

根据技术指标要求,音响放大器的输入为 5 mV 时,输出功率大于 1 W,则输出电压 $U_o \geqslant 2.8$ V。总电压增益 $A_u = U_o / U_i > 560$ 倍(55 dB)。功放电路框图如图 5-5-1 所示。

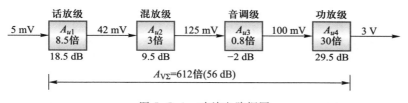

图 5-5-1　功放电路框图

(2)分别计算各级电路参数,通常从功放级开始向前级逐级计算

① 功率放大器参考电路如图 5-5-2 所示。

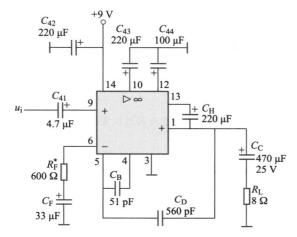

图 5-5-2　功率放大器参考电路

② 音调控制器参考电路如图 5-5-3 所示。

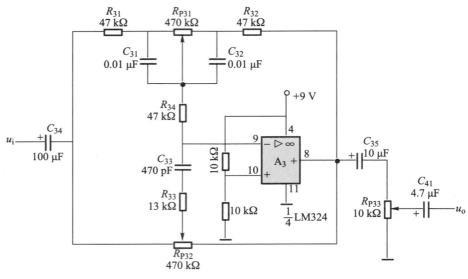

图 5-5-3　音调控制器参考电路

③ 话音放大器与混合前置放大器参考电路如图 5-5-4 所示。

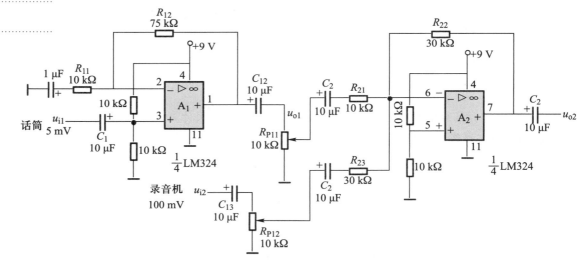

图 5-5-4　话音放大器与混合前置放大器参考电路

④ 整机参考电路如图 5-5-5 所示。

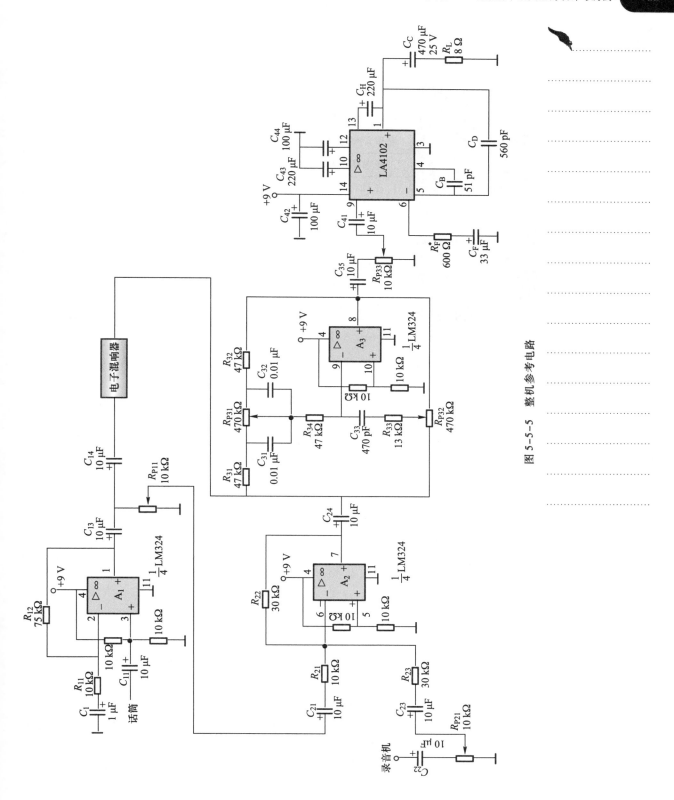

图 5-5-5 整机参考电路

5. 技能训练要求

工作任务书

任务名称	音频功率放大器的设计与测试
课时安排	课外焊接,课内调试
设计要求	制作音频功率放大器,使其可以实现功率放大
制作要求	正确选择元器件,按电路图正确连线,按布线要求进行布线、装焊并测试
测试要求	1. 正确记录测试结果 2. 与设计要求相比较,若不符合,请仔细查找原因
设计报告	1. 音频功率放大器电路原理图 2. 列出元器件清单 3. 焊接、安装 4. 调试、检测电路功能是否达到要求 5. 分析数据

知识梳理与总结

功率放大电路研究重点是如何在允许的失真情况下,尽可能地提高输出功率和效率。

功率放大电路按其功放管导通时间不同,可分为甲类、乙类、甲乙类和丙类等四种。

与甲类功率放大电路相比,乙类互补对称功率放大电路的主要优点是效率高,在理想情况下,其最大效率约为 78.5%。

由于 BJT 输入特性存在死区电压,工作在乙类的互补对称电路将出现交越失真,克服交越失真的方法是采用甲乙类(接近乙类)互补对称电路。通常可利用二极管或三极管 U_{BE} 扩大电路进行偏置。

集成功率放大器使用时,注意了解其内部电路组成特点及各引脚作用,以便合理使用集成功率放大器。

习   题

5.1   与甲类功率放大电路相比,乙类互补对称功率放大电路的主要优点是什么?

5.2   乙类互补对称功率放大电路的效率在理想情况下可达到多少?

5.3   在输入信号正弦波作用下,互补对称电路输出波形是否有可能出现线性(即频率)失真? 为什么?

5.4   在甲类、乙类和甲乙类放大电路中,放大管的导通角分别等于多少? 它们中哪一类放大电路效率高?

5.5   功率放大器的功能是什么? 它与电压放大器相比主要有哪些异同点? 它

有哪些基本要求？

5.6 功率放大器的实质是什么？

5.7 功率放大器中，甲类、乙类、甲乙类三种工作状态下静态工作点选取分别在三极管伏安特性什么位置？ 在输入信号一个周期内，三种工作状态下，三极管导通角度有何差别？

5.8 双电源互补对称电路如图 5-1 所示，已知 $V_{CC} = 12$ V，$R_L = 16$ Ω，u_i 为正弦波。

① 求在 BJT 的饱和压降 U_{CES} 可以忽略不计的条件下，负载上可能得到的最大输出功率 P_{om}。

② 每个管子允许的管耗 P_{CM} 至少应为多少？

③ 每个管子的耐压 $|U_{(BR)CEO}|$ 应大于多少？

5.9 参见图 5-1 所示电路，设 u_i 为正弦波，$R_L = 8$ Ω，要求最大输出功率 $P_{om} = 9$ W。 BJT 的饱和压降 U_{CES} 可以忽略不计，试求：

（1） 正、负电源 V_{CC} 的最小值。

（2） 根据所求 V_{CC} 最小值，计算相应的最小值 I_{CM}、$|U_{(BR)CEO}|$。

5.10 在图 5-1 所示电路中，已知：$V_{CC} = 16$ V，$R_L = 4$ Ω，T_1 和 T_2 管的饱和管压降 $U_{CES} = 2$ V，输入电压足够大。 试问：

（1） 最大输出功率 P_{om} 和效率 η 各为多少？

（2） 三极管的最大功耗 P_{Tm} 为多少？

（3） 为了使输出功耗达到 P_{om}，输入电压的有效值约是多少？

5.11 OTL 电路如图 5-2 所示，其中 $R_L = 8$ Ω，$V_{CC} = 12$ V，C_1、C_L 容量很大。 求：

（1） 静态时电容 C_L 的两端电压应是多少？ 调整哪个元件可以满足这一要求？

（2） 动态时若 u_o 出现交越失真，应调整哪个电阻？ 该电阻是增大还是减小？

（3） 若 $R_1 = R_2 = 1.1$ kΩ，T_1 和 T_2 的 $\beta = 40$，$U_{BE} = 0.7$，$P_{CM} = 40$ mW，假设 R_2 因虚焊而开路，问三极管是否安全？

（4） 若两管的 U_{CES} 皆可忽略，求 P_{om}。

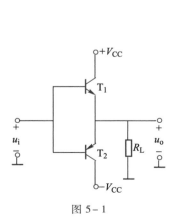

图 5-1

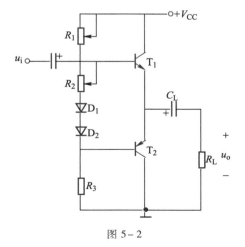

图 5-2

5.12　已知电路如图 5-3 所示，T_1 和 T_2 的饱和压降 $U_{CES}=1$ V，$V_{CC}=15$ V，$R_L=8$ Ω，选择正确答案填入以下各题横线上。

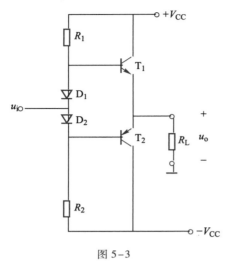

图 5-3

（1）电路中 D_1 和 D_2 的作用是消除_____。

A. 饱和失真　　　　B. 截止失真　　　C. 交越失真

（2）静态时，三极管发射极电位 U_{EQ}_____。

A. >0　　　　　　B. =0　　　　　　C. <0

（3）最大输出功率 P_{om}_____。

A. ≈28 W　　　　B. =12.25 W　　　C. =9 W

（4）当输入正弦波时，若 R_1 虚焊，即开路，则输出电压_____。

A. 等于 0　　　　B. 仅有正半波　　C. 仅有负半波

（5）若 D_1 虚焊，则 T_1 管_____。

A. 可能因功耗过大损坏　　　　　　B. 始终饱和

C. 始终截止

第 **6** 章

运算放大器及负反馈电路

知识重点
- 熟悉集成运算放大电路的组成、基本特性及主要参数
- 了解电流源电路的结构及基本特性
- 了解差分放大电路的结构
- 掌握反馈的基本概念、类型
- 理解理想运放的特性

知识难点
- 掌握差模信号、共模信号的定义与特点
- 掌握反馈放大电路的组成、基本类型
- 掌握负反馈对放大电路性能的影响
- 掌握反馈的判断方法
- 熟悉集成运放的传输特性及集成运放工作在线性区和非线性区时的特点

知识结构图

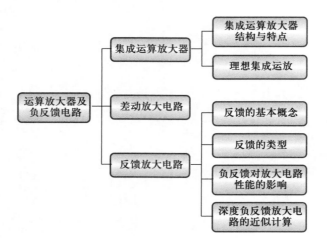

引言

在半导体制造工艺的基础上,把整个电路中的元器件制作在一块硅基片上,构成特定功能的电子电路,称为集成电路(IC)。集成电路按其功能来分,有数字集成电路、模拟集成电路和数字模拟混合的集成电路,甚至一个芯片就是一个电子系统。模拟集成电路种类繁多,有运算放大器、宽频带放大器、功率放大器、模拟乘法器、模拟锁相环、模数和数模转换器、稳压电源和音像设备中常用的其他模拟专用集成电路等。计算机主板中的集成电路如图 6-0-1 所示,历史上第一个集成电路如图 6-0-2 所示。

图 6-0-1　计算机主板中的集成电路　　图 6-0-2　历史上第一个集成电路

拓展学习
集成电路的发展

在模拟集成电路中,集成运算放大器(简称集成运放)是应用极为广泛的一种,也是其他各类模拟集成电路应用的基础。

6.1　集成运算放大器

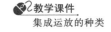
教学课件
集成运放的种类

1. 集成运算放大器的结构

由于最初集成运放这种器件主要用于模拟计算机中实现数值运算,所以称为运算放大器。尽管目前集成运放的应用早已远远超出了模拟运算的范围,但仍保留了运放的名称。

微课
集成运放的种类

集成运放的发展经历了第一代至第四代,其性能越来越好。目前集成运放仍在面向更低的漂移、噪声和功耗,更高的速度、放大倍数和输入电压,以及更大的输出功率等方面不断发展。

常见的集成运算放大器的外形有圆形、扁平形、双列直插式等,有 8 引脚及 14 引脚等,如图 6-1-1 所示。

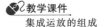
教学课件
集成运放的组成

图 6-1-1　集成运算放大器外形

微课
集成运放的组成

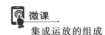

集成运算放大器的内部实际上是一个高增益的直接耦合放大器,它一般由输入级、中间级、输出级和偏置电路等四部分组成,如图 6-1-2 所示。

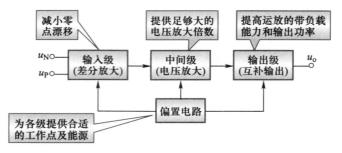

图 6-1-2　集成运放的组成框图

现以图 6-1-3 所示的简单集成运算放大器内部电路为例进行介绍：

输入级：输入级是提高运算放大器质量的关键部分，要求其输入电阻高。为了能减小零点漂移和抑制共模干扰信号，输入级都采用具有恒流源的差分放大电路，又称差分输入级，它的两个输入端分别构成整个电路的同相输入端和反相输入端。

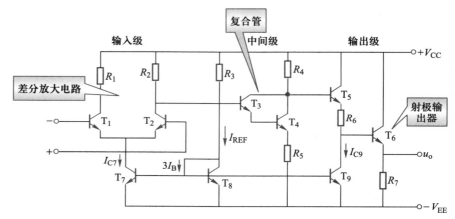

图 6-1-3　简单集成运放内部电路

图 6-1-3 电路输入级由 T_1 和 T_2 组成，这是一个双端输入、单端输出的差分放大电路。

中间级：中间级通常是共发射极放大电路，其主要作用是提供足够大的电压放大倍数，故又称电压放大级，一般由一级或多级放大器构成。

图 6-1-3 电路中间级由复合管 T_3 和 T_4 组成。为提高电压放大倍数，有时采用恒流源代替集电极负载电阻 R_3。

输出级：主要作用是输出足够的电流以满足负载的需要，要求输出电阻小，带负载能力强。一般由电压跟随器或互补电压跟随器组成，以降低输出电阻，提高运放的带负载能力和输出功率。

图 6-1-3 中输出级由 T_5 和 T_6 组成，这是一个射极输出器，R_6 的作用是使直流电平移，即通过 R_6 对直流的降压，以实现零输入时零输出。T_9 用做 T_5 发射极的恒流源负载。

偏置电路：为各级提供合适的工作点及能源。

图 6-1-3 中 $T_7 \sim T_9$ 组成恒流源形式的偏置电路。T_8 的基极与集电极相连,使 T_8 工作在临界饱和状态,故仍有放大能力。由于 $T_7 \sim T_9$ 的基极电压及参数相同,因而 $T_7 \sim T_9$ 的电流相同。一般 $T_7 \sim T_9$ 的基极电流之和 $3I_B$ 可忽略不计,于是有 $I_{C7} = I_{C9} = I_{REF}$,$I_{REF} = (V_{CC} + V_{EE} - U_{BEQ})/R_3$,当 I_{REF} 确定后,I_{C7} 和 I_{C9} 就成为恒流源。由于 I_{C7}、I_{C9} 与 I_{REF} 呈镜像关系,故称这种恒流源为镜像电流源。

此外,为获得电路性能的优化,集成运放内部还增加了一些辅助环节,如电平移动电路、过载保护电路和频率补偿电路等。

【实操技能 13】——集成运放引脚识别

集成电路的封装材料有:塑料、陶瓷及金属三种。封装外形最多的是圆筒形、扁平形及双列直插式,如图 6-1-4 所示。

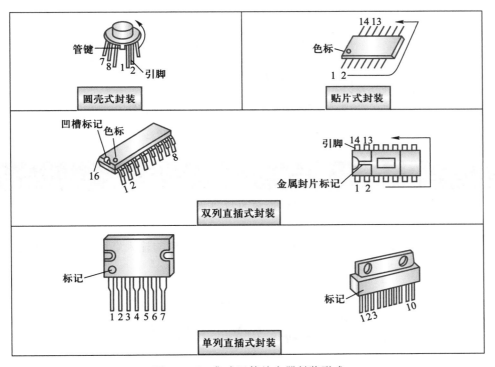

图 6-1-4 集成运算放大器封装形式

对于圆形和菱形金属封装的集成电路,识别引脚时应面向引脚(正视),由定位标记所对应的引脚开始,按顺时针方向依次数到底即可,常见的定位标记有突耳、圆孔及引脚不均匀排列等。

对于单列直插式集成电路,识别引脚应使引脚向下,面对型号或定位标记,自定位标记对应一侧的头一只引脚数起,依次为 1、2、3、…。这类集成电路上常用的定位标记为色点,凹坑、小孔、线条、色带、缺角等。

有的厂家生产的集成电路,本是同一种芯片,为了便于在印制电路板上灵活安装,其封装外形有多种。一种按常规排列,即自左向右,另一种则自右向左。对这类集成电路,若封装上没有设识别标记,按上述规律不难分清其引脚顺序。但是有少数这类器件上没有引脚识别标记,这时应从它的型号上加以区别,若其型号后缀中有一字母R,则表明其引脚顺序为自右向左反向排列(注:R为右,L为左)。

对于双列直插式集成电路,识别其引脚时,若引脚向下,及其型号、商标向上,定位标记在左边,则从左下角第一只引脚开始,按逆时针方向,依次为1、2、3、…。有的个别型号集成电路的引脚,在其对应位置上有缺脚(即无此输出引脚)。对于这种型号的集成电路,其引脚编号顺序不受影响。

2. 集成运算放大器的电路符号

集成运放有两个输入端分别称为同相输入端 u_P(或 u_+)和反相输入端 u_N(或 u_-),一个输出端 u_o。集成运放的电路符号如图6-1-5所示。其中的"-"、"+"分别表示反相输入端和同相输入端。

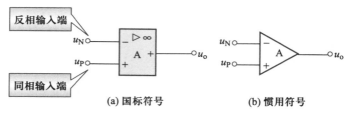

图 6-1-5　集成运放的电路符号

提　示

图中"▷"表示信号的传输方向,"∞"表示放大倍数为理想条件。

① 反相输入端:信号从这一端输入,在输出端可得到与输入端极性相反的信号,如图6-1-6所示。

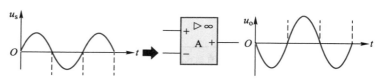

图 6-1-6　信号从反相输入端输入

② 同相输入端:信号从这一端输入,在输出端可得到与输入端极性相同的信号,如图6-1-7所示。

教学课件
集成运放的特点

微课
集成运放的特点

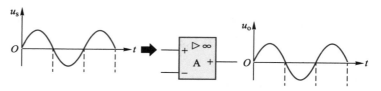

图 6-1-7　信号从同相输入端输入

3. 集成电路的特点

集成电路除了具有体积小、重量轻、耗电省及可靠性高等优点外,还具有下列特点:

由于受制造工艺的限制,集成电路硅片上不易制作大电阻,因此在集成电路中,大电阻多用有源器件(BJT 或 FET)构成的恒流源电路代替。

集成电路制造工艺的特点是三极管特别是 BJT 或 FET 最容易制作,而复合和组合结构的电路性能较好,因此,在集成电路中多采用复合管(一般为两管复合)和组合(共射–共基、共集–共基组合等)电路。

因为硅片上不能制作大电容与电感,所以模拟集成电路内的电路均采用直接耦合方式,差分放大电路是最基本的电路。所需大电容和电感一般采用外接方式。

4. 集成运算放大器的主要参数

微课
集成运放基本参数

集成运算放大器的参数是评价运算放大器性能优劣的依据,可以利用各参数正确地挑选和使用集成运算放大器。

(1) 差模电压增益 A_{ud}

差模电压增益 A_{ud} 是指在标称电源电压和额定负载下,开环运用时对差模信号的电压放大倍数。A_{ud} 是频率的函数,但通常给出的是直流开环增益。

(2) 共模抑制比 K_{CMR}

教学课件
集成运放基本参数

共模抑制比是指运算放大器的差模电压增益与共模电压增益之比,并用对数表示,即

$$K_{CMR} = 20\lg\left|\frac{A_{ud}}{A_{uc}}\right|$$

K_{CMR} 越大越好。

(3) 差模输入电阻 R_{id}

差模输入电阻是指运算放大器对差模信号所呈现的电阻,即运算放大器两输入端之间的电阻。

(4) 输入偏置电流 I_{IB}

输入偏置电流 I_{IB} 是指运算放大器在静态时,流经两个输入端的基极电流的平均值,即

$$I_{IB} = (I_{B1} + I_{B2})/2$$

输入偏置电流愈小愈好。

提　示

通用型集成运算放大器的输入偏置电流 I_{IB} 约为几个微安(μA)数量级。

(5) 输入失调电压 U_{IO} 及其温漂 dU_{IO}/dT

实际的集成运算放大器,当输入电压为零时,存在一定的输出电压,将其折算到输入端就是输入失调电压,它在数值上等于输出电压为零,输入端应施加的直流补偿电压,它反映了差分输入级元件的失调程度。

> **提　示**
>
> 通用型运算放大器的 U_{IO} 之值在 $2 \sim 10$ mV 之间，高性能运算放大器的 U_{IO} 小于 1 mV。

输入失调电压对温度的变化率 $\mathrm{d}U_{IO}/\mathrm{d}T$ 称为输入失调电压的温度漂移，简称温漂，用以表征 U_{IO} 受温度变化的影响程度。一般以 μV/℃ 为单位。

> **提　示**
>
> 通用型集成运算放大器的指标为微伏（μV）数量级。

（6）输入失调电流 I_{IO} 及其温漂 $\mathrm{d}I_{IO}/\mathrm{d}T$

实际上，当集成运算放大器的输出电压为零时，流入两输入端的电流不相等，这个静态电流之差 $I_{IO} = I_{B1} - I_{B2}$ 就是输入失调电流。造成输入电流失调的主要原因是差分对管的 β 失调。I_{IO} 愈小愈好，一般为 $1 \sim 10$ nA。

输入失调电流对温度的变化率 $\mathrm{d}I_{IO}/\mathrm{d}T$ 称为输入失调电流的温度漂移，简称温漂，用以表征 I_{IO} 受温度变化的影响程度。这类温度漂移一般为 $1 \sim 5$ nA/℃，好的可达 pA/℃ 数量级。

（7）开环带宽 $BW(f_H)$

开环带宽 BW 又称-3 dB 带宽，是指运算放大器在放大小信号时，开环差模增益下降 3 dB 时所对应的频率 f_H。

（8）转换速率 S_R

转换速率又称上升速率或压摆率，通常是指运算放大器闭环状态下，输入为大信号（例如阶跃信号）时，放大电路输出电压对时间的最大变化速率，即

$$S_R = \left. \frac{\mathrm{d}u_o(t)}{\mathrm{d}t} \right|_{max}$$

S_R 的大小反映了运算放大器的输出对于高速变化的大输入信号的响应能力。S_R 越大，表示运算放大器的高频性能越好，如 μA741 的 $S_R = 0.5$ V/μs。

此外，还有最大差模输入电压 U_{idmax}、最大共模输入电压 U_{icmax}、最大输出电压 U_{omax} 及最大输出电流 I_{omax} 等参数。

【实验测试与仿真 15】——集成运放部分性能指标测试

测试设备：模拟电路综合测试台 1 台，$0 \sim 30$ V 直流稳压电源 1 台，数字万用表 1 块，双踪示波器 1 台，低频信号发生器 1 台，晶体管毫伏表 1 台。

测试电路：实验采用的集成运放为双列直插式组件 μA741（或 LM741），引脚排列如图 6-1-8 所示，②脚和③脚分别为反相和同相输入端，⑥脚为输出端，⑦脚和④脚为正、负电源端，①脚和⑤脚为失调调零端，①、⑤脚之间可接入几十 $\mathrm{k}\Omega$ 的电位器，滑动触头接到负电源端，⑧脚为空脚。

测试程序：

① 输入失调电压 U_{IO}

在常温下，当输入信号为零时，集成运放的输出电压不为零，该输出电压称为输出失调电压。

失调电压测试电路如图 6-1-9 所示。闭合开关 S_1 及 S_2，使电阻 R_B 短接，测量此时的输出电压 U_{O1} 即为输出失调电压，则输入失调电压 $U_{IO} = \dfrac{R_1}{R_1 + R_F} U_{O1}$，记录在表 6-1-1 中。

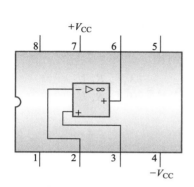

图 6-1-8 μA741 引脚图

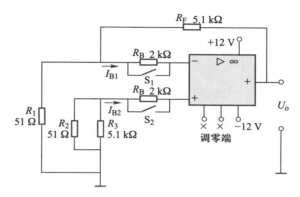

图 6-1-9 U_{OS}、I_{OS}、I_{IB} 测试电路

表 6-1-1 测量值与计算值

测量值		计算值	
U_{O1}/mV		U_{OS}/mV	
U_i/mV		A_{ud}/dB	
U_o/mV			
U_{ic}/mV		K_{CMR}/dB	
U_{oc}/mV			

② 开环差模放大倍数 A_{ud}

按图 6-1-10 连接实验电路，运放输入端加 $f = 50$ Hz，$U_s = 50$ mV 正弦信号，用示波器监视输出波形。用交流毫伏表测量 U_o 和 U_i，并计算 A_{ud}。

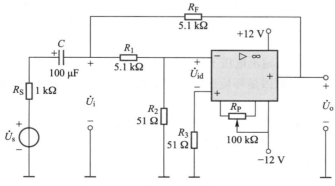

图 6-1-10 A_{ud} 测试电路

被测运放的开环电压放大倍数为 $A_{ud} = \dfrac{U_o}{U_{id}} = \left(1 + \dfrac{R_1}{R_2}\right)\dfrac{U_o}{U_i}$，记录在表 6-1-1 中。

③ 共模抑制比 K_{CMR}

按图 6-1-11 连接实验电路，运放输入端加 $f = 50$ Hz，$U_{ic} = 1$ V 正弦信号，监视输出波形。测量 U_{oc} 和 U_{ic}，计算 K_{CMR}，记录在表 6-1-1 中。

当接入共模输入信号 U_{ic} 时，测得 U_{oc}，则共模电压放大倍数为

$$A_c = \frac{U_{oc}}{U_{ic}}$$

可得共模抑制比

$$K_{CMR} = \left|\frac{A_d}{A_c}\right| = \frac{R_F}{R_1}\frac{U_{ic}}{U_{oc}}$$

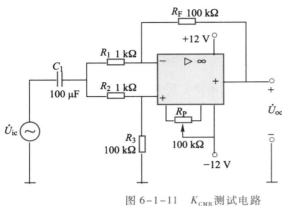

图 6-1-11 K_{CMR} 测试电路

6.2   差分放大电路

集成运算放大器各级之间采用直接耦合方式，这一方面是因为集成工艺不便于制作容量较大的电容器，因而不能采用阻容耦合的方式；另一方面也是为了放大器来放大和处理直流信号和变化缓慢的信号，这样的放大电路只能用直接耦合的方式，称作直流放大电路。直接耦合放大电路能够放大直流信号，这是它所具有的独特优点。

提   示

直流信号是指变化十分缓慢的信号（频率很低，几乎为零，但不能认为频率等于零），例如生物电的放大，或某些自动控制中的控制信号。直流信号不同于直流电。电容耦合放大器无法放大直流信号，耦合电容很难传送缓变信号。

职业素养
量变到质变

然而，直接耦合方式由于各级的静态工作点相互影响，特别是当前级的静态工作点由于温度变化、元器件老化、电压波动等原因产生微小偏移时，前级这种微小的偏移会被逐级放大，到放大器输出端会产生较大的漂移电压。有时甚至将信号电压淹没，使电路无法工作。

这种输入电压为零，而输出电压不为零的现象，称为零点漂移，简称零漂，如图 6-2-1 所示。零点漂移的主要原因是环境温度变化对放大器工作状况造成影响，致使工作点移动，因此零漂也称作温漂。

零点漂移对放大器的影响主要有以下两个方面：

① 零点漂移使静态工作点偏离原设计值，使放大器无法工作。

② 零点漂移在输出端叠加在被放大的信号上，干扰有效信号，甚至"淹没"有效信号，使有效信号无法辨别，这时放大器已经没有使用价值了。

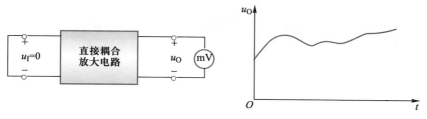

图 6-2-1　零点漂移

为此必须解决集成运放的零漂问题,而且着重解决第一级的零点漂移,抑制零漂的方法一般有如下几个方面:

① 选用高质量的硅管。

② 采用补偿的方法,用一个热敏元件,抵消 I_C 受温度影响的变化。

③ 采用差分放大电路。

在集成运放电路中,一般采用差分放大电路来解决零点漂移的问题。

6.2.1　差分放大电路组成

差分放大电路如图 6-2-2 所示,该电路的特点为电路的对称性,T_1、T_2 两只三极管参数相同,特性相同。两管所接电路元件也对称,即

$$U_{BE1} = U_{BE2} = U_{BE}, \quad R_{C1} = R_{C2} = R_C,$$
$$R_{S1} = R_{S2} = R_S, \quad \beta_1 = \beta_2 = \beta$$

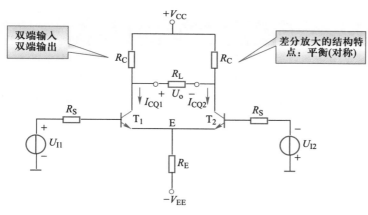

图 6-2-2　差分放大电路

为了设置合适的静态工作点,电路使用了两个电源 $+V_{CC}$ 和 $-V_{EE}$。两管发射极接在一起,并通过一个射极电阻 R_E 接至电源 $-V_{EE}$。由于射极电阻 R_E 像个尾巴,故也称为长尾对称电路。

电路有两个输入信号 u_{i1} 和 u_{i2},分别从两管的基极输入,从两个集电极之间取输出信号 u_o。

提 示

输入信号分别加到两管基极,输出两种取法:
① 从单管集电极取——单端输出。
② 从两管集电极之间取——双端输出。

教学课件
集成运放的电压传
输特性

6.2.2 理想集成运放

1. 集成运放的电压传输特性

集成运放的输出电压与输入电压差(同相输入端和反相输入端之间的差值电压)之间的关系曲线称为电压传输特性,即

$$u_\circ = f(u_+ - u_-)$$

对于正、负两路电源供电的集成运放,电压传输特性如图 6-2-3 所示。

从特性曲线图中可以看出,集成运放分为线性放大区(称为线性区)和非线性区(称为饱和区)两部分。在线性放大区,输出电压与输入电压差成线性关系,曲线的斜率即为开环差模电压放大倍数 A_{od};在非线性区,输出电压只有两种可能值,$+U_{OM}$ 或

微课
集成运放的电压传
输特性

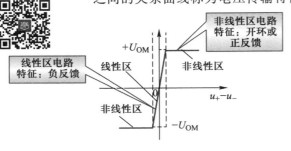

图 6-2-3 集成运放的电压传输特性

$-U_{OM}$。由于 A_{od} 值一般很大在 10^5 左右,所以集成运放的线性区很窄。

提 示

集成运算放大器的应用主要有线性应用和非线性应用。集成运放的线性应用主要有:一是实现模拟信号之间的各种运算,如比例运算电路、加法电路、积分电路等;二是信号处理方面的应用,如有源滤波、采样保持电路。集成运放的非线性应用主要有:一是用来产生非正弦信号;二是电压比较器的应用。

教学课件
集成运放的理想
特性

2. 理想化指标

一般在低频情况下,在实际使用和分析集成运算放大器时,可以近似把它看成理想集成运算放大器。

集成运算放大器的理想化性能指标是:

① 开环电压放大倍数 $A_{ud} = \infty$。

微课
集成运放的理想
特性

② 输入电阻 $R_{id} = \infty$。

③ 输出电阻 $R_{od} = 0$。

④ 共模抑制比 $K_{CMR} = \infty$。

此外,没有失调,没有失调温度漂移等。尽管理想运算放大器并不存在,但由于集成运算放大器的技术指标都比较接近于理想值,在具体分析时将其理想化是允许的,这种分析所带来的误差一般比较小,可以忽略不计。

3. "虚短"和"虚断"概念

对于理想的集成运算放大器,由于其 $A_{ud} = \infty$,因而若两个输入端之间加无穷小电压,则输出电压将超出其线性范围。因此,只有引入负反馈,才能保证理想集成运算放大器工作在线性区。

理想集成运算放大器线性工作区的特点是存在着"虚短"和"虚断"两个概念。

(1)虚短概念

当集成运算放大器工作在线性区时,输出电压在有限值之间变化,而集成运算放大器的 $A_{ud} = \infty$,则 $u_{id} = u_{od}/A_{ud} \approx 0$。由 $u_{id} = u_+ - u_- \approx 0$,得 $u_+ \approx u_-$。即反相端与同相端其电压几乎相等,近似于短路又不是真正短路,我们将此称为虚短路,简称"虚短"。

另外,当同相端接地时,使 $u_+ = 0$,则有 $u_- \approx 0$。这说明同相端接地时,反相端电位接近于地电位,所以反相端称为"虚地"。

(2)虚断概念

由于集成运算放大器的输入电阻 $R_{id} \to \infty$,得两个输入端的电流 $i_- = i_+ \approx 0$,这表明流入集成运算放大器同相端和反相端的电流几乎为零,所以称为虚断路,简称"虚断"。

对于运放工作在线性区的应用电路,"虚短"和"虚断"是分析其输入信号和输出信号关系的两个基本出发点。

思考与讨论

1. 集成运放线性应用的必要条件是什么?要使集成运放工作在非线性区,运放应处于什么组态?

2. 什么情况下集成运放可视为理想运放?

6.2.3 差分放大电路分析

微课
差分放大电路的应用

1. 静态分析

如图 6-2-4 所示,若没有输入信号,$u_{i1} = u_{i2} = 0$,由于电路完全对称:

$$U_{C1} = U_{C2}$$

$$U_o = U_{C1} - U_{C2} = 0$$

所以输入为 0 时,输出也为 0。当温度变化引起集电极电流发生变化时,两个三极管都将产生温度漂移现象,因为电路的对称性,这种漂移是同时增大或同时减小的,且变化量相同,反映至输出端因相减而相互抵消,使温度漂移得到完全抑制。

教学课件
差分放大电路的应用

思考与讨论

如果差分放大电路两边参数不完全对称,输出会产生什么现象?为什么?

2. 共模信号和差模信号

(1)共模信号

若差分放大电路两输入端分别作用一对大小相等、极性相同的信号,即 $u_{i1} = u_{i2}$,称

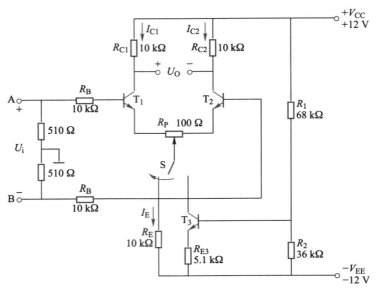

图 6-2-4　测试电路

之为一对共模信号，可表示为

$$u_{i1} = u_{i2} = u_{ic}$$

当只有共模输入电压 u_{ic} 作用时，差分放大器的输出电压就是共模输出电压 u_{oc}，通常把输入共模信号时的放大器增益称为共模增益，用 A_{uc} 表示，则

$$A_{uc} = \frac{u_{oc}}{u_{ic}}$$

共模增益 A_{uc} 表示电路抑制共模信号的能力。$|A_{uc}|$ 越小，电路抑制共模信号的能力也越强。凡是对差分放大两管基极作用相同的信号都是共模信号。

（2）差模信号

加在差分放大电路两管输入端（基极）之间的电压大小相等、方向相反的信号，即 $u_{i1} = -u_{i2}$，称之为一对差模信号，可表示为

$$u_{id1} = u_i/2, \quad u_{id2} = -u_i/2, \quad u_{id1} = -u_{id2}$$

而电路的差分输入信号则为两管差模输入信号之差,即 $u_{id} = u_{id1} - u_{id2} = 2u_{id1} = u_i$。在只有差模输入电压 u_{id} 作用时,差分放大器的输出电压就是差模输出电压 u_{od}。通常把输入差模信号时的放大器增益称为差模增益,用 A_{ud} 表示,即

$$A_{ud} = \frac{u_{od}}{u_{id}}$$

差模增益 A_{ud} 表示电路放大有用信号的能力。一般情况下要求 $|A_{ud}|$ 尽可能大。

提   示

由于差分放大电路对称,因此两管的发射结电流,此时若一管的输出电压升高,另一管则降低,且有 $u_{o1} = -u_{o2}$,所以 $u_o = u_{o1} - u_{o2} = 2u_{o1}$,因此输出电压不但不会为 0,反而比单管输出大一倍。这就是差分放大器可以有效放大有用输入信号的原理。

提   示

当输入差模信号时,图 6-2-2 所示差分放大电路中,两管各极电流的变化大小相等,方向相反,流过 R_E 的电流彼此抵消,作用在电阻 R_E 上的电流 i_E 为零,R_E 对差模信号可视为短路,显然,R_E 的接入对差模信号的放大没有任何影响。

---

(3)信号分解

差分放大器实际工作时,总是既存在差模信号,也存在共模信号,因此,实际的 u_{i1} 和 u_{i2} 可表示为

$$u_{i1} = u_{ic} + u_{id1}$$

$$u_{i2} = u_{ic} + u_{id2} = u_{ic} - u_{id1}$$

由上述二式容易,得到

$$u_{ic} = \frac{u_{i1} + u_{i2}}{2}$$

$$u_{id1} = -u_{id2} = \frac{u_{i1} - u_{i2}}{2}$$

即,差模信号是两个输入信号之差,共模信号则是二者的算术平均值。

思考与讨论

差分放大电路输入信号中既有差模信号,又有共模信号,电路输出信号电压,一般用什么方法求得?

---

3. 共模抑制比

综上分析,放大差模信号,抑制共模信号是差分放大电路的基本特征。通常情况下,我们感兴趣的是差模输入信号,对于这部分有用信号,希望得到尽可能大的放大倍数;而共模输入信号可能反映由于温度变化而产生的漂移信号或随输入信号一起进入

放大电路的某种干扰信号,对于这样的共模输入信号我们希望尽量地加以抑制,不予放大传送。

共模抑制比 K_{CMR} 是衡量差放抑制共模信号能力的一项技术指标。定义为

$$K_{\mathrm{CMR}} = \left| \frac{A_{ud}}{A_{uc}} \right|$$

有时用分贝数表示:

$$K_{\mathrm{CMR}} = 20\lg \left| \frac{A_{ud}}{A_{uc}} \right| \mathrm{dB}$$

A_{ud} 越大,A_{uc} 越小,则共模抑制能力越强,放大器的性能越优良,所以 K_{CMR} 越大越好。

【例 6-1】 某差分放大器两个输入端的信号分别为 u_{i1} 和 u_{i2},输出电压为 u_o,三者的关系是 $u_o = -100u_{i1} + 99u_{i2}$。试求该差分放大器的差模电压放大倍数和共模电压放大倍数及共模抑制比。

解:

$$u_O = A_{uc}u_{id} + A_{uc}u_{ic} = A_{ud}(u_{i1} - u_{i2}) + A_{uc}\left(\frac{u_{i1} + u_{i2}}{2} \right)$$

$$= \left(A_{ud} + \frac{A_{uc}}{2} \right) u_{i1} + \left(-A_{ud} + \frac{A_{uc}}{2} \right) u_{i2}$$

有
$$\begin{cases} A_{ud} + \dfrac{A_{uc}}{2} = -100 \\ -A_{ud} + \dfrac{A_{uc}}{2} = 99 \end{cases} \qquad 所以 \qquad \begin{cases} A_{ud} = -99.5 \\ A_{uc} = -1 \end{cases}$$

所以
$$K_{\mathrm{CMR}} = 99.5$$

$$20\lg K_{\mathrm{CMR}} \approx 40 \ \mathrm{dB}$$

【实验测试与仿真 16】——差分放大器主要性能指标的测试

测试设备: 模拟电路综合测试台 1 台,0 ~ 30 V 直流稳压电源 1 台,数字万用表 1 块,双踪示波器 1 台。

测试电路: 如图 6-2-4 所示电路。

测试程序:

1. 测量静态工作点

(1)调节放大器零点

信号源不接入。将放大器输入端 A、B 与地短接,接通 ±12 V 直流电源,用直流电压表测量输出电压 U_O,调节调零电位器 R_P,使 $U_O = 0$。调节要仔细,力求准确。

(2)测量静态工作点

零点调好以后,用直流电压表测量 T_1、T_2 管各电极电位及射极电阻 R_E 两端电压 U_{R_E},记入表 6-2-1。

表 6-2-1   测量数据记录表 1

测量值	U_{C1}/V	U_{B1}/V	U_{E1}/V	U_{C2}/V	U_{B2}/V	U_{E2}/V	U_{R_E}/V
计算值	I_C/mA			I_B/mA		I_E/mA	

2. 测量差模电压放大倍数

断开直流电源,将函数信号发生器的输出端接放大器输入 A 端,地端接放大器输入 B 端构成单端输入方式,调节输入信号为频率 $f=1$ kHz 的正弦信号,并使输出旋钮旋至零,用示波器监视输出端(集电极 c_1 或 c_2 与地之间)。

接通 ±12 V 直流电源,逐渐增大输入电压 U_i(约 100 mV),在输出波形无失真的情况下,用交流毫伏表测 U_i,U_{C1},U_{C2},记入表 6-2-2 中,并观察 u_i,u_{C1},u_{C2} 之间的相位关系及 U_{R_E} 随 U_i 改变而变化的情况。

3. 测量共模电压放大倍数

将放大器 A、B 短接,信号源接 A 端与地之间,构成共模输入方式,调节输入信号 $f=1$ kHz,$U_i=1.5$ V 左右,在输出电压无失真的情况下,测量 U_{C1}、U_{C2} 之值记入表 6-2-2,并观察 u_i,u_{C1},u_{C2} 之间的相位关系及 U_{R_E} 随 U_i 改变而变化的情况。

表 6-2-2   测量数据记录表 2

	典型差分放大电路	
	单端输入	共模输入
U_i	100 mV	1.5 V
U_{C1}/V		
U_{C2}/V		
$A_{d1}=\dfrac{U_{C1}}{U_i}$		/
$A_d=\dfrac{U_o}{U_i}$		/
$A_{C1}=\dfrac{U_{C1}}{U_i}$	/	
$A_C=\dfrac{U_o}{U_i}$	/	
$K_{CMR}=\left\|\dfrac{A_{d1}}{A_{C1}}\right\|$		

【实操技能 14】——用万用表粗测非在线集成运放

用万用表可以对集成运放进行简单的测量:

（1）将万用表拨至 $R\times1$ kΩ 挡（或 $R\times100$ Ω 挡、$R\times10$ Ω 挡,但一般不用 $R\times10$ kΩ 挡和 $R\times1$ Ω 挡)上,先将红表笔(内接电池负极)接在集成电路的接地脚上,且保持整个测量过程中保持不变。

（2）利用黑表笔(内接电池正极)从第一只引脚开始,依次测出对应的电阻值。然后将黑表笔接集成电路的同一只接地脚,利用红表笔依次测出另外一组电阻值。分析所测量的数据。一般集成电路的任一只引脚与其接地引脚之间的阻值不应为零或无穷大(空脚除外);多数情况下具有不对称的电阻值,即正、反向(或称黑表笔接地、红表笔接地)电阻值不相等,有时差别小一些,有时差别相当悬殊。

（3）如果某一只引脚与接地脚之间,应当具有一定大小的电阻值变为 0 或者是∞,或者其正反向电阻应当有明显差别的变为相同或差别规律相反,则说明该引脚与接地脚之间存在短路、开路、击穿等故障。显然,这样的集成电路是坏的或者性能已变差。

需要特别注意的是:由于集成电路电参数的离散性,即使是同一厂家、同一批产品,其电参数也不完全一样。这就是说,集成电路的内部电阻值必然存在着很大的离散性。再加上 PN 结正、反向电阻值与测量用电表内部电池电压的高低以及环境温度都有密切的关系,从而使集成电路内部电阻值的离散性更大。

该方法有它的局限性,当集成电路内部的三极管、二极管数量特别多,而当击穿短路或断路的 PN 结又远离其引脚时,显然它的阻值变化对其引脚电阻的影响不是很大。也就是说,对大规模集成电路及超大规模集成电路,其存在局限性,对中小型集成电路,特别是小规模集成电路,还是相当准确的。

6.3　反馈放大电路

教学课件
负反馈的作用

反馈广泛应用于各个领域,例如在商业活动中,通过对商品销售情况的调查来调整进货渠道和进货数量。反馈的目的就是通过输出对输入的影响来改善系统的运行状况和控制效果。

在实用放大电路中,几乎都要引入各种形式的反馈,以改善放大电路的性能。

6.3.1　反馈的基本概念

1. 反馈的组成

把系统输出量的一部分或全部,经过反馈机构反过来送回到它的输入端,与原来的输入量共同控制该系统,这种连接方式称为反馈。

引入反馈的放大电路称为反馈放大电路,它由基本放大电路 A 和反馈网络 F 构成,如图 6-3-1 所示。基本放大电路的功能是放大输入信号,反馈网络的功能是传输反馈信号,两者构成一个闭合环路。

反馈放大电路中,X_i 是反馈放大电路的原输入信号,X_o 为输出信号,X_f 是反馈信号,X_i' 是基本放大电路的净输入信号。基本放大电路 A 实现信号的正向传输,反馈网络 F 则将部分或全部输出信号反向传输到输入端。

微课
反馈组态的判断

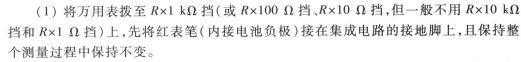
微课
负反馈的作用

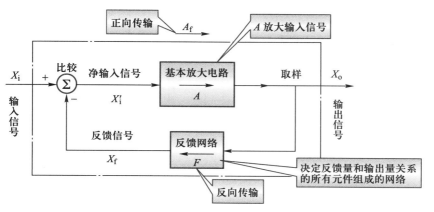

图 6-3-1 负反馈放大电路的系统框图

提　示

判断一个放大电路中是否存在反馈的方法是：观察放大电路中有无反馈通路，即观察放大电路输出回路与输入回路之间是否有电路元件起桥梁作用。若有，则存在反馈通路，即电路为闭环放大电路，即反馈放大电路；反之，则无反馈通路，即电路为开环放大电路。

【例 6-2】 判断图 6-3-2 中各图是否存在反馈。

图 6-3-2(a) 中电阻 R_F 将输入回路和输出回路连接起来，构成电路中的反馈。

图 6-3-2(b) 中电阻 R_E 将输入回路和输出回路连接起来，构成电路中的反馈。

在多级放大电路中，还可以分为级间反馈和本级反馈。本级反馈出现在放大电路的某一级电路中，属于局部反馈。级间反馈则跨接多级电路，电路的性能主要由级间反馈决定。

提　示

反馈元件必然跨接在放大器的输入、输出回路之间或为输入、输出回路的公共元件，根据这一特点可以迅速地确认反馈元件。

思考与讨论

如果将图 6-3-2(a) 所示电路中电阻 R_F 跨接在集成运放的输出端与同相输入端之间，电路中有反馈吗？

2. 反馈的参数

根据图 6-3-1 所示极性，净输入信号为输入信号与反馈信号之差，因此

$$\dot{X}_i' = \dot{X}_i - \dot{X}_f$$

输出信号与净输入信号之比称为基本放大器的传输增益（开环增益或开环放大倍数），即

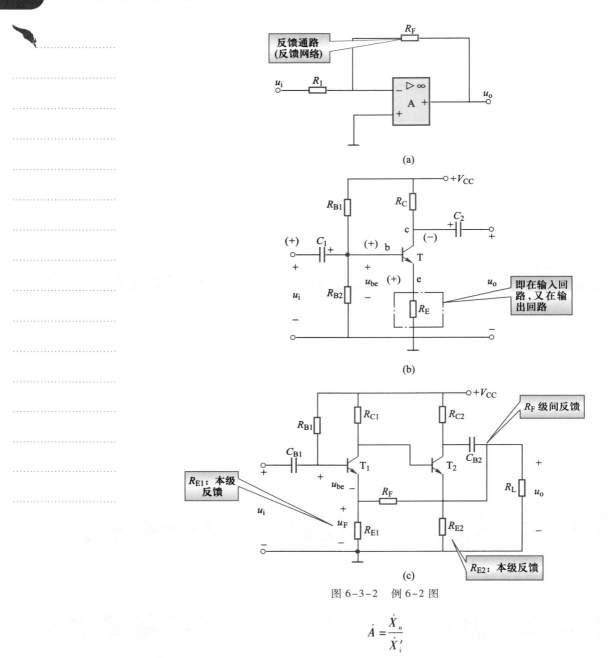

图 6-3-2   例 6-2 图

$$\dot{A} = \frac{\dot{X}_{o}}{\dot{X}'_{i}}$$

输出信号与输入信号之比称为反馈放大器的传输增益(闭环增益),即

$$\dot{A}_{f} = \frac{\dot{X}_{o}}{\dot{X}_{i}}$$

反馈信号与输出信号之比称为反馈网络的传输系数(反馈系数),即

$$\dot{F} = \frac{\dot{X}_{f}}{\dot{X}_{o}}$$

有

$$\dot{X}_f = \dot{F}\dot{X}_o = \dot{A}\dot{F}\dot{X}'_i$$

$$\dot{X}_o = \dot{A}\dot{X}'_i = \dot{A}(\dot{X}_i - \dot{X}_f) = \dot{A}(\dot{X}_i - \dot{F}\dot{X}_o)$$

$$\dot{X}_o + \dot{A}\dot{F}\dot{X}_o = \dot{A}\dot{X}'_i$$

$$\dot{A}_f = \frac{\dot{X}_o}{\dot{X}_i} = \frac{\dot{A}}{1 + \dot{A}\dot{F}}$$

$\dot{A}\dot{F}$ 称为环路放大倍数(环路增益),它是无量纲的。

上式表明,引入负反馈后放大器的闭环放大倍数为开环放大倍数的 $1/(1+\dot{A}\dot{F})$ 倍。因此 $|1+\dot{A}\dot{F}|$ 是衡量反馈程度的一个很重要的量,称为反馈深度,用 D 表示,即

$$D = |1 + \dot{A}\dot{F}|$$

若 $|1+\dot{A}\dot{F}|<1$,则 $|\dot{A}_f|>|\dot{A}|$,即放大器引入反馈后放大倍数增大,说明电路引入的是正反馈。

若 $|1+\dot{A}\dot{F}|>1$,则 $|\dot{A}_f|<|\dot{A}|$,即放大器引入反馈后放大倍数下降,说明电路引入的是负反馈。

若 $|1+\dot{A}\dot{F}|=0$,则 $|\dot{A}_f|\to\infty$,此时因 $\dot{A}\dot{F}=-1$,则 $\dot{X}_f = \dot{A}\dot{F}\dot{X}'_i = -\dot{X}'_i$,即 $\dot{X}_i = \dot{X}'_i + \dot{X}_f = 0$,表明放大器虽然没有输入信号,也有信号输出,这种现象称为自激振荡,发生自激振荡时,放大器变成振荡器,失去了放大作用,应当加以避免。

若 $|1+\dot{A}\dot{F}|\gg1$,有

$$\dot{A}_f \approx \frac{1}{\dot{F}} \approx \dot{X}_f$$

满足 $|1+\dot{A}\dot{F}|\gg1$ 条件的负反馈,称为深度负反馈。上式表明,在深度负反馈条件下,闭环放大倍数只取决于反馈系数,而与基本放大器几乎无关。

提　示

如果反馈网络是由一些性能比较稳定的无源线性元件(如 R,C 等)组成,则此时 $|\dot{A}_f|$ 也是比较稳定的。显然, $|\dot{A}|$ 越大,越容易满足深度负反馈条件。

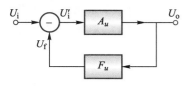

图 6-3-3　例 6-3 图

【例 6-3】 某反馈放大器的方框图如图 6-3-3 所示,已知其开环电压增益 $A_u = 2\,000$,反馈系数 $F_u = 0.049\,5$。若输出电压 $U_o = 2$ V,求输入电压 U_i、反馈电压 U_f 及净输入电压 U'_i。

解: 反馈电压 $U_f = F_u U_o = 0.049\,5 \times 2$ V $= 0.099$ V $= 99$ mV

闭环电压增益 A_{uf} 为

$$A_{uf} = \frac{U_o}{U_i} = \frac{A_u}{1 + A_u F_u} = \frac{2\,000}{1 + 2\,000 \times 0.049\,5} = 20$$

所以,输入电压 U_i 为 $U_i = \dfrac{U_o}{A_{uf}} = \dfrac{2}{20}$ V $= 0.1$ V $= 100$ mV

教学课件
电压电流反馈的区分

净输入电压 $U_i' = U_i - U_f = (100-99)$ mV $= 1$ mV

6.3.2　反馈的类型

1. 直流反馈与交流反馈

仅在放大电路直流通路中存在的反馈称为直流反馈。直流反馈影响放大电路的直流性能,如可以稳定静态工作点。

仅在放大电路交流通路中存在的反馈称为交流反馈。交流反馈影响放大电路的交流性能,如增益、输入电阻、输出电阻及带宽等。

在放大电路交直流通路中均存在的反馈,称为交直流反馈。

【例 6-4】　判断图 6-3-4 中反馈为直流反馈还是交流反馈?

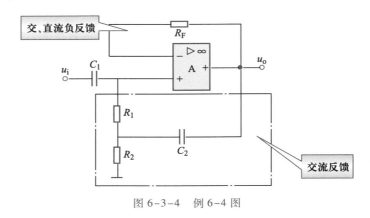

图 6-3-4　例 6-4 图

解:图中 R_F 电阻构成的反馈在直流、交流通路中均存在,因此为交直流反馈。电容 C_2 对交流信号可视为短路,对于直流量,相当于开路,所以 R_1、R_2、C_2 构成的反馈网络,只能通过交流信号,在交流通路中,将集成运放的输出端与同相输入端连接,故引入了交流反馈。

提　示

"看通路"。通常情况下,利用电容的"隔直(流)通交(流)"特性来判断放大电路是直流反馈还是交流反馈。如果反馈通路中的电容一端接地,则该电路为直流反馈放大电路;如果电容串联在反馈通路中,则该电路为交流反馈放大电路;如果反馈通路中只有电阻或只有导线,则该电路为交直流反馈放大电路。

---

2. 串联反馈和并联反馈

串联反馈和并联反馈是针对基本放大器与反馈网络在输入端的连接方式而言的。

串联反馈与并联反馈的判断方法一:在输入端,输入量、反馈量和净输入量以电压的方式叠加,为串联反馈;以电流的方式叠加,为并联反馈。

串联反馈与并联反馈的判断方法二:若反馈信号与原输入信号在同一输入节点,则为并联反馈;若反馈信号与原输入信号不在同一输入节点,则为串联反馈。

【例6-5】 判断图6-3-5电路中反馈类型是串联反馈还是并联反馈？

解：图（a）中 R_2 为输出回路与输入回路之间的反馈电阻，在输入端，反馈信号与输入信号在同一输入节点，为并联反馈。

图（b）中 R_2 为输出回路与输入回路之间的反馈通道，在输入端，反馈信号与输入信号分别加在集成运放的同相输入端和反相输入端，不在同一个节点，为串联反馈。

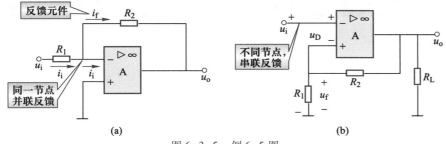

图 6-3-5 例6-5图

3. 正反馈和负反馈

反馈信号送回到输入回路与原输入信号共同作用后，对净输入信号的影响有两种结果：一种是使净输入信号的变化得到增强，这种反馈称为正反馈；另一种是使净输入信号的变化得以削弱，这种反馈称为负反馈。

正反馈和负反馈的判断方法为：瞬时极性法。

先假定输入信号瞬时对地有一正向（或负向）的变化，即瞬时电位升高（用"↑"表示）时，相应的瞬时极性用"（+）"表示；然后按照信号先放大后反馈的传输途径，根据放大器在中频区有关电压的相位关系，依此得到各级放大器的输入信号与输出信号的瞬间电位是升高还是降低，即极性是"（+）"还是"（−）"，最后推出反馈信号的瞬时极性，从而判断反馈信号是加强还是削弱输入信号。若为加强（即净输入信号增大）则反馈为正反馈，若为削弱（即净输入信号减小）则反馈为负反馈。

提　示

放大电路通常由三极管或运算放大器构成。运用瞬时极性法判定放大电路中各点电位的瞬时极性时，首先必须熟练掌握三极管三种基本电路组态的判定与相应组态输出信号电压与输入信号电压之间的相位关系，以及运算放大器输出端信号与输入端信号之间的相位关系，如图6-3-6所示。

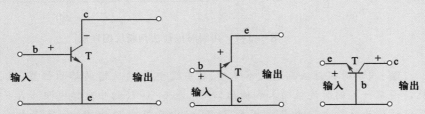

图 6-3-6 三极管放大电路中各电极之间的相位关系

运算放大器构成的放大电路中，运算放大器输出端信号与同相输入端信号的相位相同；运算放大器输出端信号与反相输入端信号的相位相反。

判断正反馈与负反馈的直观法:并联反馈时,若反馈信号与原输入信号的瞬时极性相同,则为正反馈,若反馈信号与原输入信号的瞬时极性相反,则为负反馈;串联反馈时,若反馈信号与原输入信号的瞬时极性相同,则为负反馈,若反馈信号与原输入信号的瞬时极性相反,则为正反馈。

提　示

反馈量是仅仅决定于输出量的物理量。

【例6-6】　用瞬时极性法判断如图6-3-7(a)、(b)、(c)、(d)所示电路的反馈是正反馈还是负反馈。

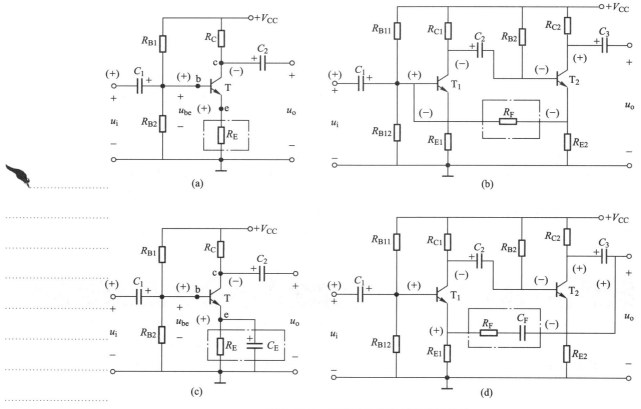

图6-3-7　用瞬时极性法判断反馈性质

解:用瞬时极性法判断反馈性质,首先要能找到反馈通路的位置,根据反馈的定义,反馈通路一定同时连接输入和输出回路。图6-3-7(a)中反馈电阻为R_E;图6-3-7(b)中反馈通路为反馈电阻为R_F。图6-3-7(c)中反馈电阻为R_E和反馈电容C_E;图6-3-7(d)中反馈电阻为R_F和反馈电容C_F。

如图6-3-7(a)、(c)所示电路,设u_i的瞬时极性为(+),则T管基极电位u_b的瞬时极性也为(+),经T的反相放大,u_c的瞬时极性为(-),u_e的瞬时极性为(+),使净输

入量 u_{be} 被削弱,因此是负反馈。

如图 6-3-7(b)所示电路,设 u_i 的瞬时极性为(+),则 T_1 管基极电位 u_{b1} 的瞬时极性也为(+),经 T_1 的反相放大,u_{c1}(亦即 u_{b2})的瞬时极性为(-),再经 T_2 的同相放大,u_{e2} 的瞬时极性为(-),该电压经 R_F 反馈到输入端,使 u_{b1} 被削弱,因此是负反馈。

如图 6-3-7(d)所示电路,设 u_i 的瞬时极性为(+),则 T_1 管基极电位 u_{b1} 的瞬时极性也为(+),经 T_1 的反相放大,u_{c1}(亦即 u_{b2})的瞬时极性为(-),再经 T_2 的反相放大,u_{e2} 的瞬时极性为(+),该电压经 R_F 和 C_f 反馈到输入端,使 u_{b1} 被削弱,因此是负反馈。

4. 电压反馈和电流反馈

电压反馈与电流反馈反映的是反馈信号与输出回路之间的关系,即电压反馈与电流反馈由反馈网络在放大电路输出端的取样对象决定。

在电压反馈放大电路中,反馈信号取自输出电压,并与之成比例;在电流反馈放大电路中,反馈信号取自输出电流,并与之成比例。

判断电压反馈与电流反馈的常用方法("输出短路法"):假定输出电压为 0,若反馈信号也随之为 0,则为电压反馈;若反馈信号不为 0,则为电流反馈。

判断电压反馈与电流反馈的直观法:若反馈信号由反馈网络直接取自输出端,则为电压反馈;若反馈信号由反馈网络取自非输出端,则为电流反馈。即判断放大电路是电压反馈还是电流反馈时,只需观察反馈网络与输出节点的连接位置。

输出短路法:

将负载 R_L 短路,图 6-3-8(a)变化如图 6-3-9(a)所示,$u_o = 0$,不存在反馈通路,即反馈信号为 0,为电压反馈。

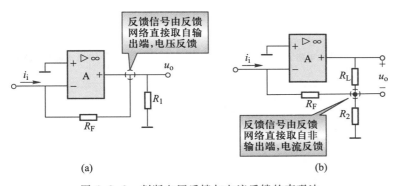

图 6-3-8　判断电压反馈与电流反馈的直观法

将负载 R_L 短路,图 6-3-8(b)变化如图 6-3-9(b)所示,$u_o = 0$,R_1 仍可构成反馈通路,即反馈信号不为 0,为电流反馈。

5. 负反馈放大电路的组态

由于反馈放大电路在输出端有电压反馈和电流反馈两种反馈方式;在输入端有串联反馈和并联反馈两种反馈方式,因此负反馈放大电路的组态可以有 4 种可能,即如图 6-3-10 所示电压并联负反馈;如图 6-3-11 所示电压串联负反馈;如图 6-3-12 所示电流并联负反馈;如图 6-3-13 所示电流串联负反馈。

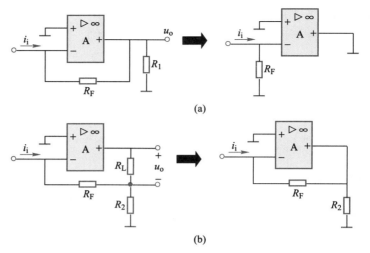

图 6-3-9　判断电压反馈与电流反馈的短路法

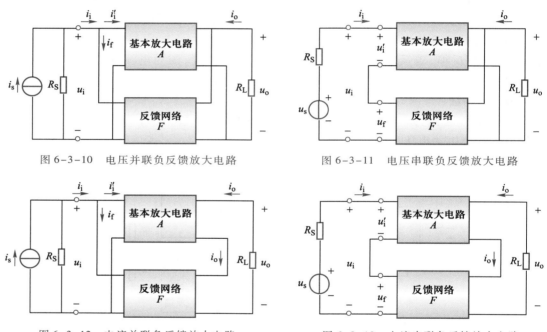

图 6-3-10　电压并联负反馈放大电路　　　　　图 6-3-11　电压串联负反馈放大电路

图 6-3-12　电流并联负反馈放大电路　　　　　图 6-3-13　电流串联负反馈放大电路

4 种反馈组态的参数定义及名称如表 6-3-1 所示。

表 6-3-1　4 种反馈组态的参数定义及名称

组态 参数		电压串联负反馈	电压并联负反馈	电流串联负反馈	电流并联负反馈
$\dot{A}$	名称	开环电压增益	开环互阻增益	开环互导增益	开环电流增益
$\left(= \dfrac{\dot{X}_o}{\dot{X}_i'} \right)$	定义	$\dot{A}_u = \dfrac{\dot{U}_o}{\dot{U}_i'}$	$\dot{A}_r = \dfrac{\dot{U}_o}{\dot{I}_i'}\ (\Omega)$	$\dot{A}_g = \dfrac{\dot{I}_o}{\dot{U}_i'}\ (S)$	$\dot{A}_i = \dfrac{\dot{I}_o}{\dot{I}_i'}$

续表

参数 组态		电压串联负反馈	电压并联负反馈	电流串联负反馈	电流并联负反馈
$\dot{F}$ $\left(=\dfrac{\dot{X}_f}{\dot{X}_o}\right)$	名称	电压反馈系数	互导反馈系数	互阻反馈系数	电流反馈系数
	定义	$\dot{F}_u = \dfrac{\dot{U}_f}{\dot{U}_o}$	$\dot{F}_g = \dfrac{\dot{I}_f}{\dot{U}_o}$ (S)	$\dot{F}_r = \dfrac{\dot{U}_f}{\dot{I}_o}$ (Ω)	$\dot{F}_i = \dfrac{\dot{I}_f}{\dot{I}_o}$
$\dot{A}_f$ $\left(=\dfrac{\dot{X}_o}{\dot{X}_i}\right)$	名称	闭环电压增益	闭环互阻增益	闭环互导增益	闭环电流增益
	定义	$\dot{A}_{uf} = \dfrac{\dot{U}_o}{\dot{U}_i}$	$\dot{A}_{rf} = \dfrac{\dot{U}_o}{\dot{I}_i}$ (Ω)	$\dot{A}_{gf} = \dfrac{\dot{I}_o}{\dot{U}_i}$ (S)	$\dot{A}_{if} = \dfrac{\dot{I}_o}{\dot{I}_i}$

教学课件
测试反馈放大器中反馈性质

微课
测试反馈放大器中反馈性质

【例 6-7】 试指出图 6-3-14 所示反馈网络由哪些元件构成,判断电路的反馈极性和反馈组态。

解: 该电路为单管共射放大电路,电阻 R_F 为反馈元件,在输入端,反馈信号与输入信号并接在同一节点,为并联反馈。在输出端,反馈信号直接取自输出端,为电压反馈。设输入电流 i_i 瞬时极性为正(电流增加),经过三极管 T,集电极电流 i_c 随之增加,瞬时极性为正,输出电压 u_o 降低,瞬时极性为负,反馈电流 i_f 增加,瞬时极性为正,使净输入电流 i_b 减小,为负反馈。因此电路引入的是电压并联负反馈。

仿真源文件
测试反馈放大器中反馈性质

【例 6-8】 试指出图 6-3-15 所示反馈网络由哪些元件构成,判断电路的反馈极性和反馈组态。

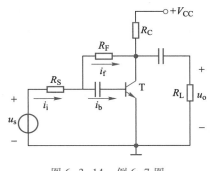
图 6-3-14 例 6-7 图

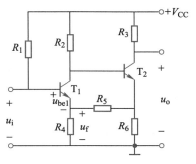
图 6-3-15 例 6-8 图

解: 该电路由两级共射放大电路组成,电阻 R_5 将第一级和第二级连接起来,构成级间反馈,反馈网络由 R_5、R_4、R_6 组成,在输出端,反馈信号没有直接取自输出端,为电流反馈。在输入端,反馈信号与输入信号接在不同节点,为串联反馈。设输入电流 u_i 瞬时极性为正,经 T_1 反相放大,集电极输出电压瞬时极性为负,即 T_2 基极电压瞬时极性负,T_2 发射极电压瞬时极性为负,经电阻 R_5 反馈回 T_1 发射极,在电阻 R_4 上反馈电压瞬时极性为负,显然净输入电压 $u_{be1} = u_i - u_f$ 增加,为正反馈。因此电路引入的是电流串联正反馈。

6.3.3 负反馈对放大电路性能的影响

通常,在放大电路中通过引入深度负反馈来改善放大电路的性能,引入深度负反馈后,放大电路的增益几乎只取决于反馈网络,这样放大电路的增益稳定性大大提高。此外,放大电路引入直流负反馈能稳定静态工作点;引入交流负反馈能改善放大电路的性能指标,如减少非线性失真、扩展频带以及控制输入和输出阻抗等。

1. 提高增益的稳定性

一个实用的放大电路,既希望能够获得高增益,更希望获得一个稳定的增益,放大电路在引入了负反馈后的增益虽然减小了,但其增益稳定性却提高了。引入电压负反馈能使输出电压稳定,引入电流负反馈能使输出电流稳定。

加了负反馈以后放大倍数的稳定性到底提高了多少呢? 下面就中频区的情况作些分析(假设在中频段 A、F、A_f 都为实数)。

放大电路的闭环增益为
$$A_f = \frac{A}{1+AF}$$

上式对 A 求微分,得
$$\frac{\mathrm{d}A_f}{\mathrm{d}A} = \frac{1}{(1+AF)^2}$$

两式相除整理,可得
$$\frac{\mathrm{d}A_f}{A_f} = \frac{1}{(1+AF)} \cdot \frac{\mathrm{d}A}{A}$$

表明闭环放大倍数的相对变化量 $\dfrac{\mathrm{d}A_f}{A_f}$ 只是开环放大倍数的相对变化量 $\dfrac{\mathrm{d}A}{A}$ 的 $\dfrac{1}{(1+AF)}$。若 $A = 2\,000$, $F = 0.1$, $\dfrac{\mathrm{d}A}{A} = 1\%$, 则有 $\dfrac{\mathrm{d}A_f}{A_f} = 0.005\%$。

值得注意的是:引入负反馈后,增益减小了 $(1+AF)$ 倍。但增益的稳定性比无负反馈时提高了 $(1+AF)$ 倍。即负反馈放大电路是牺牲了放大倍数来换取其稳定性的。

2. 减小非线性失真

放大电路的非线性指放大倍数随信号的大小而变化。若输入正弦信号,则其输出为非正弦信号,也就是电路在传输信号的过程中产生了新的频率成分(即所谓谐波分量),即产生非线性失真。

放大电路产生非线性失真的原因有半导体器件的非线性和输入信号幅值过大等,引入负反馈可以大大减小非线性失真。

如图 6-3-16(a)所示,设输入信号为正弦信号,且基本放大电路的非线性放大使输出电压波形产生正半周幅度大于负半周的失真。参见图 6-3-16(b),引入电压负反馈后,反馈信号电压正比于输出电压,因此,u_f 也存在相同方向的失真,而电压比较的结果使基本放大电路的净输入电压 $u'_i(u_i-u_f)$ 产生相反方向的波形失真,即负半周幅度大于正半周(称为预失真),这一信号再经基本放大电路放大,则减小了输出信号的非线性失真。

教学课件
测试负反馈提高增益稳定性

微课
测试负反馈提高增益稳定性

提　示

值得注意的是,负反馈是利用失真来减小失真,但不能消除失真。另外,负反馈放大电路只能削弱放大电路内部产生的谐波,对于混在输入信号中的谐波,负反馈放大电路将会把它和有用信号一样放大。

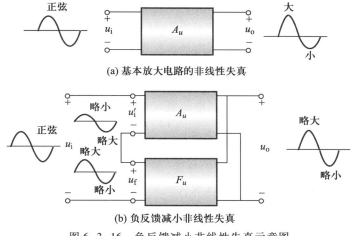

(a) 基本放大电路的非线性失真

(b) 负反馈减小非线性失真

图 6-3-16　负反馈减小非线性失真示意图

3. 扩展通频带

如图 6-3-17 所示,中频段放大电路开环增益 $|\dot{A}_0|$ 比较高,低频区和高频区均明显下降。开环时的通频带 $f_{bw}=f_H-f_L$ 相对较窄。而引入负反馈后,负反馈降低了由于信号频率变化而引起的放大倍数的不稳定程度,在中频区,输入信号被削减较多;在低频区和高频区,输入信号被削减较少。所以闭环时的通频带 $f_{bwf}=f_{Hf}-f_{Lf}$ 则相对较宽,表现为扩展了放大器的通频带。

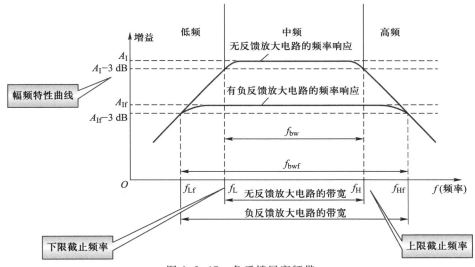

图 6-3-17　负反馈展宽频带

4. 改变输入电阻和输出电阻

在放大电路中引入负反馈以后,对输入电阻的影响决定于引入的反馈是串联反馈还是并联反馈;对输出电阻的影响则决定于引入的是电压反馈还是电流反馈。

（1）串联负反馈使输入电阻增大,闭环放大电路的输入电阻

$$R_{if}=(1+AF)R_i$$

（2）并联负反馈使输入电阻减小,闭环放大电路的输入电阻

$$R_{if} = \frac{u_i}{i_i} = \frac{u_i}{i_i' + i_f} = \frac{u_i}{i_i' + AFi_i'} = \frac{R_i}{1 + AF}$$

（3）电压负反馈使输出电阻减小，电压负反馈放大电路的输出电阻

$$R_{of} = \frac{R_o}{1 + AF}$$

（4）电流负反馈使输出电阻增大，电流负反馈放大电路的输出电阻

$$R_{of} = (1 + AF) R_o$$

5. 放大电路中引入负反馈的一般原则

由于不同组态的负反馈放大电路的性能，如对输入和输出电阻的控制以及对信号源要求等方面具有不同的特点，因此在放大电路中引入负反馈时，要选择恰当的反馈组态，否则效果可能适得其反。

引入负反馈的一般原则如下：

- 稳定静态工作点——直流负反馈。
- 改善动态性能——交流负反馈。
- 输出电压要稳定或输出电阻要小——电压负反馈。
- 输出电流要稳定或输出电阻要大——电流负反馈。
- 输入电阻要大——串联负反馈。
- 输入电阻要小——并联负反馈。
- 信号源内阻较小（电压源）——串联负反馈。
- 信号源内阻较大（电流源）——并联负反馈。

【**例 6-9**】　如图 6-3-18 所示电路，为了实现以下各项要求，试选择合适的负反馈形式。

（1）要求直流工作点稳定。（2）输入电阻要大。（3）输出电阻要小。（4）负载变化时，放大电路电压增益要基本稳定。（5）当信号源为电流源时输出信号（电压或电流）要基本稳定。

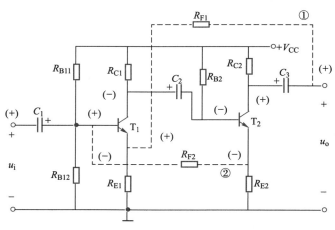

图 6-3-18　例 6-9 电路

解：假设 u_i 瞬时极性为（+），根据信号传输的途径，可得到放大电路各个节点相应的瞬时极性，如图 6-3-18 所示。

为了保证引入的反馈为负反馈,只能选择图 6-3-18 中已经标注的"①"和"②"两条反馈通路(可验证它们的反馈性质),其中,"①"反馈通路引入电压串联负反馈,为交流负反馈;"②"反馈通路引入电流并联负反馈,且为交、直流负反馈。

(1)要求直流工作点稳定,可引入直流电流负反馈,如图 6-3-18 中"②"所示。

(2)输入电阻要大,可引入串联负反馈,如图 6-3-18 中"①"所示。

(3)输出电阻要小,可引入电压负反馈,如图 6-3-18 中"①"所示。

(4)负载变化时,放大电路电压增益要基本稳定,可引入电压串联负反馈,如图 6-3-18 中"①"所示。

(5)当信号源为电流源时输出信号要基本稳定,可引入并联负反馈,如图 6-3-18 中"②"所示,不过,此时输出所稳定的是电流信号。

6.3.4 深度负反馈放大电路的近似计算

1. 深度负反馈的特点

由于集成运算放大器和多级放大电路的放大倍数一般都比较大,很容易使放大电路满足深度负反馈的条件。

深度负反馈放大电路中由于 $|1+\dot{A}\dot{F}| \gg 1$,所以

$$\dot{A}_f = \frac{\dot{A}}{1+\dot{A}\dot{F}} \approx \frac{\dot{A}}{\dot{A}\dot{F}} = \frac{1}{\dot{F}}$$

即,深度负反馈条件下,闭环增益只与反馈网络有关。

可得 $X_f = AFX_i' \gg X_i'$,$X_i = X_i' + X_f \geq X_f$,因此有

$$X_i' = X_i - X_f \approx 0$$

说明反馈信号近似等于输入信号;净输入信号 X_i' 近似为 0(但不绝对等于 0)。这是深度负反馈放大电路的重要特点。

当电路引入串联负反馈时,输入端电压求和:

$U_i' = U_i = U_f \approx 0$ 称之为"虚短"。由于净输入电压为 0,输入电流 I_i' 也近似为 0。

当电路引入并联负反馈时,输入端电流求和:

$I_i' = I_i = I_f \approx 0$ 称之为"虚断"。由于净输入电流为 0,输入电压 U_i' 也近似为 0。

利用"虚短"和"虚断"的概念为深度负反馈放大电路的分析和计算带来了极大的方便。具体方法是,在求解反馈放大电路外电路各电压及相互间的关系时,可将基本放大器输入端短路;在求解反馈放大电路外电路各电流及相互间的关系时,可将基本放大器输入端开路。这就完全回避了对基本放大器本身的复杂分析和计算,而只要对较简单的外电路进行分析和计算即可。

2. 深度负反馈放大电路的近似计算

求解深度负反馈放大电路放大倍数的一般步骤如下:

● 正确判断反馈组态。

● 利用不同组态特点求解 $\dot{A}_{uf}$ 或 $\dot{A}_{usf}$。

(1)电压串联负反馈

电压串联负反馈如图 6-3-19 所示。

因为电路为串联反馈,因此有 $u_i = u_f$;反馈输入点对地电压即为 u_f;图中 $u_i' = u_d \approx 0$,所以反馈输入点到放大电路的输入电流特别小,视为开路,有

$$A_{uf} = \frac{u_o}{u_i} = \frac{u_o}{u_f} = \frac{R_1 + R_f}{R_1}$$

（2）电压并联负反馈

电压并联负反馈如图 6-3-20 所示。

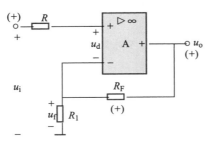

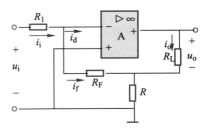

图 6-3-19　电压串联负反馈　　　　图 6-3-20　电压并联负反馈

因为电路为并联反馈,因此有 $i_i = i_f$,图中 $i_d \approx 0$,反馈输入点对地电压为 0(虚地),有

$$u_i = i_i R_1 , i_f \approx -\frac{R}{R + R_f} \cdot i_o$$

$$A_{usf} = \frac{u_o}{u_i} = \frac{i_o R_L}{i_i R_1} = \frac{i_o R_L}{i_f R_1} \approx -\frac{R_f + R_2}{R_2} \cdot \frac{R_L}{R_1}$$

【实验测试与仿真 17】——负反馈电路电压放大倍数的测量

测试设备:模拟电路综合测试台 1 台,0～30 V 直流稳压电源 1 台,数字万用表 1 块,双踪示波器 1 台。

测试电路:电路如图 6-3-21 所示。

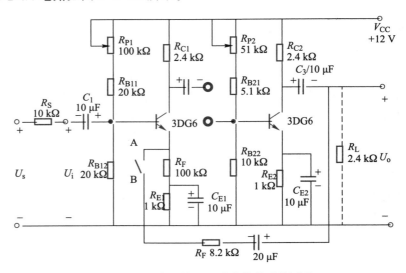

图 6-3-21　负反馈电压放大倍数系的测量

测试程序：

1. 负反馈对电压放大倍数 A_u 的影响

（1）测量无反馈时的电压放大倍数 A_u。将 A、B 断开，使电路无级间反馈，在输入端加入 $f=1\,000$ Hz 的正弦波信号，观察输出波形。调整输入电压幅值，在输出波形不失真的情况下，测量输入电压 u_i 及输出电压 u_o 的数值，然后计算出电压放大倍数 A_u，把结果记入表 6-3-2 中。

（2）测量有反馈时的电压放大倍数 A_u。接通 A、B，重复以上测量，将结果记入表 6-3-2 中。

表 6-3-2　有无负反馈时的各参数记录表

	u_i	u_o	A_u
无负反馈			
有负反馈			

2. 测试负反馈对电压放大倍数稳定性的影响

在不改变输入信号的情况下，将电源电压降至 10 V。在无反馈和有反馈时分别测量输出电压 u_o 的值，计算出放大倍数 A_u，把它与上表中正常电压下的值相比较，计算 A_u 的稳定度 $\Delta A_u/A_u$，将结果记入表 6-3-3 中。

表 6-3-3　改变电源电压时各参数记录表

	$V_{CC}=12$ V		$V_{CC}=10$ V		
	u_{o1}	A_{u1}	u_{o2}	A_{u2}	$(A_{u1}-A_{u2})/A_{u2}$
无负反馈					
有负反馈					

6.4　技能训练项目——负反馈音频放大电路的制作与测试

1. 目的

（1）熟悉负反馈放大电路的结构和特征。

（2）掌握负反馈放大电路性能指标的测试方法。

（3）了解负反馈放大电路性能的改善作用。

2. 参考电路

如图 6-4-1 所示电路由两个三极管组成。电路中 T_1、T_2 是两个起放大作用的 NPN 型小功率三极管，$R_1 \sim R_9$ 是它们的直流偏置电阻；R_{10} 是电路的负载电阻；R_{11} 是负反馈电阻，其大小直接影响负反馈的强弱；C_1、C_3、C_5 是耦合电容；C_2、C_4 是射极电阻旁路电容，提供交流信号的通道，减小放大过程中的损耗，使交流信号不因射极电阻的存在而降低放大器的放大能力；J1 是一个短路线，用来测试有无负反馈时输出信号的变化；X1、X2、X3 分别是信号输入、信号输出和电源输入。

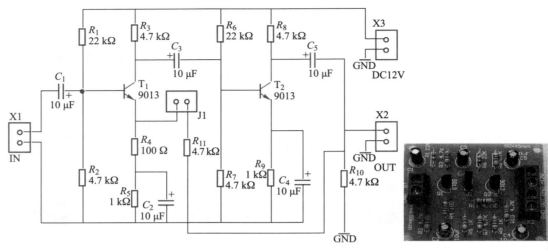

图 6-4-1　负反馈音频放大电路

　　电源电压为 12 V 直流,输入信号可以采用 1 kHz/2 mV 正弦波信号源,输出端接示波器,观察输出波形。

　　正弦波信号从 X1 输入,经过耦合电容 C_1 进入 T_1 基极,由 T_1 放大后从 T_1 集电极输出,经 C_3 耦合进入 T_2 的基极,再从 T_2 集电极输出经输出耦合电容 C_5 送到负载电阻 R_{10} 上,输出信号还有一路经 R_{11} 送到 T_1 的发射极形成负反馈。

　　3. 元器件

　　元器件如表 6-4-1 所示。

表 6-4-1　元器件清单

位号	名称	规格	数量
R_1、R_6	电阻	22 kΩ	2
R_2、R_3、R_7、R_8、R_{10}、R_{11}	电阻	4.7 kΩ	6
R_4	电阻	100 Ω	1
R_5、R_9	电阻	1 kΩ	2
C_1、C_2、C_3、C_4、C_5	电解电容	10 μF	5
T_1、T_2	三极管	9013	2
J1	插针	2P	1

　　4. 技能训练要求

工作任务书

任务名称	负反馈音频放大电路制作与测试
课时安排	课外焊接,课内调试
设计要求	制作负反馈音频放大电路,使其可以实现正常放大声音信号

续表

制作要求	正确选择器件,按电路图正确连线,按布线要求进行布线、装焊并测试。
测试要求	1. 正确记录测试结果 2. 与设计要求相比较,若不符合,请仔细查找原因
设计报告	1. 负反馈音频放大电路原理图 2. 列出元件清单 3. 焊接、安装 4. 调试、检测电路功能是否达到要求 5. 分析数据

知识梳理与总结

集成运算放大器是一个具有高增益的直接耦合多级放大电路。通常由输入级、中间级、输出级和偏置电路四部分构成。

在电子电路中,特别是在模拟集成电路中,广泛使用不同类型的电流源。它的用途之一是为各种基本放大电路提供稳定的偏置电流;第二个用途是用作放大电路的有源负载。

差分放大电路通常作为集成运算放大器电路的输入级,差分放大电路两个输入端信号分为差模信号和共模信号。基本差分放大电路利用电路对称性可以抑制共模信号。

将电子系统输出回路的电量(电压或电流),以一定的方式送回到输入回路的过程称为反馈。

电路中常用的负反馈有4种组态:电压串联负反馈,电压并联负反馈,电流串联负反馈和电流并联负反馈。可以通过观察法,输出短路法和瞬时极性法等方法判断电路反馈类型。

负反馈电路的4种不同组态可以统一用方框图加以表示,其闭环增益的表达式为

$$\dot{A}_f = \frac{\dot{A}}{1 + \dot{A}\dot{F}}$$

负反馈可以全面改善放大电路的性能,包括:提高放大倍数的稳定性,减小非线性失真,抑制噪声,扩展频带,改变输入、输出电阻等。

在深负反馈条件下,可用"虚短""虚断"法估算电路的闭环增益。

习   题

6.1   差分放大电路如图6-1所示,已知 $\beta_1 = \beta_2 = 60$, $U_{BEQ1} = U_{BEQ2} = 0.7 \text{ V}$, 试求:
(1) 电路的静态工作点。

（2）差模电压放大倍数 A_{ud}。

（3）差模输入电阻 R_{id} 和差模输出电阻 R_{od}。

（4）共模抑制比 K_{CMR}。

6.2   差分放大电路如图6-2所示，已知 $u_{i1}=3$ mV，$u_{i2}=1$ mV，$\boldsymbol{\beta}_1=\boldsymbol{\beta}_2=50$，试求：

（1）电路的静态工作点。

（2）差模输入电压 u_{id}，共模输入电压 u_{ic}。

（3）差模电压放大倍数 A_{ud}，输出电压 u_o。

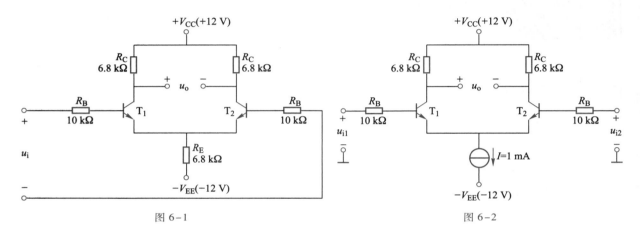

图 6-1   图 6-2

6.3   为减小运算电路的温度漂移，应选用何种运放？温度漂移产生的输出误差电压能否用外接人工调零电路的办法完全抵消？

6.4   差分放大器中一管输入电压 $u_{i1}=3$ mV，试求下列不同情况下的差模分量与共模分量：（1）$u_{i2}=3$ mV；（2）$u_{i2}=-3$ mV；（3）$u_{i2}=5$ mV；（4）$u_{i2}=-5$ mV。

6.5   若差分放大器输出表达式为 $u_o=1\,000u_{i2}-999u_{i1}$。求：（1）共模放大倍数 A_{uc}；（2）差模放大倍数 A_{ud}；（3）共模抑制比 K_{CMR}。

6.6   试判断题图6-3所示电路中级间反馈的类型和极性。设图中各电容对信号均视作短路。

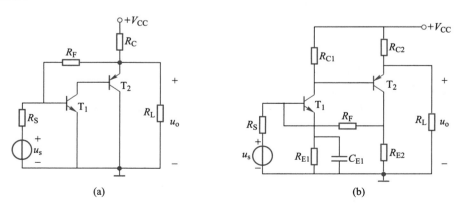

（a）   （b）

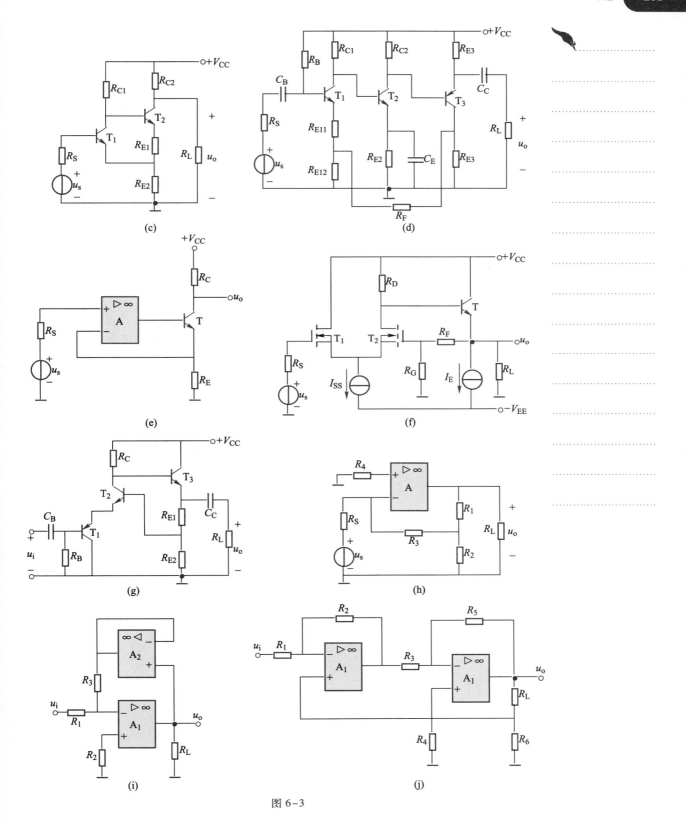

图 6-3

6.7　反馈放大电路如图6-4所示，试完成下列各题：（1）判断该电路引入了何种反馈？　反馈网络包括哪些元件？　工作点的稳定主要依靠哪些反馈？（2）反馈网络对电路的输入、输出电阻有何影响，是增大了还是减小了？（3）在深度负反馈条件下，闭环电压增益 A_{uf} =？

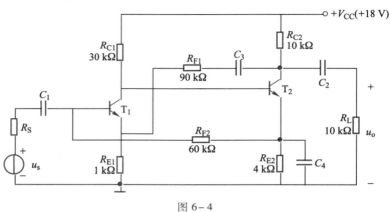

图 6-4

6.8　在反相求和电路中，集成运放的反相输入端是如何形成虚地的？　该电路属于何种反馈类型？

6.9　说明在差分式减法电路中，运放的两输入端存在共模电压。　为提高运算精度，应选用何种运放？

第 **7** 章

基本运算放大电路

教学目标

知识重点

● 理解几类基本比较电路的工作原理

● 理解几类求和放大器的工作原理

● 理解理想运放的特性

知识难点

● 了解积分和微分电路的工作原理

● 掌握仪用放大电路的工作原理和应用

● 掌握迟滞比较器的工作方式

● 熟悉集成运放的传输特性及集成运放工作在线性区和非线性区时的
特点

知识结构图

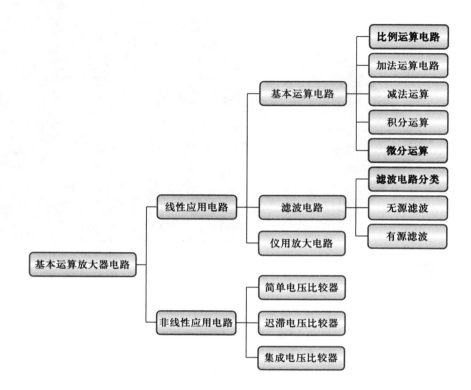

引言

通用运算放大器是一种用途很广并广泛使用的器件,人们会设计一些用于特定目的集成电路放大器。这些器件中大多数来自基本运算放大器。这些特殊放大器包括用于高噪声环境和数据采集系统的仪用放大器等。

早期的运算放大器主要用于完成数学运算,例如加法、减法、积分和微分,现在的运放是线性集成电路,使用较低的电源电压,并且可靠、便宜。

7.1 线性应用电路

7.1.1 基本运算电路

1. 比例运算电路

（1）反相输入比例运算电路

图 7-1-1 所示为反相输入比例运算电路,输入信号送入反相输入端,该电路的反馈类型为电压并联负反馈。

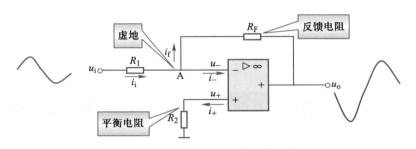

微课
比例运算电路

图 7-1-1　反相输入比例运算电路

由于 $\qquad i_+ = 0$（虚断）

得 $\qquad u_+ = 0$

又由虚短的概念可知 $u_- = u_+$（虚短）$= 0$,得 $u_- = 0$,故 A 端称为"虚地"。

提　示

在反相输入比例运算电路中,同相输入端接地,才有"虚地"现象,"虚地"是"虚短"的特例。

由于 $i_N = 0$,得 $i_i = i_f$

因此有 $$\frac{u_i}{R_1} = \frac{-u_o}{R_F}$$

整理得 $$u_o = -\frac{R_F}{R_1} u_i$$

由上式可知,该电路的功能为实现输出电压和输入电压之间的反相运算,当 R_F 和 R_1 确定后,u_o 与 u_i 之间的比例关系也就确定了,因此该电路称为反相输入比例运算电路。

提　示

　　同相端接的电阻 R_2 大小和计算结果无关。但在实际电路中,为减小温漂,提高运算精度,保持运放输入级差分放大电路的对称性,同相端必须加接平衡电阻(其他电路类同)。该电路中平衡电阻阻值应为 $R_2 = R_1 /\!/ R_F$。

教学课件
同相比例电路的应用

微课
同相比例电路的应用

（2）同相输入比例运算电路

　　图 7-1-2 所示为同相输入比例运算电路,输入信号送入同相输入端,该电路的反馈类型为电压串联负反馈。

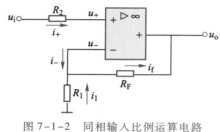

图 7-1-2　同相输入比例运算电路

由于　　　$i_- = i_+ = 0$（虚断）

得　　　　$u_+ = u_- = u_i$（虚短）

由于 $i_- = 0$,得 $i_1 = i_f$

因此有　　$\dfrac{-u_i}{R_1} = \dfrac{u_i - u_o}{R_F}$

整理得　　$u_o = \left(1 + \dfrac{R_F}{R_1}\right) u_i$

　　由上式可知,该电路的功能为实现输出电压和输入电压之间的同相运算,当 R_F 和 R_1 确定后,u_o 与 u_i 之间的比例关系也就确定了,因此该电路称为同相输入比例运算电路。

思考与讨论

电路中的 R_2 应怎样选择?为什么?

　　图 7-1-1 中,当 R_F 为短路或 R_1 为开路时,同相输入比例运算电路可得到图 7-1-3 所示电路,此时电路的输出电压等于电路的输入电压,称此电路为电压跟随器。

教学文档
同相比例电路的应用

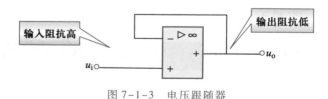

输入阻抗高

输出阻抗低

图 7-1-3　电压跟随器

提　示

　　电压跟随器与射极跟随器类似,但其跟随性能更好,有输入阻抗高、输出阻抗低的特点,常用作变换器或缓冲器,在电子电路中应用极广。

　　【例 7-1】　电路如图 7-1-4 所示,试求当 R_5 的阻值为多大时,才能使 $u_o = -55u_i$。

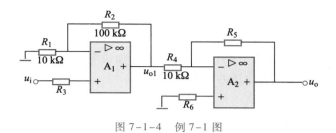

图 7-1-4 例 7-1 图

解：在图 7-1-4 电路中，A_1 构成同相输入放大电路，A_2 构成反相输入放大电路，因此有

$$u_{o1} = \left(1 + \frac{R_2}{R_1}\right) u_i = \left(1 + \frac{100}{10}\right) u_i = 11 u_i$$

$$u_o = -\frac{R_5}{R_4} u_{o1} = -\frac{R_5}{10} \times 11 u_i = -55 u_i$$

化简后，得 $R_5 = 50$ kΩ。

【实际电路应用 21】——湿度测量电路

湿度传感器广泛应用于电子灶等食品烹调器的湿度检测、空调器的湿度检测等诸多领域，利用集成湿度传感器 HM1500 测试湿度后，其输出电压和相对湿度呈线性正比例关系，其测量电路如图 7-1-5 所示。

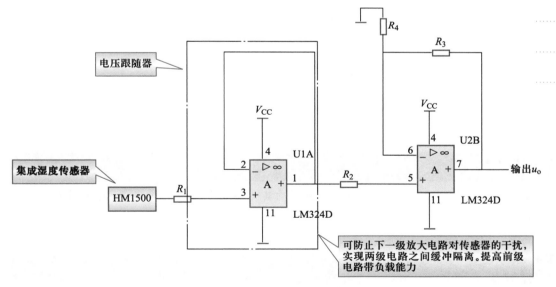

图 7-1-5 湿度测量电路

HM1500 电压信号通过 R_1 输入，经过电压跟随器，使信号无失真地输入到下一级放大电路，下一级放大电路由 LM324D、R_3、R_4 组成，可以通过调整电阻 R_3、R_4 的阻值来改变放大倍数。

教学课件
测试加法电路

微课
测试加法电路

教学文档
测试加法电路

仿真源文件
测试加法电路

2. 加法运算电路

在自动控制电路中,往往需要将多个采样信号按一定的比例叠加起来输入放大电路中,这就需要用到加法运算电路,图7-1-6所示加法电路接成反相放大器,N端为虚地。该电路属于多端输入的电压并联负反馈电路。

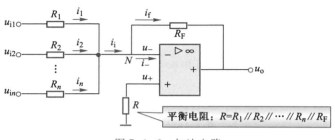

图7-1-6　加法电路

由于

$$i_+ = 0（虚断）$$

得

$$u_+ = 0$$

又由虚短的概念,可知 $u_- = u_+$（虚短）,$u_+ = 0$ 时,$u_- = 0$。

由于 $i_- = 0$ 得 N 点的电流方程为

$$i_f = i_i = i_1 + i_2 + \cdots + i_n$$

再根据虚短的概念,可得

$$i_1 = \frac{u_{i1}}{R_1}, \quad i_2 = \frac{u_{i2}}{R_2}, \quad \cdots, \quad i_n = \frac{u_{in}}{R_n}$$

则输出电压为

$$u_o = -R_F i_f = -R_F \left(\frac{u_{i1}}{R_1} + \frac{u_{i2}}{R_2} + \cdots + \frac{u_{in}}{R_n} \right)$$

实现了各信号的比例加法运算。如取 $R_1 = R_2 = \cdots = R_n = R_F$,则有

$$u_o = -(u_{i1} + u_{i2} + \cdots + u_{in})$$

提　示

加法运算电路在调整一路输入端电阻时,不会影响其他路信号形成的输出值,因而调节方便,得到广泛应用。

思考与讨论

理想运放电路"虚地"概念是否适用于所有运算电路? 它适用于何种运算电路?

【实际电路应用 22】——音量控制电路

利用集成运放可以构成音调控制电路(图7-1-7),可以分别对高、中、低音进行调

节控制,U1 为输入缓冲器,如需应用于立体声音响,则可以制作两套相同的音调控制电路,并使用双连电位器。

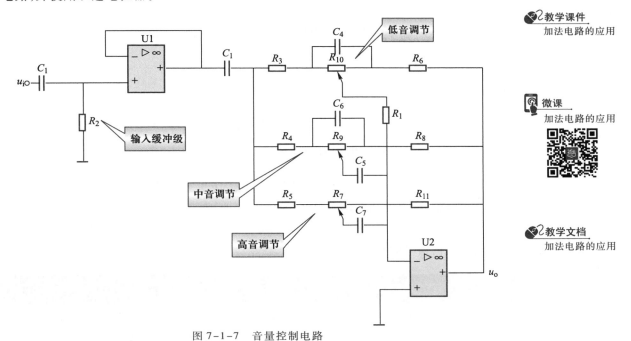

图 7-1-7 音量控制电路

3. 减法运算

（1）利用反相求和实现减法运算

电路如图 7-1-8 所示。第一级为反相放大电路,若取 $R_{F1} = R_1$,则 $u_{o1} = -u_{i1}$。第二级为反相加法运算电路,可导出

$$u_o = -\frac{R_{F2}}{R_2}(u_{o1} + u_{i2}) = \frac{R_{F2}}{R_2}(u_{i1} - u_{i2})$$

若取 $R_2 = R_{F2}$,则有

$$u_o = u_{i1} - u_{i2}$$

于是实现了两信号的减法运算。

（2）利用差分电路实现减法运算

电路如图 7-1-9 所示。u_{i2} 经 R_1 加到反相输入端,u_{i1} 经 R_2 加到同相输入端。

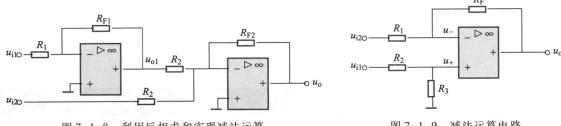

图 7-1-8 利用反相求和实现减法运算   图 7-1-9 减法运算电路

根据叠加定理,首先令 $u_{i1} = 0$,当 u_{i2} 单独作用时,电路成为反相放大电路,其输出

电压为

$$u_{o2} = -\frac{R_F}{R_1} u_{i2}$$

再令 $u_{i2} = 0$，u_{i1} 单独作用时，电路成为同相放大电路，同相端电压为

$$u_+ = \frac{R_3}{R_2 + R_3} u_{i1}$$

则输出电压为

$$u_{o1} = \left(1 + \frac{R_F}{R_1}\right) u_+ = \left(1 + \frac{R_F}{R_1}\right) \left(\frac{R_3}{R_2 + R_3}\right) u_{i1}$$

这样，当 u_{i1} 和 u_{i2} 同时输入时，有

$$u_o = u_{o1} + u_{o2} = \left(1 + \frac{R_F}{R_1}\right) \left(\frac{R_3}{R_2 + R_3}\right) u_{i1} - \frac{R_F}{R_1} u_{i2}$$

当 $R_1 = R_2 = R_3 = R_F$ 时，有

$$u_o = u_{i1} - u_{i2}$$

于是实现了两信号的减法运算。

提　示

图 7-1-9 所示的减法运算电路又称差分放大电路，具有输入电阻低和增益调整难两大缺点。为满足高输入电阻及增益可调的要求，工程上常采用由多级运算放大器组成的差分放大电路。

【例 7-2】　运算电路如图 7-1-10 所示，求输出与各输入电压之间的关系。

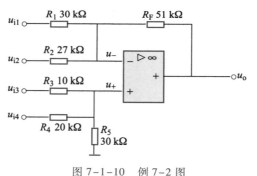

图 7-1-10　例 7-2 图

解：本题输入信号有 4 个，可利用叠加法求之。

① 当 u_{i1} 单独输入、其他输入端接地时，有

$$u_{o1} = -\frac{R_F}{R_1} u_{i1} \approx -1.3 u_{i1}$$

② 当 u_{i2} 单独输入、其他输入端接地时，有

$$u_{o2} = -\frac{R_F}{R_2} u_{i2} \approx -1.9 u_{i2}$$

③ 当 u_{i3} 单独输入、其他输入端接地时，有

$$u_{o3} = \left(1 + \frac{R_F}{R_1 /\!/ R_2}\right) \left(\frac{R_4 /\!/ R_5}{R_3 + R_4 /\!/ R_5}\right) u_{i3} \approx 2.3 u_{i3}$$

④ 当 u_{i4} 单独输入、其他输入端接地时，有

$$u_{o4} = \left(1 + \frac{R_F}{R_1 /\!/ R_2}\right) \left(\frac{R_3 /\!/ R_5}{R_4 + R_3 /\!/ R_5}\right) u_{i4} \approx 1.15 u_{i4}$$

由此可得到 $u_o = u_{o1} + u_{o2} + u_{o3} + u_{o4} = -1.3 u_{i1} - 1.9 u_{i2} + 2.3 u_{i3} + 1.15 u_{i4}$

思考与讨论

由集成运放组成的哪些运算电路可与 BJT 组成的三种组态共射、共基和共集的电路相当，并可取代之？

【实际电路应用 23】——集成温度传感器测温电路

由集成运放构成的温度测量电路如图 7-1-11 所示,集成运放输出端电压用来指示所测温度的大小。集成运放输入端接由 R_1、R_2、R_3 等组成的温度测量电桥,R_1 为温度传感器,当温度为 0 ℃时,调节 R_9,使电桥平衡,A 点与 B 点之间的电压为 0。当温度升高后,R_1 阻值增大,A 点电位升高,A 点与 B 点之间的电压不为 0,集成运放构成差分电路输出电压随着 A 点与 B 点之间的电压差而变化。

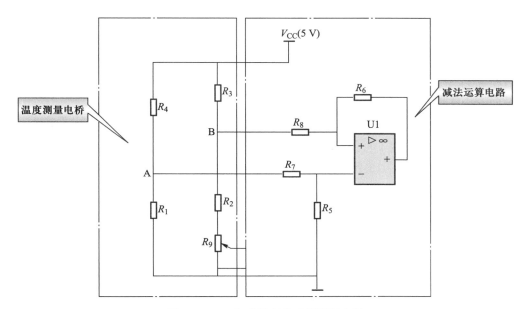

图 7-1-11 集成温度传感器测温电路

【实验测试与仿真 18】——加法电路的测试

测试设备: 模拟电路综合测试台 1 台,0 ~ 30 V 直流稳压电源 1 台,函数信号发生器 1 台,双踪示波器 1 台,数字万用表 1 块。

测试电路: 图 7-1-12 所示加法电路,电路中 R_1、R_2 和 R_F 均为 1 kΩ,运放为 MC4558。

测试程序:

① 接好图 7-1-12 所示加法电路,并接入 $+V_{CC} = +15$ V,$-V_{CC} = -15$ V。

② 保持步骤①,接入 u_{i1} 为 0.1 V,5 kHz 的正弦波信号,不接 u_{i2}。

③ 保持步骤②,用示波器 DC 输入端观察输出、输入电压波形,画出各波形并记录。

输出电压幅值与输入电压幅值_____(基本

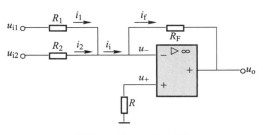

图 7-1-12 加法电路

相等/相差很大），即电压放大倍数与 R_F/R_1 值＿＿＿＿＿＿＿＿＿＿（基本相等/相差很大），且输出电压与输入电压相位＿＿＿＿＿＿（相同/相反）。

④ 保持步骤③，将 R_F 改为 2 kΩ，用示波器 DC 输入端观察输出、输入电压波形，画出各波形并记录。

输出电压幅值基本等于输入电压幅值的＿＿＿＿＿＿＿＿＿（0.5 倍/1 倍/2 倍），即电压放大倍数与 R_F/R_1 值＿＿＿＿＿＿＿＿＿（基本相等/相差很大）。

⑤ 保持步骤④，将 R_F 改为 1 kΩ。

⑥ 保持步骤⑤，接入 u_{i1} 和 u_{i2} 均为 0.1 V，5 kHz 的正弦波信号，用示波器 DC 输入端观察输出电压和输入电压 u_{i2} 波形，画出各波形并记录。

教学课件
测试减法电路

该电路＿＿＿＿＿＿＿＿（能/不能）实现输入电压相加 $[u_o = -(u_{i1} + u_{i2})]$，且输出电压相对于输入电压是＿＿＿＿＿＿＿＿（正极性的/负极性的）。

【实验测试与仿真 19】——减法电路的测试

微课
测试减法电路

测试设备： 模拟电路综合测试台 1 台，函数信号发生器 1 台，双踪示波器 1 台，低频毫伏表 1 台，0～30 V 直流稳压电源 1 台，数字万用表 1 块。

测试电路： 图 7-1-13 所示减法电路，电路中 R_1，R_2，R_{F1} 和 R_{F2} 均为 1 kΩ，运放为 MC4558。

仿真源文件
测试减法电路

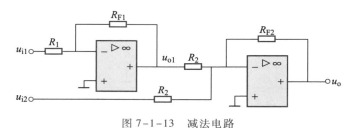

图 7-1-13　减法电路

测试程序：

① 接好图 7-1-13 所示减法电路，并接入 $+V_{CC} = +15$ V，$-V_{CC} = -15$ V。

② 保持步骤①，接入 u_{i1} 和 u_{i2} 均为 0.1 V，5 kHz 的正弦波信号，用示波器 DC 输入端观察输出、输入电压波形，画出各波形并记录。

教学文档
测试减法电路

输出电压幅值与输入电压幅值相比＿＿＿＿＿＿＿＿＿＿（基本为 0/基本相等/要大得多），即该电路＿＿＿＿＿＿＿＿（能/不能）实现输入电压相减（$u_o = u_{i1} - u_{i2}$）。

③ 保持步骤②，改接 u_{i2} 为 1 V，500 Hz 的方波信号，用示波器 DC 输入端观察输出电压和输入电压 u_{i2} 波形，并记录各波形。

4. 积分运算与微分运算

（1）积分运算

图 7-1-14 所示为积分运算电路。

利用"虚断"、"虚短"，有

教学课件
测试积分电路

$$u_A \approx 0, \quad i_R = u_i/R \approx i_C$$

电容 C 以 $i_c = u_i / R$ 进行充电。假设电容 C 的初始电压为零,那么

$$u_o = -\frac{1}{C}\int i_c dt = -\frac{1}{C}\int \frac{u_i}{R}dt = -\frac{1}{RC}\int u_i dt$$

上式表明,输出电压为输入电压对时间的积分,且相位相反。当求解 t_1 到 t_2 时间段的积分值时,有

$$u_o = -\frac{1}{RC}\int_{t1}^{t2} u_i dt + u_o(t_1)$$

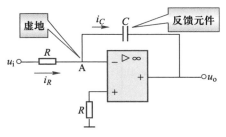

图 7-1-14 积分运算电路

微课
测试积分电路

仿真源文件
测试积分电路

式中,$u_o(t_1)$ 为积分起始时刻 t_1 的输出电压,即积分的起始值;积分的终值是 t_2 时刻的输出电压。当 u_i 为常量 U_i 时,有

$$u_o = -\frac{1}{RC}U_i(t_2 - t_1) + u_o(t_1)$$

教学文档
测试积分电路

积分电路的波形变换作用如图 7-1-15 所示。当输入为阶跃波时,若 t_0 时刻电容上的电压为零,则输出电压波形如图 7-1-15(a)所示。当输入为方波和正弦波时,输出电压波形分别如图 7-1-15(b)和(c)所示。

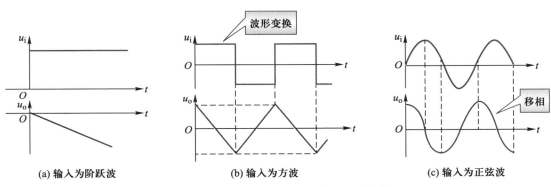

(a) 输入为阶跃波   (b) 输入为方波   (c) 输入为正弦波

图 7-1-15 积分运算在不同输入情况下的波形

提 示

实际的积分运算电路因集成运算放大器不是理想特性和电容有漏电等原因而产生积分误差,严重时甚至使积分电路不能正常工作。最简便的解决措施是,在电容两端并联一个电阻(100 kΩ 左右),引入直流负反馈来抑制上述各种原因引起的积分漂移现象,但 RC 的数值应远大于积分时间。通常在精度要求不高、信号变化速度适中的情况下,只要积分电路功能正常,对积分误差可不加考虑。若要提高精度,则可采用高性能集成运放和高质量积分电容器。

【例7-3】 电路及输入分别如图 7-1-16(a)和(b)所示,电容器 C 的初始电压 $u_C(0) = 0$,试画出输出电压 u_o 稳态的波形,并标出 u_o 的幅值。

解:当 $t = t_1 = 40 \ \mu s$ 时,有

$$u_o(t_1) = -\frac{u_i}{RC}t_1 = -\frac{-10 \ V \times 40 \times 10^{-6} \ s}{10 \times 10^3 \ \Omega \times 5 \times 10^{-9} \ F} = 8 \ V$$

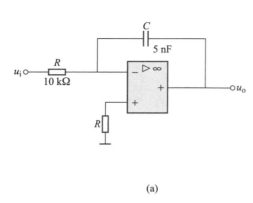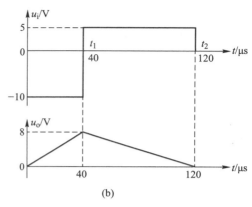

图 7-1-16   例 7-3 图

当 $t = t_2 = 120\ \mu s$ 时，有

$$u_o(t_2) = u_o(t_1) - \frac{u_1}{RC}(t_2 - t_1) = 8\ \text{V} - \frac{5\ \text{V} \times (120 - 40) \times 10^{-6}\ \text{s}}{10 \times 10^3\ \Omega \times 5 \times 10^{-9}\ \text{F}} = 0\ \text{V}$$

得输出波形如图 7-1-16(b)所示。

（2）微分运算

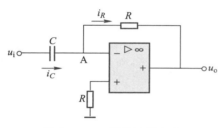

图 7-1-17   微分运算电路

将积分电路中的 R 和 C 位置互换，就可得到微分运算电路，如图 7-1-17 所示。

在这个电路中，A 点为虚地，即 $u_A \approx 0$。再根据虚断的概念，则有 $i_R \approx i_C$。假设电容 C 的初始电压为零，那么有 $i_C = C\dfrac{\mathrm{d}u_i}{\mathrm{d}t}$，则输出电压为

$$u_o = -i_R R = -RC\frac{\mathrm{d}u_i}{\mathrm{d}t}$$

上式表明，输出电压为输入电压对时间的微分，且相位相反。

提　示

图 7-1-17 所示电路实用性差，当输入电压产生阶跃变化时，i_C 电流极大，会使集成运算放大器内部的放大管进入饱和或截止状态，即使输入信号消失，放大管仍不能恢复到放大状态，也就是电路不能正常工作。同时，由于反馈网络为滞后移相，它与集成运算放大器内部的滞后附加相移相加，易满足自激振荡条件，从而使电路不稳定。

【实际电路应用 24】——实用微分电路

实用微分电路如图 7-1-18(a)所示，它在输入端串联了一个小电阻 R_1，以限制输入电流；同时在 R 上并联稳压二极管，以限制输出电压，这就保证了集成运算放大器中的放大管始终工作在放大区。另外，在 R 上并联小电容 C_1，起相位补偿作用。该电路的输出电压与输入电压近似为微分关系，当输入为方波，且 $RC \ll T/2$ 时，则输出为尖

顶波,波形如图7-1-18(b)所示。

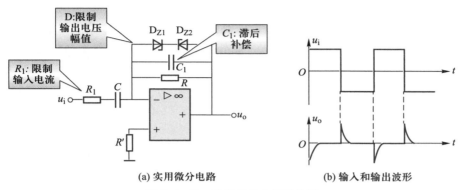

(a) 实用微分电路   (b) 输入和输出波形

图7-1-18   实用微分电路及波形

值得注意的是,实际电路中,为了防止过冲响应,一般在电容 C 之路串接一个小电阻(51 Ω)。另外,当输入信号中含有高频噪声时,微分电路对其非常敏感,输出信号中噪声成分会增加。可以在电阻两端并接一个小电容,以加深高频负反馈减小噪声。

7.1.2 滤波电路

在电子技术和控制系统领域中,广泛使用着滤波电路。它的作用是让负载需要的某一频段的信号顺利通过电路,而其他频段的信号被滤波电路滤除,即过滤掉负载不需要的信号。

1. 滤波电路分类

对于幅频特性,通常把能够通过的信号频率范围定义为通带,而把受阻或衰减的信号频率范围称为阻带,通带与阻带的界限频率称为截止频率。

按照通带与阻带的相互位置不同,滤波电路通常可分为四类,即低通滤波(LPF)电路、高通滤波(HPF)电路、带阻滤波(BEF)电路和带通滤波(BPF)电路。四类滤波电路的幅频特性如图7-1-19所示,其中实线为理想特性,虚线为实际特性。各种滤波电路的实际幅频特性与理想情况是有差别的,设计者的任务是力求向理想特性逼近。

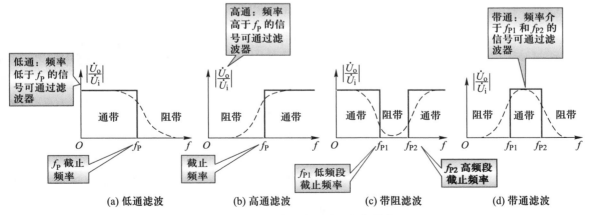

(a) 低通滤波   (b) 高通滤波   (c) 带阻滤波   (d) 带通滤波

图7-1-19   四类滤波电路的幅频特性

【实际电路应用 25】——分频器

多媒体音箱中常有一个是专门进行低音播放的低音炮,这就需要分频器来实现,分频器可以将音源信号中的低音和高音成分分离,然后分别送到不同的功放进行输出。实际上是在需要低频信号的支路上加入低通滤波器,在需要高频信号的支路上加入高通滤波器,以完成分频任务,如图 7-1-20 所示。

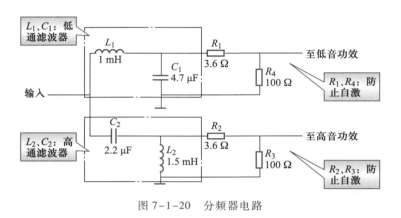

图 7-1-20 分频器电路

2. 无源滤波与有源滤波

（1）无源滤波电路

无源滤波电路是由无源元件(电阻、电容及电感)组成。由于此类滤波电路不用加电源,因而称为无源滤波电路。图 7-1-21 所示的是无源低通滤波电路和无源高通滤波电路。

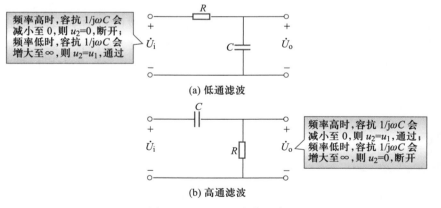

图 7-1-21 无源滤波电路

对于图 7-1-21(a)和(b)所示电路,滤波的截止频率均为 $f_P = \dfrac{1}{2\pi RC}$。当信号频率等于截止频率时,也就是电容容抗等于电阻阻值,此时 $|\dot{U}_o| = 0.707\,|\dot{U}_i|$。对于频率 $f \ll f_P$ 的信号,有容抗 $X_C \gg R$,信号能从图 7-1-21(a)电路通过,但不能从图 7-1-21

（b）电路通过；对于频率 $f \gg f_p$ 的信号，有容抗 $X_C \ll R$，信号不能从图 7-1-21（a）电路通过，但能从图 7-1-21（b）电路通过。

无源滤波电路的优点是结构简单，无需外加电源。但有以下缺点：

① R 和 C 上有信号电压降，故要消耗信号能量。

② 带负载能力差，当在输出端接入负载 R_L 时，滤波特性随之改变。

③ 滤波性能也不大理想，通带与阻带之间存在着一个频率较宽的过渡区。

（2）有源滤波电路

如果在无源滤波电路之后，加上一个放大环节，则构成一个有源滤波电路，如图 7-1-22 所示。

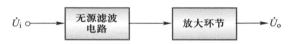

图 7-1-22　有源滤波电路组成

有源滤波电路的放大环节可由分立元件电路组成，也可以由集成运算放大器组成。若引入电压串联负反馈，以提高输入电阻、降低输出电阻，则可克服无源滤波带负载能力差的缺点。若适当地将正反馈引入滤波电路，则可以提高截止频率附近的电压放大倍数，以补偿由于滤波阶次上升给滤波截止频率附近的输出信号所带来的过多衰减。由此可见，有源滤波将大大提高滤波性能。

① 同相输入一阶有源低通滤波电路

电路如图 7-1-23 所示，它由一节 RC 低通滤波电路及同相放大电路组成。它不仅使低频信号通过，还能使通过的信号得到放大。

② 反相输入一阶有源低通滤波电路

电路如图 7-1-24 所示。与图 7-1-23 所示同相输入不同的是，滤波电容 C 与负反馈电阻 R_F 并联，因此信号频率不同，负反馈深度也不同。当信号频率趋于零时，滤波电容 C 视为开路，电压放大倍数为最大；信号频率趋于无穷大时，滤波电容 C 视为短路，电压放大倍数为最小。由此可见，这属于低通滤波电路。

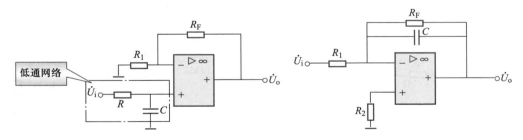

图 7-1-23　同相输入一阶有源低通滤波电路　　图 7-1-24　反相输入一阶有源低通滤波电路

③ 有源高通滤波

高通滤波电路与低通滤波电路具有对偶性，如果将高通滤波环节的电容换成电阻，电阻换成电容，则可分别得到图 7-1-25 所示的同相一阶、同相简单二阶、同相压控电压源二阶及反相无限增益多路反馈二阶四种形式的有源高通滤波电路。

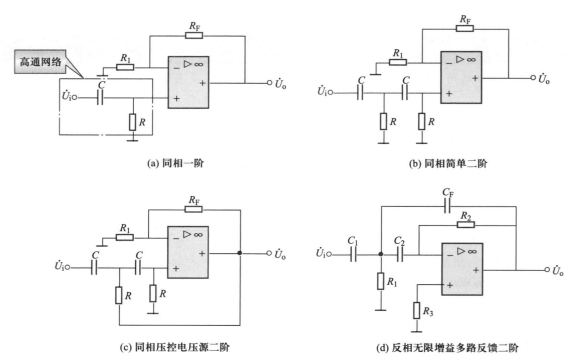

图 7-1-25   有源高通滤波电路

【实际电路应用 26】——超重低音有源音箱

超重低音有源音箱与立体声音响设备相配合,组成 3D 放音系统,即可欣赏到具有超重低音震撼效果的影音节目,超重低音有源音箱电路如图 7-1-26 所示,由低通有源滤波器、缓冲放大器、功率放大器等部分组成。

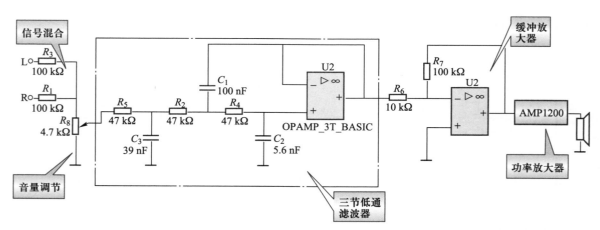

图 7-1-26   超重低音有源音箱电路

7.1.3 仪用放大电路

仪用放大器与很多放大电路一样,都是用来放大信号用的,它是数据采集、精密测量及工业自动控制系统中的重要组成部分,通常用于将传感器输出的微弱信号进行放大,具有高增益、高输入阻抗和高共模抑制比的特点。电路有很高的共模抑制比,利用共模抑制比将信号从噪声中分离出来。因此好的仪用放大器测量的信号能达到很高的精度,在医用设备、数据采集、检测和控制电子设备等方面都得到了广泛的应用。

1. 基本电路

仪用放大电路多种多样,但是很多电路都由图 7-1-27 所示的基本电路演变而来。图中 A_1 和 A_2 构成了两个特性参数完全相同的同相输入放大电路,由于串联负反馈,故输入电阻很高。A_3 为第二级差分放大电路,具有抑制共模信号的能力。

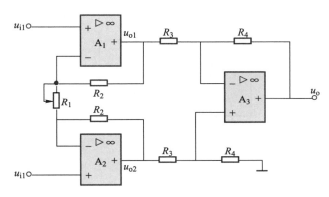

图 7-1-27 基本测量放大电路

利用虚短特性可得到可调电阻 R_1 上的电压降为 $u_{i1}-u_{i2}$。鉴于理想运算放大器的虚断特性,流过 R_1 上的电流 $(u_{i1}-u_{i2})/R_1$ 就是流过电阻 R_2 的电流,这样有

$$\frac{u_{o1}-u_{o2}}{R_1+2R_2}=\frac{u_{i1}-u_{i2}}{R_1}$$

故得

$$u_{o1}-u_{o2}=\left(1+\frac{2R_2}{R_1}\right)(u_{i1}-u_{i2})$$

输出与输入的关系式为

$$u_o=-\frac{R_4}{R_3}(u_{o1}-u_{o2})=-\frac{R_4}{R_3}\left(1+\frac{2R_2}{R_1}\right)(u_{i1}-u_{i2})$$

可见,电路保持了差分放大的功能,而且通过调节单个电阻 R_1 的大小就可自由调节其增益。

2. 实际电路举例

基于 AD590 的温度测量电路即利用仪用放大电路,电路中,用传感器 AD590 获取温度信号。根据 AD590 的数据手册可以知道,在正常工作的情况下,AD590 的电流变化 1 μA,相当于环境温度变化 1 ℃。当环境温度为 0 ℃ 时,AD590 产生 273 μA 的电流。AD590 经过 10 kΩ 的电阻串联后,在电阻的两端产生 $(2.73+T)$ V 的电压,该电压经过由 LM324 构成的差分放大电路后,调整为 0～5 V 的电压,然后由 ADS7841 转换成

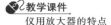
教学课件
仪用放大器的特点

微课
仪用放大器的特点

教学课件
仪用放大器的基本电路

微课
仪用放大器的基本电路

教学课件
仪用放大器的基本参数

微课
仪用放大器的基本参数

数字信号,送给单片机 STC89C51,进行数码显示。电路如图 7-1-28 所示。

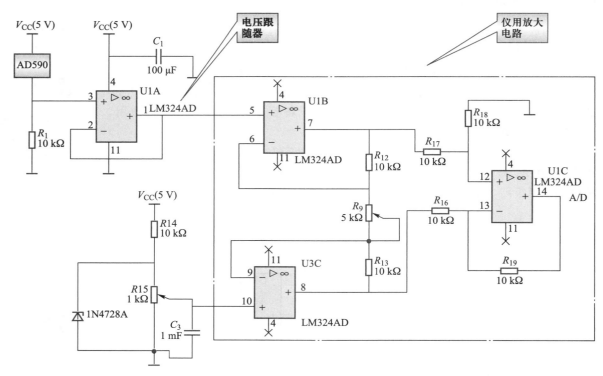

图 7-1-28   温度测量电路

AD590 工作在 5 V 的电源下,产生 273～373 μA(0～100 ℃)的电流,经过 R_1 的分压过后,转换为 2.73～3.73 V 的电压,经过一个由 LM324 构成的跟随器后,送至仪用放大电路的一端(设这个电压为 U_0)。稳压二极管 1N4728 可以将 5 V 的电源稳压成为 3.3 V,再经 1 kΩ 的滑动变阻器 R_{15} 分压后,产生 2.73 V 的电压(U_1),送至仪用放大电路的另一输入端。经过该仪用放大电路,实现了电压的相减和调节,从而将电压调整为 A/D 芯片的标准工作电压。

7.2   非线性应用电路

当理想运放工作在开环或正反馈状态时,运放的增益很高,在非负反馈状态下,其线性区的工作状态是极不稳定的,因此集成运放主要工作在非线性区。

理想运放工作在非线性区时由于运放的输入电阻高,输入偏置电流小,因此仍可用"虚断"的概念,即 $i_+ = i_- = 0$。但不具有"虚短"的概念,输出电压和输入电压不成线性关系,输出电压只有两种可能性:若 $u_+ > u_-$,运放输出为高电平 U_{OH};若 $u_+ < u_-$,运放输出为低电平 U_{OL}。

7.2.1   简单电压比较器

电压比较器是将输入的模拟信号和基准电压(参考电压 U_{REF})进行比较,比较的结果(大或小)通常由输出的高电平 U_{OH} 或低电平 U_{OL} 来表示。

提 示

我们可以认为,比较器的输入信号是连续变化的模拟量,而输出信号则是数字量,即"0"或"1"。因此,比较器可以作为模拟电路和数字电路的"接口",广泛应用于模拟信号/数字信号变换、数字仪表、自动控制和自动检测等技术领域,另外,它还是波形产生和变换的基本单元电路。

简单电压比较器的基本电路如图 7-2-1(a)所示,其反相输入端接参考电压 U_{REF}。同相输入端接输入信号 u_I。该电路属于同相输入电压比较器。显然电路中的运放工作在开环状态。

参见图 7-2-1(a)所示电路,由于运放工作在开环状态,而开环电压增益很高,受电源电压的限制。这时,只要 $u_I < U_{REF}$,输出即为低电平 $u_o = U_{OL}$;只要 $u_I > U_{REF}$,输出即为高电平 $u_o = U_{OH}$。

比较器的输出电压与输入电压之间的对应关系称作比较器的传输特性,它可用曲线表示。根据上述分析,可得到该比较器的传输特性如图 7-2-1(b)中实线所示。在电压比较器中,通常把使输出电压从一个电平跳变到另一个电平时对应的临界输入电压称为阈值电压或门限电压,简称为阈值,用符号 U_{TH} 表示。对简单比较器,有 $U_{TH} = U_{REF}$。简单电压比较器的特点是输入信号每次经过阈值电压时输出都要跳变。

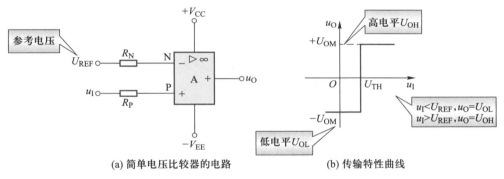

(a) 简单电压比较器的电路   (b) 传输特性曲线

图 7-2-1 简单电压比较器

若参考电压为 0,则输入电压每次过 0 时,输出电压就要产生一次跳变,从一个电平跳变到另一个电平,这种比较器称为过零比较器。利用过零比较器可以把正弦波变为方波(正、负半周对称的矩形波)。

教学课件
比较器电路的应用

【实际电路应用27】——波形转换

利用过零比较器可以将输入的任意波形变换为输出的矩形波,如图 7-2-2 所示,同相输入端输入待转换波形,通过与反相端 0 V 比较,以输出矩形波。

例如在指尖脉搏测量(图 7-2-3)中给指尖脉搏波设一个阈值,高于阈值时,输出高电平;低于阈值时,输出低电平。于是得到一组方波,只要计算脉冲周期,就可以计算出心率。

微课
比较器电路的应用

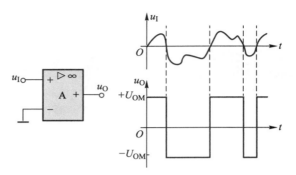

图 7-2-2　任意波形变换

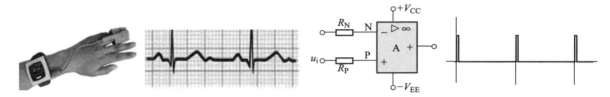

图 7-2-3　指尖脉搏测量

【实操技能 15】——限制运放输出端的电压幅值

在实际应用中,为了使运放的输出电压和负载电压相配合,需要限制运放输出端的电压幅值。具体方法是在比较器的输出端接入双向稳压二极管 D_Z 进行双向限幅,如图 7-2-4(a)所示,R_Z 为稳压二极管限流电阻。当 $u_I > U_{REF}$ 时,输出即为高电平 $u_O = +U_Z$;当 $u_I < U_{REF}$ 时,输出即为低电平 $u_O = -U_Z$。

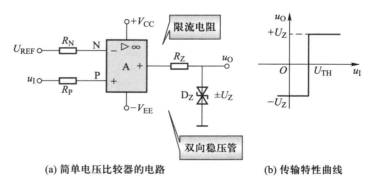

(a) 简单电压比较器的电路　　　　　(b) 传输特性曲线

图 7-2-4　限幅简单电压比较器的基本电路

【实际电路应用 28】——窗口比较器

窗口比较器的电路如图 7-2-5(a)所示。电路由两个电压比较器和一些二极管与电阻构成。设 $R_1 = R_2$,则有

$$U_{\mathrm{L}} = \frac{(V_{\mathrm{CC}} - 2U_{\mathrm{D}})R_2}{R_1 + R_2} = \frac{1}{2}(V_{\mathrm{CC}} - 2U_{\mathrm{D}})$$

$$U_{\mathrm{H}} = U_{\mathrm{L}} + 2U_{\mathrm{D}}$$

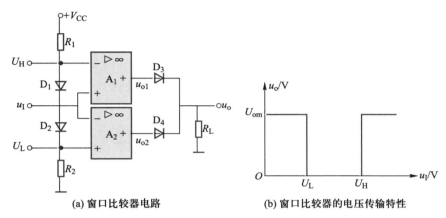

(a) 窗口比较器电路   (b) 窗口比较器的电压传输特性

图 7-2-5 窗口比较器

窗口比较器的电压传输特性如图 7-2-5(b)所示。

当 $u_{\mathrm{I}} > U_{\mathrm{H}}$ 时,u_{o1} 为高电平,D_3 导通;u_{o2} 为低电平,D_4 截止,$u_{\mathrm{o}} = u_{\mathrm{o1}}$。

当 $u_{\mathrm{I}} < U_{\mathrm{L}}$ 时,u_{o2} 为高电平,D_4 导通;u_{o1} 为低电平,D_3 截止,$u_{\mathrm{o}} = u_{\mathrm{o2}}$。

当 $U_{\mathrm{H}} > u_{\mathrm{I}} > U_{\mathrm{L}}$ 时,u_{o1} 为低电平,u_{o2} 为低电平,D_3、D_4 截止,u_{o} 为低电平。

【实验测试与仿真 20】——简单电压比较器的测试

微课
测试过零比较器

测试设备: 模拟电路综合测试台 1 台,0～30 V 直流稳压电源 1 台,数字万用表 1 块。

测试电路: 图 7-2-6 所示积分电路,电路中运放为 MC4558。

测试程序:

① 接好图 7-2-6 所示电路,两输入端分别串接一个 1 kΩ 电阻,并接入 $+V_{\mathrm{CC}} = +15$ V,$-V_{\mathrm{CC}} = -15$ V。

② 保持步骤①,接入 $U_{\mathrm{REF}} = 2$ V(用数字万用表精确测量)的直流电压。

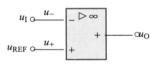

图 7-2-6 简单电压比较器

教学课件
测试简单电压比较器

仿真源文件
测试简单电压比较器

③ 保持步骤②,接入 $u_{\mathrm{I}} = 3$ V,用万用表测量输出直流电压大小,并记录:$u_{\mathrm{o}} =$ _____ V,_____(输出高电平 u_{OH}/输出低电平 $-u_{\mathrm{OL}}$)。

④ 保持步骤③,接入 $u_{\mathrm{I}} = 1$ V,用万用表测量输出直流电压大小,并记录:$u_{\mathrm{o}} =$ _____ V,_____(输出高电平 u_{OH}/输出低电平 $-u_{\mathrm{OL}}$)。

⑤ 保持步骤④,微调 u_{I},使 u_{I} 在 1 V 至 3 V 之间变化,用万用表测量并观察输出直流电压的变化情况,并记录:恰好出现高电平向低电平翻转或低电平向高电平翻转时的 $u_{\mathrm{I}} =$ _____ V(精确测量),此值与 U_{REF} 值_____(很接近/有较大差距)。

结论:该电路_____(能/不能)实现电压比较的作用。

【实操技能 16】——集成运算放大器的保护

集成运算放大器在使用过程中,常因为输入信号过大、输出端功耗过大、电源电压过大或极性接反而损坏。为了使集成运算放大器安全工作,常设置保护电路。

(1) 输入端保护

图 7-2-7(a)中的输入端反向并联二极管 D_1 和 D_2,可将输入差模电压限制在二极管的正向压降以内。

图 7-2-7(b)所示为限制输入电压钳位保护。运用二极管 D_1 和 D_2 将同相输入端的输入电压限制在 $\pm U$ 之间。

(2) 输出端保护

图 7-2-7(c)所示为输出端保护电路。将两个稳压二极管反向串联后接在输出端与反相端之间,就可将输出电压限制在稳压二极管的稳压值 $\pm U_Z$ 的范围内。

图 7-2-7(d)所示也是输出保护电路。限流电阻 R 与稳压二极管 D_Z,一方面将集成运算放大器输出端与负载隔离开来,限制了运算放大器的输出电流;另一方面也使输出电压限制在稳压二极管的 $\pm U_Z$ 范围内。

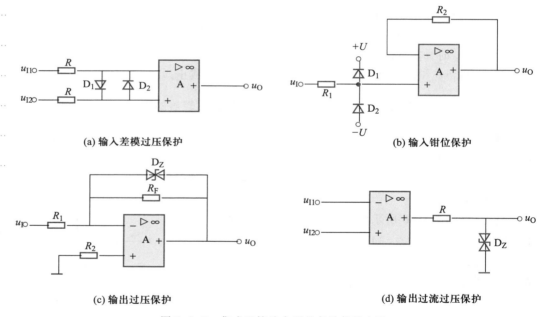

(a) 输入差模过压保护   (b) 输入钳位保护

(c) 输出过压保护   (d) 输出过流过压保护

图 7-2-7   集成运算放大器的各种保护电路

7.2.2   迟滞电压比较器

简单电压比较器结构简单,灵敏度高,但抗干扰能力差。当输入信号 u_1 在接近于阈值 U_{TH} 附近包含干扰或噪声而自身并没有实质性变化时,输出电压将反复从一个电平变到另一个电平,显然这是不真实的和不希望得到的结果。

采用迟滞比较器可以解决这一问题。迟滞比较器电路如图 7-2-8(a)所示,由于输入信号由反相端加入,因此为反相迟滞比较器。为限制和稳定输出电压幅值,在电路的输出端并接了两个互为串联反向连接的稳压二极管。

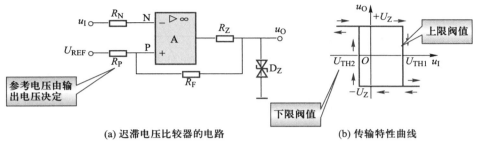

(a) 迟滞电压比较器的电路　　　　　(b) 传输特性曲线

图 7-2-8　迟滞电压比较器

该电路与简单电压比较器的关键不同之处在于通过 R_F 将输出信号引到同相输入端。这种电路结构形成正反馈,使运放工作在非线性区,电路的输出只有两种取值 $u_O = \pm U_Z$。输出端的高、低电平反馈到同相输入端所产生的比较电压 u_P 起始值不同,即迟滞比较器有两个阈值。由于运放输入电流近似为 0,因此由叠加定理可得

$$u_P = \frac{R_P u_O}{R_P + R_F} + \frac{R_F U_{REF}}{R_P + R_F} = \frac{R_F U_{REF} + R_P u_O}{R_P + R_F}$$

设稳压二极管的稳压值为 U_Z,忽略正向导通电压,则比较器的输出高电平 U_Z,输出低电平 $-U_Z$。当 $u_O = U_Z$ 时,u_P 起始值即阈值为

$$U_{TH1} = \frac{R_F U_{REF} + R_P U_Z}{R_P + R_F}$$

当 $u_O = U_{OL} \approx -U_Z$ 时,u_P 起始值即另一阈值为

$$U_{TH2} = \frac{R_F U_{REF} - R_P U_Z}{R_P + R_F}$$

显然有 $U_{TH1} > U_{TH2}$,两者的差值称为回差或门限宽度。

设一开始 $u_I = u_N$ 很小,$u_N < u_P$,则比较器输出高电平 $u_O = U_{OH}$,此时比较器的阈值为 U_{TH1},称为上限阈值(触发)电平。

当增大 u_I 直到 $u_I = u_N > U_{TH1}$ 时,才有 $u_O = U_{OL}$,输出高电平翻转为低电平,此时比较器的阈值变为 U_{TH2},称为下限阈值(触发)电平。

若 u_I 反过来又由较大值($> U_{TH1}$)开始减小,在略小于 U_{TH1} 时,输出电平并不翻转,而是减小 u_I 直到 $u_I = u_N < U_{TH2}$ 时,才有 $u_O = U_{OH}$,输出低电平翻转为高电平,此时比较器的阈值又变为 U_{TH1}。

以上过程可以简单概括为,输出高电平翻转为低电平的阈值为 U_{TH1},输出低电平翻转为高电平的阈值为 U_{TH2}。

由上述分析可得到迟滞比较器的传输特性,如图 7-2-8(b)所示。可见该比较器的传输特性与磁滞回线类似,具有方向性,故称为迟滞(或滞回)比较器。

由于迟滞比较器输出高、低电平相互翻转的阈值不同,因此具有一定的抗干扰能力。对比图 7-2-9(a)、(b),可见当输入信号值在某一阈值附近时,只要干扰量不超过

两个阈值之差的范围,输出电压就可保持高电平或低电平不变。

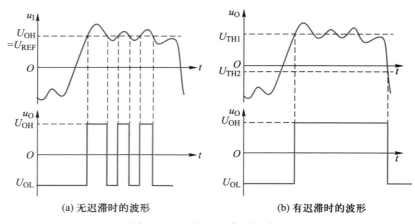

(a) 无迟滞时的波形   (b) 有迟滞时的波形

图 7-2-9   有无迟滞时的波形

【实验测试与仿真 21】——迟滞电压比较器的测试

测试设备:模拟电路综合测试台 1 台,0～30 V 直流稳压电源 1 台,数字万用表
1 块。

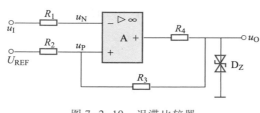

图 7-2-10   迟滞比较器

测试电路:图 7-2-10 所示积分电路,电路中 R_1, R_2 为 1 kΩ, R_3 为 3.3 kΩ, R_4 为 330 Ω, D_Z 为 1N4740($U_Z = 10$ V),运放为 MC4558。

测试程序:

① 接好图 7-2-10 所示电路,并接入 $+V_{CC} = +15$ V, $-V_{CC} = -15$ V。

② 保持步骤①,接入 $u_I = U_{REF} = 0$(直接接地),用万用表测量输出直流电压大小,并记录: u_O = _____ V,为 _____(输出高电平 U_{OH}/输出低电平 $-U_{OL}$)。

③ 保持步骤②,微调 u_I,使 u_I 在±1 V 之间变化,用万用表测量并观察输出直流电压的变化情况,并记录: u_O _____(无变化/产生翻转)。

结果表明,该比较器 _____(具有/不具有)抗干扰能力。

④ 保持步骤③,微调 u_I,使 u_I 在±5 V 之间变化,用万用表测量并观察输出直流电压的变化情况,绘出该比较器的传输特性。

结果表明,该电路 _____(能/不能)实现滞回电压比较的作用。

7.2.3   集成电压比较器

LM339 是集成四电压比较器,其内部装有 4 个独立的电压比较器。图 7-2-11 为其外形及引脚排列图。LM339 使用灵活,应用广泛。

该电压比较器有如下特点:

① 失调电压小,典型值为 2 mV。

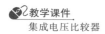
教学课件
集成电压比较器

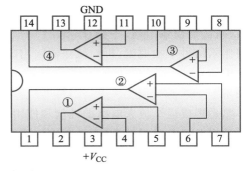

图 7-2-11   LM339 引脚排列图

② 电源电压范围宽,单电源为 2 ~ 36 V,双电源电压为±1 ~ ±18 V。

③ 对比较信号源的内阻限制较宽。

④ 输出端电位可灵活方便地选用。

LM339 类似于增益不可调的运算放大器。每个比较器有两个输入端和一个输出端。两个输入端电压差别大于 10 mV 就能确保输出能从一种状态可靠地转换到另一种状态,因此,LM339 适用于弱信号检测等场合。

提   示

在使用时,LM339 的输出端到正电源一般须接一只电阻(称为上拉电阻,一般选 3 ~ 15 kΩ)。输出端上拉电阻的不同阻值会影响输出端高电位的值。另外,各比较器的输出端允许连接在一起使用。

LM339 可用于某仪器中过热检测保护电路,如图 7-2-12 所示,LM339 的反相输入端加一个固定的参考电压 U_R,其值取决于 R_1 和 R_2。$U_R = [R_2 / (R_1 + R_2)] V_{CC}$。同相端的电压就等于热敏元件 R_t 的电压降。当机内温度为设定值以下时,"+"端电压大于"-"端电压,u_0 为高电位。当温度上升为设定值以上时,"-"端电压大于"+"端,比较器反转,u_0 输出为零电位,使

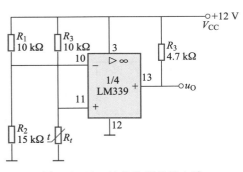

图 7-2-12   过热检测保护电路

保护电路动作,调节 R_1 的值可以改变门限电压,设定温度值的大小。

7.3   技能训练项目——消歌声电路的制作与调试

歌声信号的频率一般局限在中高音范围内,而且歌声信号录制在左、右声道上的电平基本相等,频率与相位也基本相同。对于伴乐信号,由于各种乐器都有各自不同的演奏位置,因而录制在碟片左、右声道上是不对称的。根据以上所述,如果将左、右

声道信号经放大后送往减法器,则原唱者的歌声信号及低频伴乐信号在减法器中抵消后无输出,减法器仅输出高、中频伴乐信号。另外,通过有源低通滤波器将左、右声道中的低频伴乐信号单独取出,再与减法器输出的高、中频伴乐信号相加,就能得到完整频段的伴乐信号。

1. 目的

(1)熟悉集成运算放大电路的性能和使用方法。

(2)学习电子电路焊接方法,提高实训综合能力。

2. 元器件

三块集成运算放大器 TL084、4 个电容 1 μF、2 个电容 0.47 μF、2 个电容 4 700 pF、6 个 100 kΩ 电阻、9 个 10 kΩ 电阻、3 个 3.3 kΩ 电阻、3 个 47 kΩ 电阻、3 个 22 kΩ 电阻等。

3. 参考电路

参考消歌声电路如图 7-3-1 所示,线路输入的左(L)、右(R)信号分别经 IC1A 和 IC1B 缓冲放大后分二路输出。一路分别送往由 IC2A 和 IC2B 组成的二阶有源低通滤波器,以便取出低频伴乐信号。另一路分别经 IC1C 和 IC1D 反相放大后送往由 IC3A 组成的减法器,L 和 R 声道中的歌声与低频伴乐信号在减法器中相减为零,减法器仅输出 L 和 R 声道中的高、中频伴乐信号。IC3B 为混合放大器,它有三路信号输入,第一路是由 IC2A 输出的 L 声道低频伴乐信号,第二路是由 IC2B 输出的 R 声道低频伴乐信号,第三路是由 IC3A 输出的高、中频伴乐信号。三路信号经 IC3B 混合放大后,得到完整频段的单声道伴乐信号输出。

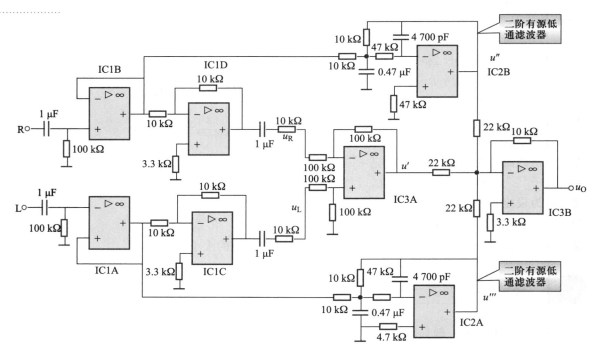

图 7-3-1　参考消歌声电路

4. 技能训练要求

工作任务书

任务名称	消歌声电路制作与调试
课时安排	课外焊接,课内调试
设计要求	制作消歌声电路,使其可以实现正常歌声消除
制作要求	正确选择器件,按电路图正确连线,按布线要求进行布线、装焊并测试。
测试要求	1. 正确记录测试结果 2. 与设计要求相比较,若不符合,请仔细查找原因
设计报告	1. 消歌声电路原理图 2. 列出元件清单 3. 焊接、安装 4. 调试、检测电路功能是否达到要求 5. 分析数据

知识梳理与总结

　　基本运算电路是由集成运放接成负反馈的电路形式而实现的,可实现加、减、积分和微分等多种模拟信号的运算,此时运放工作在线性工作区域内。分析这类电路可利用"虚短"和"虚断"这两个重要概念,以求出输出与输入之间的关系。

　　有源滤波电路通常是由运放和 RC 反馈网络构成的,根据幅频响应不同,可分为低通、高通、带通、带阻和全通滤波电路。

　　比较器通常是由集成运放接成开环或正反馈的电路形式而实现的,此时运放工作在非线性工作区域内,输出电压受电源电压限制,且通常为二值电平(非高即低)。比较器常用于比较信号大小、开关控制、波形整形和非正弦波信号发生器等电路中。

　　基本仪用放大器具有高输入电阻和低输出电阻。

　　积分的步骤产生了斜坡,其斜率与幅度成正比。

　　微分是一个确定函数变化率的数学过程。

习　　题

　　7.1　试求图 7-1 所示集成运放电路的输出电压。

　　7.2　试设计一个比例运算电路,实现以下运算关系

$$u_O = 0.5 u_I$$

要求画出电路原理图,并估算各电阻的阻值。 所用电阻的阻值在 $20 \sim 200\ \text{k}\Omega$ 的范围内。

　　7.3　试分析图 7-2 电路中的各集成运放 A_1、A_2、A_3 和 A_4 分别组成何种运算电路,设电阻 $R_1 = R_2 = R_3 = R$,试分别列出 u_{O1}、u_{O2}、u_{O3} 和 u_O 的表达式。

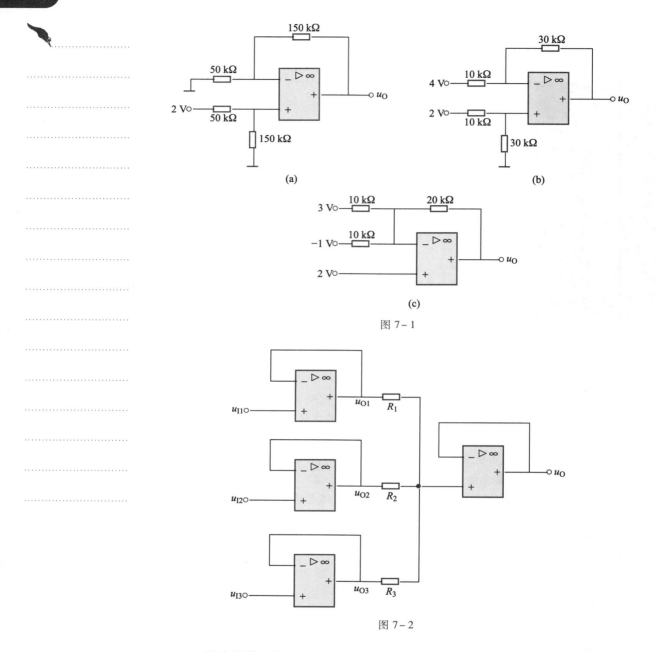

图 7−1

图 7−2

7.4　积分运算电路如图 7−3 所示。已知输入电压 u_I 的波形，其中电阻 $R = 100\ \text{k}\Omega$，电容 $C = 0.1\ \mu\text{F}$。当 $t = 0$ 时，$u_O = 0$。试画出输出电压 u_O 的波形。

7.5　在反相求和电路中，集成运放的反相输入端是如何形成虚地的？该电路属于何种反馈类型？

7.6　在分析反相加法、差分式减法、反相积分和微分电路中，所根据的基本概念是什么？KCL 是否得到应用？如何导出它们输入与输出的关系？

7.7　为减小积分电路的积分误差，应选用何种运放？

7.8　试求图 7−4 所示电路输出电压与输入电压的运算关系式。

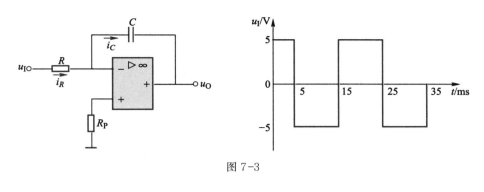

图 7-3

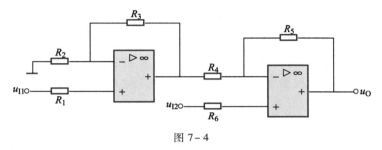

图 7-4

7.9   如图 7-5 所示电路中运放具有理想特性。 已知 $u_i = 2\sin\omega t$ (mV)，试画出电路的输出电压 u_O 的波形，并注明幅度大小。

7.10   画出实现下述运算的电路：$u_O = 2u_{I1} - 6u_{I2} + 3u_{I3} - 0.8u_{I4}$。

7.11   试用集成运放组成一个运算电路，要求实现以下运算关系：$u_O = 2u_{I1} - 5u_{I2} + 0.1u_{I3}$。

7.12   试设计满足 $u_O = 2u_{I1} + 5u_{I2}$ 的运算电路。

7.13   试求图 7-6 所示电路输出电压 u_O 表达式。

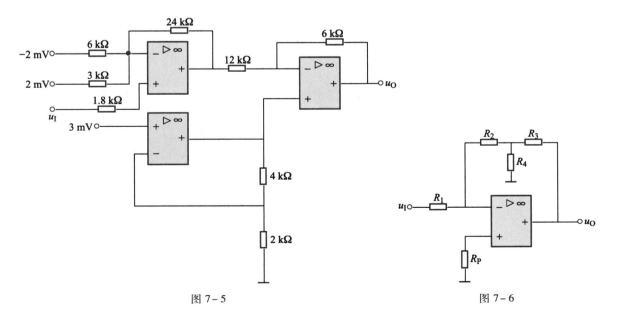

图 7-5   图 7-6

7.14　由理想运算放大器构成的两个电路如图 7−7 所示，试计算输出电压 u_O 的值。

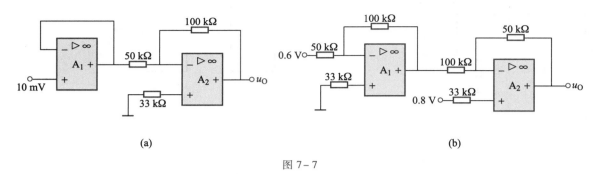

(a)　　　　　　　　　　　　　　(b)

图 7−7

7.15　由理想运算放大器构成的电路如图 7−8 所示，已知 $u_I = 10$ mV，求 u_{O1}、u_{O2} 及 u_O 的值。(提示：根据虚短概念，R_1 两端电压就是 u_I。)

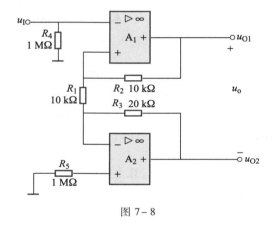

图 7−8

7.16　由理想运算放大器构成的两个电路如图 7−9 所示，试计算输出电压 u_O 的值。

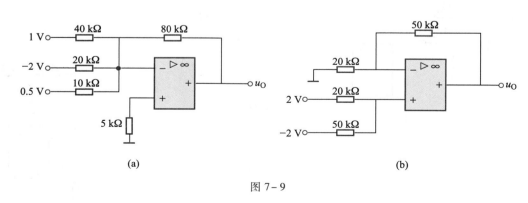

(a)　　　　　　　　　　　　　　(b)

图 7−9

7.17　电路如图 7−10 所示，试写出输出电压与输入电压之间的关系式。

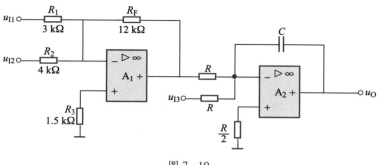

图 7-10

7.18 什么叫无源和有源滤波电路?

7.19 在下列几种情况下,应选用哪种类型的滤波电路(低通、高通、带通及带阻)。

① 处理 4.43 ±1.3 MHz 频率范围的信号。

② 取出频率低于 15 kHz 的有用信号。

③ 滤除频率低于 15 kHz 的无用信号。

④ 希望滤除 465 kHz 频率的干扰信号。

7.20 两级串联有源滤波电路如图 7-11 所示,判别这是什么类型的有源滤波器?

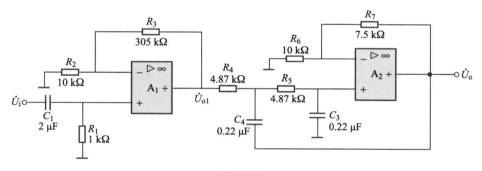

图 7-11

7.21 在图 7-12 所示的过零比较器中,当 $u_I = 10\sin \omega t$(V)时,试画出 u_O 的波形图(在时间上要对应)。 设 $U_Z = \pm 6$ V。

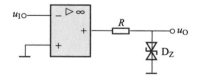

图 7-12

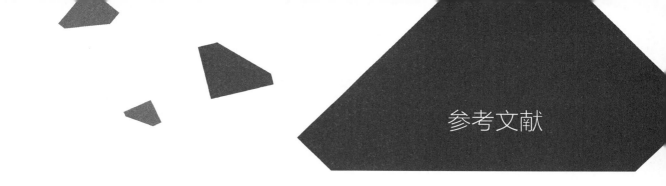

参考文献

[1]　康华光.电子技术基础:模拟部分[M].5版.北京:高等教育出版社,2006.

[2]　童诗白,华成英.模拟电子技术基础[M].5版.北京:高等教育出版社,2001.

[3]　杨欣.实例解读模拟电子技术完全学习与应用[M].北京:电子工业出版社,2013.

[4]　[美]托马斯 L.弗洛伊德.模拟电子技术基础系统方法[M].北京:机械工业出版社,2015.

[5]　[美]Albert Malvino.电子电路原理[M].北京:机械工业出版社,2014.

[6]　周良权,傅恩锡,李世馨.模拟电子技术基础[M].5版.北京:高等教育出版社,2015.

[7]　黄丽亚.模拟电子技术基础[M].北京:机械工业出版社,2015.

读者意见反馈

为收集对教材的意见建议，进一步完善教材编写并做好服务工作，读者可将对本教材的意见建议通过如下渠道反馈至我社。

咨询电话　400-810-0598

反馈邮箱　gjdzfwb@pub.hep.cn

通信地址　北京市朝阳区惠新东街 4 号富盛大厦 1 座
　　　　　高等教育出版社总编辑办公室

邮政编码　100029